普通高等教育"十三五"精品教材

工程训练——金工实习

吴建华　主编

天津大学出版社
TIANJIN UNIVERSITY PRESS

内 容 提 要

本书是根据教育部高等工科院校工程训练实践教学的基本要求和卓越工程师培养计划实施的基本要求,在总结多年实践教学经验和工程训练实践教学发展实际的基础上编写的。

本书介绍了金工实习的五大模块:①传统加工模块,包括铸锻焊及热处理加工、车削加工、铣刨磨加工和钳工操作等内容;②先进制造模块,包括数控车削、数控铣削、加工中心、数控线切割、3D打印成型技术、数控激光雕刻和CAD/CAM仿真操作;③机电控制综合模块,包括PLC控制、流体传动控制、生产流程仿真;④创新模块,综合应用上述3个模块的内容,独立设计并完成一个实习作品;⑤工程素质模块,包括制造过程综述、产品质量评价、生产成本管理、安全生产意识、团队合作精神、环境保护意识等内容。

本书既可作为高等工科院校机械类和非机械类本科生的金工实习教材,也可作为高职高专、成人教育等同类专业学生的实习教材(学时以 3～4 周为宜)。同时也可用作金属工艺学等专业基础课程的教学参考用书,为后继专业课的学习提供丰富的机械制造方面的感性知识。

图书在版编目(CIP)数据

工程训练:金工实习 / 吴建华主编. — 天津:天津大学出版社,2016.8 (2020.1 重印)

普通高等教育"十三五"精品教材

ISBN 978-7-5618-5625-3

Ⅰ.①工… Ⅱ.①吴… Ⅲ.①金属加工-实习-高等学校-教材 Ⅳ.①TG-45

中国版本图书馆 CIP 数据核字(2016)第 182834 号

出版发行	天津大学出版社
地　　址	天津市卫津路 92 号天津大学内(邮编:300072)
电　　话	发行部:022-27403647
网　　址	publish. tju. edu. cn
印　　刷	天津泰宇印务有限公司
经　　销	全国各地新华书店
开　　本	185mm×260mm
印　　张	16.5
字　　数	412 千
版　　次	2016 年 8 月第 1 版
印　　次	2020 年 1 月第 4 次
定　　价	40.00 元

编写委员会

主任委员 高　强
副主任委员 吴建华　沈兆奎
委　　员 解　宁　杨剑秋　刘艳玲
　　　　　　毛书凡　董超

前　言

"教育回归工程、教学回归实践"是对现代高等教育提出的要求。根据教育部高等工科院校工程训练实践教学的基本要求和卓越工程师培养计划实施的基本要求,总结多年实践教学经验和工程训练实践教学发展实际编写了本部教材。

工程训练课程是为大学各专业本科生开设的一门综合性工程实践和实施工程技术教育的重要技术基础课,不仅为学生今后学习有关课程、获取机械制造基本知识奠定基础,而且还能帮助学生建立工程技术科学的概念,从而产生探索工程技术内涵的兴趣。工程训练的意义在于使学生进入大学之后能够尽快接触制造工程环境,了解工业生产实际,体会实践感受,增加感性认识,为今后专业课学习打下坚实的基础;同时通过训练与工人、工程技术人员和生产管理人员接触,感受工程实际环境的熏陶,初步树立起工程意识,增强劳动观念、集体观念、组织性、纪律性和敬业爱岗精神,提高学生综合素质。

实习内容主要分为五大模块:①传统加工模块,包括铸锻焊及热处理加工、车削加工、铣刨磨加工和钳工操作等内容;②先进制造模块,包括数控车削、数控铣削、加工中心、数控线切割、3D打印成型技术、数控激光雕刻和CAD/CAM仿真操作;③机电控制综合模块,包括PLC控制、流体传动控制、生产流程仿真;④创新模块,综合应用上述3个模块的内容,独立设计并完成一个实习作品;⑤工程素质模块,包括制造过程综述、产品质量评价、生产成本管理、安全生产意识、团队合作精神、环境保护意识等内容。通过五大模块的训练,使学生在训练中增强工程意识,在学习中培养工程素质,在实践中提高工程能力,在综合训练中开发创新意识。

本书由吴建华主编。参加编写的有许旺蓓(第2章),李楠(第5章、第7章),赵薪(第6章、第12章),陈曦(第9章),周坤涛、邢玉龙(第11章),刘楠、魏仁哲(第13章),其余部分由吴建华编写。本书力求从主观上以新思想、新体系、新面孔出现在读者面前,在给读者留下思考想象空间的同时,也给作者本人留下对尚未认识到的问题、缺点甚至错误的改正空间,因此敬请读者不吝赐教,以便再版时修正和完善。

本书的出版得到了天津理工大学工程训练中心同人的大力支持,在此表示衷心感谢。

编者

2016 年 5 月

目　　录

第1章 工程训练

第1节 工程训练基础知识

一、开设工程训练课程的目的

"教育回归工程、教学回归实践"是对现代高等教育提出的要求。工程训练课程是为大学各专业本科生开设的一门综合性工程实践和实施工程技术教育的重要技术基础课,不仅是为学生今后学习有关课程、获取机械制造基本知识奠基的课程,而且还是帮助学生建立工程技术科学的概念和产生探索工程技术内涵兴趣的引领课程。

工程训练的意义在于使学生进入大学之后能够尽快接触制造工程环境,了解工业生产实际,体会实践感受,增加感性认识,为今后专业课学习打下一个坚实的基础;同时通过训练与工人、工程技术人员和生产管理人员接触,感受工程实际环境的熏陶,初步树立起工程意识,增强劳动观念、集体观念、组织性、纪律性和敬业爱岗精神,提高学生综合素质。

通过本课程的理论学习,使学生掌握材料选用及材料加工等方面的技术基础知识,通过实践学习,使学生获得常用机械零件加工知识和基础技能,着重培养学生理论联系实际的意识。实践教学为主是工程训练的核心,学生通过独立的实践操作,有机地将基本工艺理论学习、基本工艺知识应用和基本工艺实践技能培训结合起来,达到培养学生工程创新精神和综合工程实践能力。

二、课程内容

课程总体分为金属工艺学实习和电工电子技术实习两大部分。

本册重点为金属工艺学实习。

工程训练是以实习教学的模式对学生传授关于机械制造生产的基本知识、技能和进行工程实践的基本训练。训练中不仅包括学生要自学教材中的有关内容,通过现场教学、专题讲座、多媒体教学等多种方式进行学习,而且更重要的是亲手实践机械制造方面各种加工工艺的操作,了解生产管理和环境保护等方面的综合知识。

实习内容主要分为五大模块:①传统加工模块,包括铸锻焊及热处理加工、车削加工、铣刨磨加工和钳工操作等内容;②先进制造模块,包括数控车削、数控铣削、加工中心、数控线切割、3D打印成型技术、数控激光雕刻和CAD/CAM仿真操作;③机电控制综合模块,包括PLC控制、流体传动控制、生产流程仿真;④创新模块,综合应用上述3个模块的内容,独立设计并完成一个实习作品;⑤工程素质模块,包括制造过程综述、产品质量评价、生产成本管理、安全生产意识、团队合作精神、环境保护意识等内容。通过五大模块的训练使学生在训练中增强工程意识、在学习中培养工程素质、在实践中提高工程能力、在综合训练中开发创新意识。

三、工程与工程能力

工程是科学和数学的融合应用,通过这一应用,使自然界的物质和能源的特性能够通过各种结构、机器、产品、系统和过程以最短的时间和精而少的人力做出高效、可靠且对人类有用的东西。随着人类文明的发展,人们可以建造出比单一产品更大、更复杂的产品,这些产品不再是结构或功能单一的东西,而是各种各样的所谓"人造系统"(比如建筑物、轮船、铁路工程、海上工程、飞机等),于是工程的概念就产生了,并且它逐渐发展为一门独立的学科和技艺。

在现代社会中,"工程"一词有广义和狭义之分。就狭义而言,工程定义为"以某组设想的目标为依据,应用有关的科学知识和技术手段,通过一群人的有组织活动将某个(或某些)现有实体(自然的或人造的)转化为具有预期使用价值的人造产品过程"。就广义而言,工程则定义为由一群人为达到某种目的,在一个较长时间周期内进行协作活动的过程。

工程意识是工程师最重要、最基本的素质之一。所谓工程意识,是人脑对事物、经济环境、自然环境这个大工程的能动反应,就是在充分掌握自然规律的基础上,要有能够尊重自然、保护自然,合理合法地开发利用自然条件,去完成某项工程,创造出新的物质财富的意念。其内涵包含创新意识、实践意识、竞争意识、法律意识、管理意识等,包括了成本和效率意识、问题与改革意识、工作简化和标准化意识、全局和整体意识以及以人为中心意识。所谓工程能力,是指思维能力、自学能力、研究能力、操作能力和创造能力等。

工程素质是指从事工程实践的工程专业技术人员的一种能力,是面向工程实践活动时所具有的潜能和适应性。工程素质的特征有四个方面:第一,敏捷的思维、正确的判断和善于发现问题的能力;第二,理论知识和实践的融会贯通的能力;第三,把构思变为现实的技术能力;第四,具有综合运用资源,优化资源配置,保护生态环境,实现工程建设活动的可持续发展的能力并达到预期目的。工程素质实质上是一种以正确的思维为导向的实际操作,具有很强的灵活性和创造性。

工程素质主要包含以下六方面内容:一是广博的工程知识素质;二是良好的思维素质;三是工程实践操作能力;四是灵活运用人文知识的素质;五是扎实的方法论素质;六是工程创新素质。工程素质的形成并非知识的简单综合,而是一个复杂的渐进过程,将不同学科的知识和素质要素融合在工程实践活动中,使素质要素在工程实践活动中综合化、整体化和目标化。

实践能力就是对个体解决问题的进程及方式上直接起稳定的调节控制作用的个体生理和心理特征的总和。因此工程训练课程将实践能力定义为:保证个体顺利运用已有知识、技能去解决实际问题所必须具备的那些生理和心理特征,即把实践定位于在认识的指导下解决问题的过程,实践能力的高低以其解决问题的层次和质量为衡量指标。个体的社会智力与实践智力是密不可分的。实际上,社会智力正是实践智力的一种特殊表现形式。因为个体在具体解决问题过程的情境中不可能脱离社会,不可能不与他人发生联系,在实践过程中社会智力必然发生作用,故而实践智力包含着社会智力。

实践能力具有三个明显特征:首先是个体在实践过程中形成和发展起来的。实践能力的形成是一个涉及生理成熟、获得经验等多种因素的复杂过程。其次实践能力可以在人的一生中保持持续的发展态势。其三,实践能力虽然与认识能力有一定的关系,但智商高并不意味着个体实践能力强。智商是就个体学业智力或学业能力倾向而言的。实践能力则是就个体解决实际问题的素质和潜能而言。个体在学业方面表现出较高的水平,却不一定能顺利解决实际生活中的问题,反之亦然。因为,智商仅仅是学习潜力的一种测验指标,它与人的认识能力有一定的关联,但并不能作为解决问题能力的唯一判断指标。人的实践能力是由一系列复杂的心理和生理因素共同构成的。认识问题的能力仅仅是构成解决问题能力一种必要的前提。

实践能力由四部分构成:实践动机、一般实践能力因素、专项实践能力因素和情境实践能力因素。实践动机是指由实践目标或实践对象所引导、激发和维持的个体活动的内在心理过程或者内部动力。一般实践能力因素包括个体在实践中的基本生理和心理机能,它不指向解决具体问题,但却影响个体问题解决的效果,构成个体实践能力的生理和心理基础。专项实践能力因素指个体在解决问题中所表现出来的专项技能,任何一项具体任务的解决都包含某些专项实践能力因素。专项实践能力因素的形成,是一个由练习至熟练的过程。它要求学习者具有恒心和毅力。情境实践能力因素是在给定的外部条件和任务情况下,综合应用外部条件解决问题的能力。一般实践能力因素具有普遍性和概括性,专项实践能力和情境实践能力因素则具有具体性和针对性。

四、机械工程与工程训练

机械工程是通过人为设计,将符合使用性能和加工工艺性能要求的材料加工成零件,组装成产品,生产人类所需的各种工具的一种活动。机械工程通常由机械设计、零部件加工和组装检测三大部分组成。它反映一个国家现代化水平的重要标志。纵观工业发展史,制造工程及其发展历程经历了手工制造、劳动密集型制造、高新技术型制造三个阶段。

制造是人类所有经济活动的基石,是人类历史发展和文明进步的动力。制造狭义的定义是机电产品的机械加工工艺过程。其广义的定义为制造是涉及制造工业中产品设计、物料选择、生产计划、生产过程、质量保证、经营管理、市场销售和服务的一系列相关活动和工作的总称。制造过程包括了产品的设计、生产、使用、维修、报废、回收等全过程,也称为产品生命周期。

制造技术是人们按照所需的目的,运用知识和技能,利用客观物质工具,将原材料物化为人类所需产品的工程技术,即使原材料成为产品而使用的一系列技术的总称。

机械工程训练则是以机械制造过程为主线,运用基本加工技能,选择适当的加工设备,通过对材料的加工,制作出具有一定尺寸精度的零件,并经检验和组装成产品的一种训练方式。

工程训练的目的是以机械工程为例,了解制造工程的过程,体会、了解工程的概念,培养工程思维能力和通过动手实践掌握知识的能力。具体而言,是了解项目的实现途径,训练项目的实现能力。

第 2 节　制造系统基础知识

制造是人类所有经济活动的基石,是人类历史发展和文明进步的动力。制造狭义的定义指机电产品的机械加工工艺过程。制造广义的定义:制造是涉及制造工业中产品设计、物料选择、生产计划、生产过程、质量保证、经营管理、市场销售和服务的一系列相关活动和工作的总称。

制造是指人类借助于手工和工具,综合运用所掌握的知识和技能,采用有效的生产和管理方式,按照市场要求将原料转化为可供人们使用和利用的工业品与生活消费品,并投入市场的全过程。制造业是国民经济的主体,是立国之本、兴国之器、强国之基。

制造过程是指产品的设计、生产、使用、维修、报废、回收等全过程,也称为产品生命周期。

制造技术是按照人们所需的目的,运用知识和技能,利用客观物质工具,将原材料物化为人类所需产品的工程技术,即使原材料成为产品而使用的一系列技术的总称。

制造系统是制造业的基本组成实体,由完成制造过程所涉及的硬件(物料、设备、工具、能源等)、软件(制造理论、工艺、技术、信息和管理等)和人员(技术人员、操作工人、管理人员等)组成,通过制造过程将制造资源(原材料、能源等)转变为产品(包括半成品)的有机整体。

工业 1.0 是机械制造时代(又称第一次工业革命或蒸汽时代),以 1765 年英国人哈格里夫发明珍妮纺纱机以及瓦特在 1781 年发明的蒸汽机正式投入工厂使用为标志。这次工业革命的结果是机械生产代替了手工劳动,经济社会从以农业、手工业为基础转型到以工业、机械制造带动经济发展的模式。

工业 2.0 是电气化与自动化时代(又称第二次工业革命),以 1831 年法拉第发现了磁电感应现象,1865 年德国人西门子发明了发电机,1870 年比利时工程师格拉姆发明了电动机为标志。电力在工业领域开始代替蒸汽成为主要的能源和动力的来源,在劳动分工基础上采用电力驱动产品的大规模生产。因为有了电力,所以才进入了由继电器、电气自动化控制机械设备生产的年代。1913 年美国人福特采用流水线制造汽车,规格化生产,成本大大下降。这次的工业革命,通过零部件生产与产品装配的成功分离,开创了产品批量生产的高效模式。

工业 3.0 是电子信息化时代(又称第三次工业革命或科技革命),即 20 世纪 50 年代左右开始并一直延续至现在的信息化时代。在工业 2.0 的基础上,以原子能、电子计算机、空间技术和生物工程的发明和应用为主要标志,广泛应用电子与信息技术,使制造过程自动化控制程度再进一步大幅度提高。生产效率、加工质量、分工合作、机械设备寿命都得到了前所未有的提高。在此阶段,工厂大量采用由 PC、PLC/单片机等电子、信息技术自动化控制的机械设备进行生产。自此,机器能够逐步替代人类作业,不仅接管了相当比例的"体力劳动",还接管了一些"脑力劳动"。

工业 4.0 是德国政府 2013 年《高技术战略 2020》确定的十大未来项目之一,并已上升为国家战略,旨在支持工业领域新一代革命性技术的研发与创新。产品全生命周期、全制造流程数字化以及基于信息通信技术的模块集成,将形成一种高度灵活、个性化、数字化的产品与服务新生产模式。

从工业 1.0 到工业 4.0 的阶段划分见图 1-1。

"中国制造 2025"为中国制造业未来 10 年设计顶层规划和路线图,坚持"创新驱动、质量为先、绿色发展、结构优化、人才为本"的基本方针,坚持"市场主导、政府引导,立足当前、着眼长远,整体推进、重点突破,自主发展、开放合作"的基本原则,通过努力实现中国制造向中国创

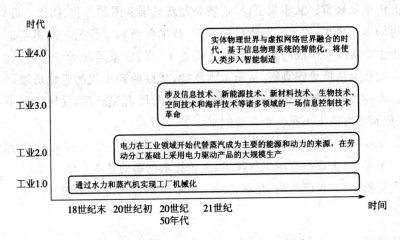

图 1-1　工业 1.0 到工业 4.0 的阶段划分

造、中国速度向中国质量、中国产品向中国品牌三大转变,推动中国到 2025 年迈入制造强国行列,到 2035 年我国制造业整体达到世界制造强国阵营中等水平,到新中国成立一百年时,中国制造业大国地位更加巩固,综合实力进入世界制造强国前列。"中国制造 2025"的四大核心要素就是:①以质量铸就中国制造的灵魂;②以标准引领中国制造质量的提升;③以品牌打造中国制造的名片;④以质量秩序保障中国制造的健康繁荣。

第 3 节　创新开发与产品质量

一、创新

　　创新是指以现有的思维模式提出有别于常规或常人思路的见解为导向,利用现有的知识和物质,在特定的环境中,基于理想化需要或为满足社会需求,而改进或创造新的事物、方法、元素、路径、环境,并能获得一定有益效果的行为。创新活动是人类为了满足自身需要,不断拓展对客观世界及其自身的认知与行为的过程和结果的活动。具体讲,创新就是指人为了一定的目的,遵循事物发展的规律,对事物的整体或其中的某些部分进行变革,从而使其得以更新与发展的活动。因此创新的主体是人。这里人包含两层含义,即个人或团体、组织。创新的客体是客观世界,包括自然科学、社会科学以及人类自身思维规律。创新的核心是创新思维,是指人类思维不断向有益于人类发展的方向动态化的改变。创新的关键是改变,向新的方向、有效的方面进行量和质的变化。创新的结果有两种,即一是物质的,如新材料、新设备等;二是非物质的,如新思想、新理论、新经验等。

　　创新是以新思维、新发明和新描述为特征的一种概念化过程,有三层含义:第一层,更新,就是对原有的东西就行替换;第二层,创造新的东西,就是创造出原来没有的东西;第三层,改变,就是对原有的东西进行发展和改造。创新是人类特有的认识能力和实践能力,是人类主观能动性的高级表现,是推动民族进步和社会发展的不竭动力。一个民族要想走在时代前列,就一刻也不能没有创新思维,一刻也不能停止各种创新。创新在经济、技术、社会学以及建筑学等领域的研究中举足轻重。从本质上说,创新是创新思维蓝图的外化、物化。近代以来人类文明进步所取得的丰硕成果,主要得益于科学发现、技术创新和工程技术的不断进步,得益于科学技术应用于生产实践中形成的先进生产力,得益于近代启蒙运动所带来的人们思想观念的巨大解放。人类社会从低级到高级、从简单到复杂、从原始到现代的进化历程,就是一个不断创新的过程。不同民族发展的速度有快有慢,发展的阶段有先有后,发展的水平有高有低,究其原因,民族创新能力的大小是一个主要因素。

科技创新是社会生产力发展的源泉。在现代社会,大学、科学工程研究机构是基础科学技术创新的基本主体,而企业是应用工程技术、工艺技术创新的基本主体。

产品开发是指个人、科研机构、企业、学校、金融机构等创造性研制新产品,或者改良原有产品。

二、产品质量

产品质量特性的含义很广泛,它可以是技术的、经济的、社会的、心理的和生理的。一般来说,常把反映产品使用目的的各种技术经济参数作为质量特性。

产品的质量表现为不同的特性,对这些特性的评价会因为人们掌握的尺度不同而有所差异。为了避免主观因素影响,在生产、检验以及评价产品质量时,需要有一个基本的依据、统一的尺度,这就是产品的质量标准。

产品的质量标准是根据产品生产的技术要求,将产品的主要的内在质量和外观质量从数量上加以规定,即对一些主要的技术参数所作的统一规定。它是衡量产品质量高低的基本依据,也是企业生产产品的统一标准。我国采用的产品质量标准有:①国际标准,是指某些国际组织规定的质量标准;②国家标准,是在全国范围内统一使用的产品质量标准,主要针对某些重要产品而制定的;③部颁标准(行业标准),是指在全国的某一行业内统一使用的产品质量标准;④企业标准,是企业自主制定,并经上级主管部门或标准局审批发布后使用的标准。一切正式批量生产的产品,凡是没有国家标准、部颁标准的,都必须制定企业标准。企业可以制定高于国家标准、部颁标准的产品质量标准,也可以直接采用国际标准、国外先进标准,但企业标准不得与国家标准、部颁标准相抵触。

把产品实际达到的质量水平与规定的质量标准进行比较,凡是符合或超过标准的产品称为合格品,不符合质量标准的称为不合格品。合格品中按其符合质量标准的程度不同,又分为一等品、二等品等。不合格品中包括次品和废品。

产品质量是指产品适应社会生产和生活消费需要而具备的特性,它是产品使用价值的具体体现。它包括产品内在质量和外观质量两个方面。

1. 产品内在质量

产品的内在质量是指产品的内在属性,包括性能、寿命、可靠性、安全性和经济性五个方面。

产品性能,指产品具有适合用户要求的物理、化学和技术性能,如强度、化学成分、纯度、功率、转速等。

产品寿命,指产品在正常情况下的使用期限,如房屋的使用年限,电灯、电视机显像管的使用时数,闪光灯的闪光次数等。

产品可靠性,指产品在规定的时间内和规定的条件下使用,不发生故障的特性,如电视机使用无故障,钟表的走时精确等。

产品安全性,指产品在使用过程中对人身及环境的安全保障程度,如热水器的安全性,啤酒瓶的防爆性,电器产品的导电安全性等。

产品经济性,指产品经济寿命周期内总费用的多少,如空调、冰箱等家电产品的耗电量,汽车的每百公里的耗油量等。

2.产品外观质量

产品的外观质量指产品的外部属性,包括产品的光洁度、造型、色泽、包装等,如自行车的造型、色彩、光洁度等。

产品的内在质量与外观质量特性比较,内在质量是主要的、基本的,只有在保证内在特性的前提下,外观质量才有意义。

产品质量取决于过程质量,过程质量决定于工作质量,工作质量最终取决于员工的素质。无论是产品质量、服务质量,还是工作质量,归根结底取决于制造产品、提供服务、进行管理的人的"质量"。所以,要高度重视每位员工的作用,充分调动员工的积极性和创造性,最大限度地保证产品质量、服务质量和工作质量。质量是企业的生命,质量意识是企业生命的灵魂。因此,要提高产品质量,必须要先增强员工的质量意识。

提高产品质量不仅对企业发展有至关重要的意义,还将对社会产生深远的影响。产品质量好坏或服务质量的优劣是决定企业素质、企业发展、企业经济实力和竞争优势的主要因素。质量还是争夺市场最关键的因素,谁能够用灵活快捷的方式提供用户满意的产品或服务,谁就能赢得市场的竞争优势。

三、零件的加工质量及评价

零件加工质量分为加工精度和表面质量两大部分。

加工精度是指零件加工后的实际几何参数(尺寸、形状、位置)与理想(图纸)几何参数的符合程度。加工误差则是指零件加工后,实际测量参数与理想参数的偏离程度。实际测量参数和理想参数越符合,加工误差越小,加工精度越高。加工精度又包括尺寸精度、形状精度和位置精度。

表面质量是指零件加工后的表面层状态。它包括表面结构、表面层金属的金相组织状态、力学性能和残余应力的大小及性质。其中表面结构是表面粗糙度、表面波纹度、表面缺陷、表面纹理和表面几何形状的总称。

通常情况下零件的质量一般常用加工精度和表面结构进行评价。

第4节　安全生产与实训安全

安全是指客观事物的危险程度能够被人们普遍接受的状态。安全的实质就是防止或消除导致伤害及财产损失事故的发生条件。

事故是指人们在实现目的的行动过程中,突发的、迫使其有目的的行动暂时或永久终止的一种意外事件。

安全生产是为了使生产过程在符合物质条件和工作秩序下进行的,防止发生人身伤亡和财产损失等生产事故,消除或控制危险、有害因素,保障人身安全与健康、设备和设施免受损坏、环境免遭破坏的总称。

引起安全事故的直接原因分为两类:一类是物的不安全状态;另一类是人的不安全行为。物的不安全状态是指在生产过程中所使用的物质、能量等可能导致事故和伤害发生的状态。物的不安全状态是事故发生的根源,如果没有物的不安全状态存在,则人的行为也就无所谓安全还是不安全。人的不安全行为是指纯粹由于人的行为导致的物的不安全状态,如违章堆放物料、违规操作设备、私接动力电源等。因此,安全工作首先要解决物的不安全状态,主要依靠安全科学技术和工程技术来实现。但是,科学技术和工程技术是有局限性的,并不能解决所有问题,其原因一方面可能是科技水平发展不够,另一方面可能是经济上不合算。鉴于此,控制、改善人的不安全行为尤为重要。控制人的不安全行为一般采用管理的方法,即用管理的强制手段约束被管理者的个性行为,使其符合安全的需要。

发生事故的原因有主观因素和客观因素。主观因素有:①行为人缺乏安全知识和经验;②过度疲劳、睡眠不足、体力不足;③注意力不集中,操作时心不在焉;④劳动态度不端正;⑤不懂装懂,满不在乎。发生事故的客观因素多种多样,有些事故是在设备正常工作情况下发生的,有些则是在非正常工作情况下发生的,还有一些是在没有工作情况下发生的。但主要有以下几种原因:①物体打击,系指物体在重力或其他外力作用下产生机械运动对人体的伤害以及物体在外力或重力作用下,超过自身强度极限或因结构稳定性破坏而造成的坍塌对人体的伤害;②机械伤害,系指机械部件、工具、刀具、工件直接与人体接触引发的挤压、碰撞、冲击、刺扎、剪切、切割、切断、卷入、绞绕、甩出等对人体的伤害;③触电,系指各种设备、设施与人体接触时产生的短路、放电而造成对人体的伤害;④灼伤,系指因火焰造成的人体烧伤、高温物体对人体的烫伤、化学物质反应引起的人体内外灼伤、光辐射和热辐射对人体表面的灼伤以及火灾造成的伤害。

因此安全生产不仅是当今社会发展和经济建设永恒的主题,还是企业生存和发展不变的底线,更是人员安心工作和技术提高的根本。从国家层面上讲,安全生产是以人为本的执政理念,是构建社会主义和谐社会的基础;从企业层面来说,安全生产是企业生存的关键,是经济效益和持续发展的基础;从员工个人来说,安全生产是人的第一需求,没有安全一切都是零。

企业中的安全生产主要包括以下三个方面内容。

1)规章制度 要建立企业安全生产的长效机制,就必须坚持“以法治安”,用法律法规的形式来规范企业领导和员工的安全行为,使安全生产工作有法可依,有章可循,建立安全生产法制秩序。企业可根据《中华人民共和国安全生产法》等国家法律结合本企业特点制订安全生产规章制度、岗位安全操作规程和安全生产责任制。安全生产责任制是企业岗位责任制的一个组成部分,是企业中最基本的一项安全制度,也是企业安全生产管理制度的核心。

2)管理机构 负责制订、宣传、监管安全生产规章制度和操作规程的有关内容和执行情况。通过宣传教育提高人们辨识危险的能力,提高人们避免被伤害的能力,提高人们采用科学方法消除危险、保障安全的能力以及面对危险的应对与处理能力(安全文化建设),使各级领导和全体员工在生产过程中必须坚持在抓生产的同时抓好安全工作,必须把各项安全规章制度自觉落实到生产管理的全过程。安全与生产应是辩证统一的有机整体,两者不能分割,更不能对立起来,应将安全寓于生产之中。同时管理机构还肩负着企业安全文化建设,要紧紧围绕"以人为本"这一中心和渗透安全理念及养成安全行为两个基本点,不断提高广大员工的安全意识和安全责任,内化思想,外化行为,把安全第一变为每个员工的自觉行为。安全理念决定安全意识,安全意识决定安全。

3)安全技术　安全技术是指在生产过程中为防止各种伤害以及火灾、爆炸等事故,并为职工提供安全、良好的劳动条件而采取的各种技术措施。对于目前技术尚无法解决的危险因素要做好醒目提示。安全技术措施的目的是,通过改进安全设备、作业环境或操作方法,将危险作业改进为安全作业,将笨重劳动改进为轻便劳动,将手工操作改进为机械操作。安全技术分为主动安全技术和被动安全技术。主动安全技术是依据科学分析和实践经验对预测事故隐患进行改进或监测,进一步减小事故发生的可能性;被动安全技术是针对事故发生后最大限度地减小事故造成的损失。安全技术的任务有:①分析造成各种事故的原因,从根本上消除产生事故的危险因素;②研究防止各种事故的办法,减少或消除人体接触设备和设施的危险部位的可能性或使人体难以接近危险部位;③采用新技术、新工艺、新设备的安全措施,提高设备的安全性和防护性;④提供有效的保护装置和防护服,根据变危险作业为安全作业、变笨重劳动为轻便劳动、变手工操作为机械操作的原则,通过改进安全设备、作业环境或操作方法,达到安全生产的目的。但是要清楚地看到:科学技术越发展,安全隐患也就越突出,事故造成的损失也越大,因此千万不可盲目乐观、掉以轻心。

对于员工要认真做好全员、车间和班组三级安全教育。要使岗位人员做到"三个清楚",即清楚本岗位的危险部位,清楚本岗位的危险因素和有害物质的性质,清楚本岗位的安全预防措施。在操作时做到"三个必须",即必须遵守安全规章制度,必须遵守安全操作规程,必须穿戴劳动防护用品。在工作中做到"三不伤害",即不伤害自己,不伤害他人,不被他人伤害。在整个工作时间内做到"三不违",即不违章指挥,不违章操作,不违反劳动纪律。

第2章 铸 造

第1节 铸造实习的目的和要求

一、铸造实习课程内容

主要讲解铸造基础概论,砂型铸造的工艺过程,造型材料,常用砂型铸造方法,整模造型、挖砂造型、分模造型等常用的手工造型方法;介绍熔模铸造、金属型铸造、压力铸造、离心铸造等特种铸造方法及现代铸造技术的发展以及铸件质量的检验和常见缺陷的分析。

二、铸造实习的目的和作用

铸造是热加工的主要方法之一。铸造实习的目的是训练学生的动手及动脑能力。学生通过对各种造型方法的实际操作,了解铸造的基本工艺,增加对铸造的感性认识。通过亲手制作手工砂型,体验铸造造型方法及铸造的优点。通过对铸造缺陷的认识和产生原因分析,从中掌握更多的铸造知识。

三、铸造实习具体要求

了解铸造生产的工艺过程、特点和应用。知道铸造常用的设备和工具名称及其作用,了解常用型(芯)砂的性能及配比。掌握手工两箱造型(整模、分模、挖砂造型等)的特点及操作技能,了解其他手工造型方法的特点及应用,了解机器造型的工作原理和特点及其他铸造设备的工作原理。熟悉铸件分型面的选择,并能对铸件进行初步工艺分析。了解铸铁、铸钢、铝合金的熔炼方法和浇注工艺,了解铸件的落砂和清理,了解铸件的质量检验方法和常见缺陷及产生的原因,了解铸造生产安全技术及简单经济分析。

四、铸造实习安全事项

必须穿戴好工作服、帽、鞋等防护用品。造型时不要用嘴吹型(芯)砂;正确使用造型工具;安全翻转和搬动砂箱,防止压伤手脚以及损坏砂型。浇注前操作者应注意浇包内的金属液不可过满,在搬运浇包和浇注过程中要保持平稳,严防发生倾翻和飞溅事故;操作者与金属液应保持一定的距离且不能位于金属液易飞溅的方向,操作者应远离浇包;浇注后多余的金属液应妥善处理,严禁乱倒乱放。铸件在铸型中应保持足够的冷却时间,不要去接触未冷却的铸件。清理铸件时,应注意周围环境,正确使用清理工具,合理掌握用力的大小和方向,防止飞出的清理物伤人。

第 2 节 概 述

一、铸造及其特点

将熔化了的液态金属浇注到具有与零件形状相适应的铸型型腔中,待其冷却凝固后获得一定形状和性能的毛坯或零件的方法称为铸造。铸造生产是一种金属热加工成型方法。由于其适应性强、成本低,在机械制造领域占有极其重要的位置。

铸造的原材料来源广泛,既可利用报废的金属零件或切屑,也可选用如铸铁、铸钢、非铁合金等材料作为铸造材料。铸造生产可以制成外形和内腔较为复杂、不同尺寸及形状、不同质量的毛坯,如各种发动机缸体、机床床身、电动机外壳、手轮等。铸造工艺设备投资费用小,生产成本低,因其所得铸件与零件尺寸较接近,可减少切削加工工作量,减少金属的消耗,有助于提高经济效益;但铸件力学性能较差、生产周期长、质量不稳定、精度不高、工人劳动强度大、环境污染大,特别是铸件的复杂程度和质量在很大程度上取决于操作者的技术和技能。

随着近年来铸造合金、铸造工艺技术的发展,特别是精密铸造的发展和新型铸造合金的成功应用,使铸件的表面质量、力学性能都有了显著提高,铸造的应用范围日益扩大。

在铸造生产中,最基本的方法是砂型铸造。因型砂来源广泛,价格低廉,且砂型铸造方法适应性强,因而是目前生产中用得最多、最基本的铸造方法。用砂型浇注的铸件占铸件总产量的绝大部分。除砂型铸造外,还有许多特种铸造方法,如熔模铸造、金属型铸造、压力铸造、离心铸造等。

二、砂型铸造的生产过程

砂型铸造的主要工艺过程:首先根据零件的形状和尺寸,设计制造模样和芯盒;然后进行配砂和混砂;造型、造芯,型芯一般是经烘干后才合箱使用;再将熔化的金属浇注到砂型中,待铸件冷却凝固后经落砂、清理、检验后得到所需的铸件。砂型铸造的生产过程如图 2-1 所示。

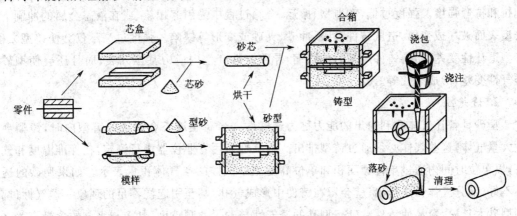

图 2-1 砂型铸造的生产过程

三、铸型的组成

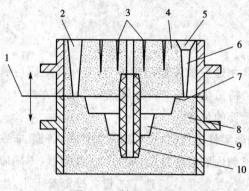

图2-2　铸型装配图

1—分型面；2—冒口；3—出气孔；4—上型；5—外浇道；
6—直浇道；7—内浇道；8—下型；9—型腔；10—型芯

铸型是依据零件形状用造型材料制成的。铸型材料既可以是砂型，也可以是金属型或其他耐火材料。砂型是由型砂等作为造型材料制成的。

铸型一般由上型、下型、型芯、型腔、浇注系统、冒口和出气孔等组成，如图2-2所示。铸型组元间的接合面称为分型面。型芯一般用来形成铸件的内孔或局部外形。型腔是由造型材料所包围形成的空腔部分，浇注后得到铸件本体。浇注系统是液态金属通过流入并充满型腔的通道。冒口的主要作用是补缩，同时还有排气和集渣的作用。出气孔是将铸造产生的气体排出砂型的通道。

第3节　型(芯)砂

型(芯)砂是指按一定比例配合的造型材料，经过混制符合造型要求的混合料分为湿型砂和干型砂(含表干型砂)两类。型(芯)砂质量对铸件质量的影响很大，型(芯)砂质量不好会使铸件产生气孔、砂眼、粘砂等缺陷，因此必须严格控制型(芯)砂的质量。

一、型(芯)砂应具备的性能

1. 湿压强度

湿型砂在抵抗外力作用下不破坏、不变形的能力称为湿强度，简称强度，包括抗压、抗剪、抗拉和抗弯强度。强度过低，在造型、搬运、合箱过程中易引起塌箱，或在液态金属的冲刷下使铸型表面破坏或变形，造成铸件砂眼、冲砂、夹砂或变形等缺陷。强度过高不仅会使铸型太硬，铸型退让性变差，妨碍铸件冷却时的收缩，导致铸件产生内应力甚至开裂，而且还会使型砂的透气性变差，形成气孔等。

2. 透气性

型砂具备让气体顺利逸出的能力称为透气性。当高温液态金属浇入铸型内时，铸型会产生大量气体，这些气体必须通过铸型排出。透气性需用专业仪器进行测定，在标准温度和气压下，以单位时间内通过单位截面积和单位高度型砂试样的空气体积量表示。如果型砂的透气性不好，部分气体无法排出，就会留在铸件中形成气孔，甚至引起浇不足的现象。透气性过高，则型砂太疏松，容易使铸件粘砂。型砂的透气性与砂子的颗粒度、黏土与水分的含量有关。一般砂粒越粗大均匀、透气性就愈好。随着黏土的增加或型砂紧实度的增大，型砂的透气性下降。只有当型砂中黏土的水分适量时，型砂的透气性才能达到最佳值。

3. 耐火性

型砂在高温液态金属作用下不熔融、不烧结、不软化、保持原有性能的能力称为耐火性。型砂的耐火性主要取决于砂中 SiO_2 的含量。砂中 SiO_2 的含量越高，型砂的耐火性越好；型砂粒度越大，耐火性也越好。

4. 可塑性

型砂在外力下产生变形而外力去除后仍能保持其获得形状的能力称为可塑性。可塑性好，便于造型，易于起模。可塑性与型砂中黏土和水分的含量以及砂子的粒度有关。一般砂子颗粒越细，黏土量越多，水分适当时，型砂可塑性越好。

5. 退让性

铸件冷凝收缩时，型砂被压缩退让的性能称为退让性。退让性一般通过热强度试验测定型砂试样破坏时的纵向总变形量与其热强度之比。退让性差，铸件在凝固收缩时会受阻而产生内应力、变形和裂纹等缺陷。因此，对于一些收缩较大的合金或大型铸件应在型砂中加入一些锯末、焦炭粒等物质，以增加退让性。砂型越紧实，退让性就越差。

6. 紧实度

紧实度是指型砂紧实后的压缩程度，是评价砂型质量的重要指标之一。砂型具有较高而均匀的紧实度，可以提高砂型的强度和表面硬度，可有效减少铸件缩松的发生，提高质量。但紧实度过高，也会带来很多不良影响，影响砂型的透气性，使铸件产生气孔；影响铸件收缩造成铸件内应力过大等。紧实度可用砂型密度或砂型硬度表示。砂型密度为单位体积内所含型砂的质量，使用密度来标定紧实度，方法简单易行，但无法测定局部紧实度，且易损坏砂型。砂型硬度通常用砂型硬度计来测定，使用硬度来标定紧实度，方法简单且不破坏砂型，但无法测定内部紧实度。

7. 紧实率

紧实率是表示型砂可紧实性和检查其调匀程度的指标，用松散状态的型砂在一定压力作用下，紧实距离对紧实前高度的百分比表示。紧实率与型砂中成分配比、含水量以及过筛密度等密切相关。在很多情况下，型砂中的含水量可通过型砂紧实率的测定来确定。

除此之外，型砂的流动性、耐用性和溃散性等也十分重要。

二、型(芯)砂的组成

型砂的性能与其组成原料有关。一般型砂由原砂、黏结剂、附加物及水等按一定配比混制而成。

1. 原砂

原砂又称新砂，是型砂的主体，主要成分为 SiO_2，它耐高温。原砂颗粒度的大小、形状对型砂的性能影响很大。原砂的粒度一般为 50～140 目。

2. 黏结剂

黏结剂的作用是使砂粒黏结成具有一定可塑性及强度的型砂。按照黏结剂的不同，型砂可分为黏土砂、水玻璃砂、树脂砂、油砂和合脂砂等。在砂型铸造中，所用黏结剂大多为黏土。黏土分普通黏土和膨润土。黏土砂结构如图 2-3 所示。

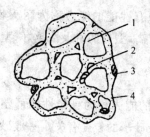

图 2-3 黏土砂结构

1—砂粒；2—空隙；

3—附加物；4—黏结剂

3. 附加物

为改善型（芯）砂的某些性能而加入的材料称为附加物。型砂中常加入的附加物有煤粉、锯木屑等。在一些中小型铸件的湿砂型中常加入煤粉，煤粉的作用是在高温液态金属作用下燃烧形成气膜，以隔绝液态金属与铸型内腔的直接作用，防止铸件粘砂，使铸件表面光洁。加入锯木屑，可改善型砂（芯）的退让性和透气性。

4. 水

黏土砂中的水分对型砂性能和铸件质量影响极大。黏土只有被水润湿后，其黏性才能发挥作用。在原砂和黏土中加入一定量的水混制后，在砂粒表面包上一层黏土膜，经紧实后会使型砂具有一定的强度和透气性。水分过多，容易形成黏土浆，使砂型强度和透气性下降；水分太少，则砂型干而脆，可塑性下降。

5. 涂料

为提高铸件表面质量，可在砂型或型芯表面涂刷涂料。如在铸件的湿型砂型上，用石墨粉扑撒一层即可；在干型砂型上，用石墨粉加少量黏土的水涂料涂刷在型腔表面上即可。

三、型砂的配制

型砂的配制工艺对型砂的性能有很大影响。由于浇注时砂型表面受高温金属液的作用，砂粒粉碎变细，煤粉燃烧分解，使型砂中灰分增多，透气性降低，部分黏土会丧失黏结力，使型砂性能变坏。因此，落砂后的旧砂不能直接使用，必须经磁选（选出砂中的铁块、铁豆和铁钉等）并过筛以去除铁块及砂团，再掺入适量的新砂、黏土和水经过混制恢复良好性能后才能使用。

混砂的目的是将型砂各组成成分混合均匀，使黏结剂均匀分布在砂粒表面。型砂混制是在混砂机中进行的。其混制过程：按配方加入新砂、旧砂、黏结剂和附加物等。先干混 2～3 min，再加入水湿混 5～12 min，性能符合要求后即可从出砂口卸砂。混好的型砂应堆放 4～5 h，使黏土膜中的水分均匀（称为调匀）。使用前要过筛并使型砂松散好用。用混砂机混砂，其质量较好。

生产中为节约原材料，合理使用型砂，常把型砂分成面砂和背砂。与铸件接触的那一层型砂为面砂。面砂应具有较高的可塑性、强度和耐火性，常用较多的新砂配制。填充在面砂和砂箱之间的型砂称为背砂，又叫填充砂，一般用旧砂。

生产中一般型芯可以用黏土芯砂，但黏土加入量要比型砂多。形状复杂、要求强度较高的型芯，要用油砂、合脂砂或树脂砂等。为了保证足够的耐火度和透气性，型芯中应多加新砂或全部用新砂。对于复杂的型芯，要加入锯木屑等以增加退让性。

第 4 节　造　　型

造型是铸造生产中的重要工序,根据铸件的尺寸大小、形状、批量以及生产条件,一般分为手工造型和机器造型两类。单件小批生产时采用手工造型,大批生产时采用机器造型。

一、手工造型

造型常用的工具如图 2-4 所示,其作用如下。

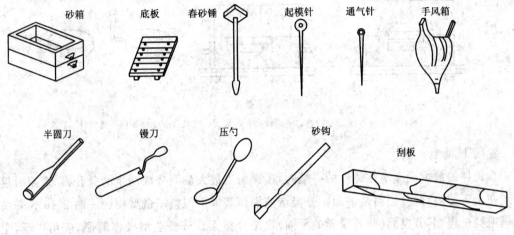

图 2-4　造型常用的工具

①砂箱在造型时用来容纳和支撑砂型,浇注时对砂型起固定作用。

②底板用来放置模样,其大小依砂箱和模样的尺寸而定。

③春砂锤一端形状为尖圆头,用于春实模样周围和靠近内壁砂箱处或狭窄部分的型砂,保证砂型内部紧实;另一端为平头板,用于砂箱顶部的紧实。

④通气针用于在砂型上适当位置扎通气孔,以便排出型腔中的气体。

⑤起模针用于从砂型中取出模样的工具。

⑥手风箱(皮老虎)用于吹去模样和砂型表面上的砂粒和杂物。

⑦半圆刀用于修整型腔内壁和内圆角。

⑧镘刀(砂刀)用于修整砂型表面以及在砂型表面上挖沟槽。

⑨压勺用于修补砂型上的曲面。

⑩砂钩用于修整砂型底部和侧面,或钩出砂型中的散砂、杂物等。

⑪刮板用于刮去高出砂箱上平面的型砂和修整大平面。

1. 整模造型

整模造型的模样是一个整体,造型时模样全部放在一个砂箱内,分型面是平面,如图 2-5 所示。整模造型操作简便,所得型腔的形状和尺寸精度较好,适用于外形轮廓的顶端截面最大而且平直、形状简单的铸件,如齿轮坯、轴承等。

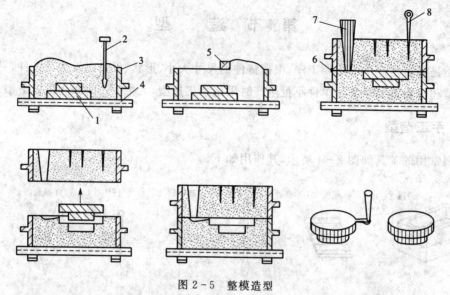

图 2-5　整模造型

1—模样；2—舂砂锤；3—砂箱；4—底板；5—刮板；6—泥号；7—浇口棒；8—通气针

2. 分模造型

当铸件的最大截面不在铸件的一端时，模样为沿最大截面分成两半的分开模，造型时模样分别在上下型内，此分型面是平面。分模造型操作基本上与整模造型相同。图 2-6 为套筒的分模造型过程，其分模面（分开模样的平面）也是分型面。分模造型操作简便，应用广泛，主要用于某些没有平整表面，最大截面在模样中部的铸件，如套筒、管子、阀体类以及形状较复杂的铸件。

3. 挖砂造型

如果铸件的外形轮廓为曲面、阶梯面或最大截面为曲面，而且模样又不能分开时，只能做成整体放在一个砂箱内。为把模样从砂型中取出，需在造好下砂型翻转后，挖掉妨碍起模的型砂至模样最大截面处，如图 2-7 所示，抹平并修光分型面。挖砂造型需每造一型挖一次砂，故操作复杂，生产率较低，只适用于单件小批生产。

4. 假箱造型

如果生产数量大，可用假箱造型来代替挖砂造型。先用强度较高的材料（木材或铝合金）制成假箱，假箱分为曲面分型面假箱和平面分型面假箱两种。曲面分型面假箱见图 2-8，用它代替平板造下砂型。当生产数量更多时，可用成型底板来代替假箱，如图 2-9 所示。造型时把模样放在成型底板上，以获得应挖的分型面，这样就省去挖砂的操作。

5. 活块造型

将模样的外表面上局部有妨碍起模的凸起部分做成活块，活块用钉或销与主体模定位连接，起模时先取出模样主体，然后从型腔侧壁取出活块，这种造型方法称为活块造型，如图 2-10 所示。活块造型的操作难度较大，对工人操作技术要求较高，生产率较低，只适于单件小批生产。产量较大时，可用外型芯取代活块，使造型容易。

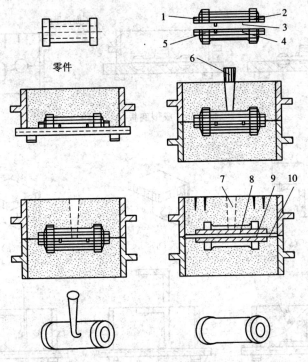

图 2-6 分模造型

1—型芯头；2—上半模样；3—销钉；4—销孔；5—下半模样；6—浇口棒；

7—浇道；8—型芯；9—型芯通气孔；10—排气道

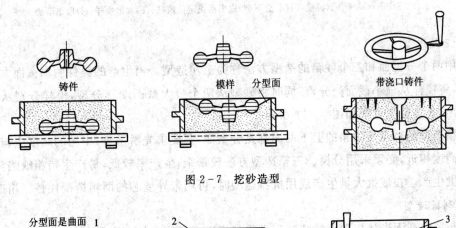

图 2-7 挖砂造型

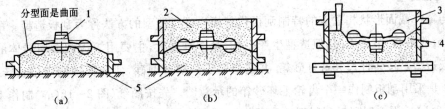

图 2-8 假箱造型

(a)模样放在假箱上；(b)造下型；(c)翻转下型，再造上型

1—木模；2—下箱；3—上型；4—下型；5—假箱

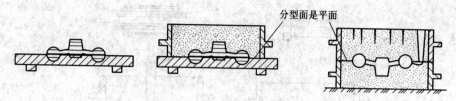

图 2-9　成型底板代替假箱

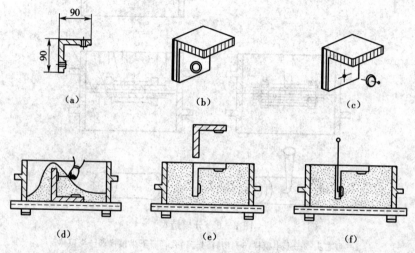

图 2-10　活块造型

(a)零件图;(b)铸件;(c)模样;(d)造下型,取出活块定位销钉;(e)取出模样;(f)取出活块

6. 三箱造型

采用两个分型面和三个砂箱的造型方法称为三箱造型。当生产的铸件两端截面大而中间小时,需将模样从最小截面处分模,同时将砂型从两个最大截面端部分型,模样分别从两个分型面取出,具体造型过程如图 2-11 所示。

三箱造型的特点是中箱的上下两面都是分型面,都要求光滑平整;中箱的高度应与中箱中的模样高度相近,必须采用分模。三箱造型方法较繁杂,生产率较低,易产生错箱缺陷,只适于单件小批生产。在成批大量生产或用机器造型时,可用带外型芯的两箱造型代替三箱造型。

7. 刮板造型

用与零件截面形状相适应的特制刮板代替模样进行造型的方法称为刮板造型。刮板造型成本低、节约木料、节省工时,但造型生产率低,操作难度大,主要用于大截面回转体的单件生产。刮板造型是按铸件尺寸选好砂箱,并适当紧实一部分型砂,使刮板轴能定位且转动自如。图 2-12 是采用刮板制作一个齿轮毛坯砂箱的示意图。先按图纸(图 2-12(a))制作木型刮板(图 2-12(b)),用木型刮板刮制下砂型(图 2-12(c)),用上砂型刮板刮制成型砂堆,再造上砂型(图2-12(d)),合型后便制得铸型(图 2-12(e))。

8. 地坑造型

在地面挖一砂坑代替下砂箱进行造型的方法称为地坑造型。造型时常用坑底焦炭垫底,

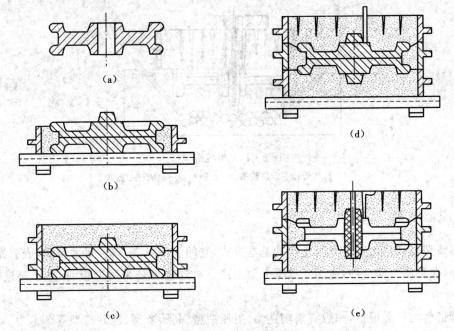

图 2-11 三箱造型

(a)零件轮廓线;(b)中砂型造型;(c)下砂型造型;(d)上砂型造型;(e)合箱

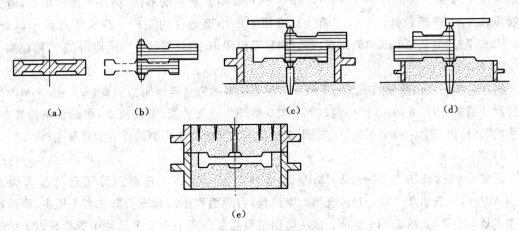

图 2-12 刮板造型

(a)工件;(b)刮板;(c)刮制下砂型;(d)刮制上砂型;(e)合型

再插入管子,以便将气体排出,然后填入型砂并放模样进行造型。造型完毕,在砂箱四周打上铁楔定位,即可开箱起模,如图 2-13 所示。

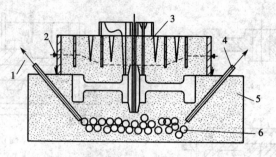

图 2-13　地坑造型

1、4—排气管；2—定位铁楔；3—上砂型；5—地坑；6—焦炭

二、机器造型

机器造型是现代化铸造车间生产的基本方式，它的生产率高，铸件尺寸精确，表面光洁，加工余量小，改善了劳动条件，适用于成批大量生产。机器造型是采用型板、标准砂箱进行两箱造型的。

机器造型的种类很多，一般有震实造型、射压造型、高压造型、抛砂造型等。

1. 震实造型

震实造型的工作原理如图 2-14 所示。一般震实造型机的振动频率为 2.5～6 Hz，振幅 25～80 mm，型砂压实力较小(0.14～0.15 MPa)，故型砂紧实度不高，铸件表面较粗糙，造型时噪声较大，生产率较低(50～60 箱/h)，常用于中小型铸件的生产。若采用高频率(13～166 Hz)、小振幅(5～10 mm)低压微震造型机，不仅噪声小，且型砂紧实度均匀，生产率也高。

2. 射压造型

射压造型的工作原理如图 2-15 所示。射压造型的特点是压实力较高(0.7～0.9 MPa)，铸件尺寸精确，表面光洁，生产率高(225～360 型/h)，且无砂箱，节约成本；但设备结构复杂，工艺装备(模板、芯盒等)费用高。它适用于形状不太复杂的中小型铸件的大批量生产。

3. 高压造型

压实砂型的压力为 70～150 MPa 的造型方法称为高压造型。其优点是压实力高(0.9 MPa)、生产率高(135～150 型/h)、噪声低，占地面积小。其压头形式有平压头、弹性压头和多触压头等，如图 2-16 所示。该法适用于型芯复杂的中小型多品种中等批量以上的铸件生产。

4. 抛砂造型

生产大型铸件可用抛砂造型，其工作原理如图 2-17 所示。它是利用高速旋转(900～1 500 r/min)的叶片，将输入的型砂高速(30～50 m/s)抛下，以达到紧砂的目的，其生产率为每小时紧砂10～30 m³。抛砂造型不需专用砂箱和模板，适用于生产大型铸件，批量不限。

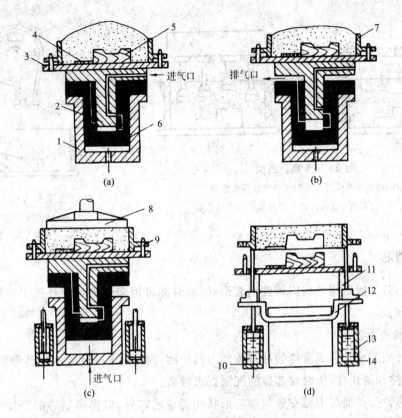

图 2-14 震实造型

(a)底板上升;(b)底板下降;(c)顶部压平;(d)起模

1—压实气缸;2、6—震击活塞;3—底板;4—内浇道;5—模样;7—砂箱;

8—压头;9—定位销;10、14—压力油缸;11—起模推杆;12—同步连杆;13—起模油缸

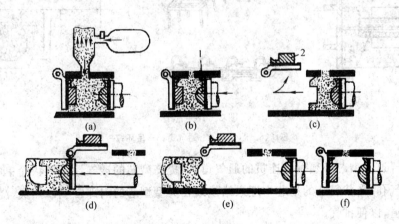

图 2-15 射压造型

(a)压力注砂;(b)右柱塞压实;(c)左模样及挡板左移后旋开;

(d)右柱塞将砂型推出;(e)右柱塞回位;(f)左模样及挡板回位

1—右模样;2—左模样

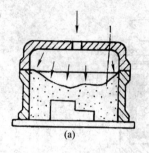
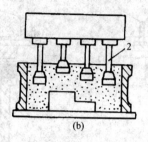

图 2-16 高压造型

(a)橡胶膜弹性压头造型;(b)多触压头造型

1—橡胶膜;2—多触头

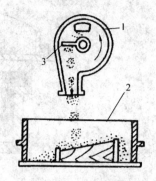

图 2-17 抛砂造型

1—抛砂机头;2—砂箱;3—叶片

三、造型芯

型芯(泥芯)一般是用来构成铸件内腔形状,有时亦可用来形成铸件外形上妨碍起模的凸台和凹槽的部分。

1. 型芯的要求

在浇注时型芯承受金属液体的冲击和浮力的作用,因此型芯必须具有比砂型更高的强度、透气性、耐火性和退让性,所以对芯砂的配制要求较高。

1)安放芯骨 在型芯中要安置与型芯形状相适应的芯骨,以提高型芯的强度和刚度。小型芯的芯骨由铁丝制成,较大型芯的芯骨由铁水浇注而成,如图 2-18 所示。

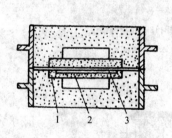

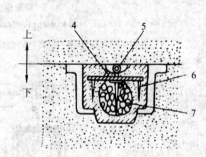

图 2-18 芯骨

1—砂芯;2、6—芯骨;3、4—通气道;5—吊环;7—焦炭

2)开通气道 型芯必须做出连贯的通气道,以提高型芯的透气性。形状简单的型芯,用气孔针扎出通气孔;形状复杂的型芯中埋入蜡线或在大型型芯的内部常填以焦炭,浇铸时融化或燃烧形成气道,以便排气。

3)刷涂料 型芯表面要刷一层涂料,不仅可防止铸件粘砂,而且可提高耐火性,改善铸件内表面的表面结构。铸铁件型芯常用石墨涂料,铸钢件型芯则用石英粉涂料。

4)烘干 型芯烘干后,其强度和透气性都能提高,发气量少,铸件质量较易保证。型芯砂的种类不同,烘干温度也不同,油砂芯为 200～250 ℃,黏土芯为 250～350 ℃。烘干时间依型芯大小、厚薄而定,一般为 3～6 h。烘干常在室形烘干炉或连续式烘干炉中进行。

2.造芯的方法

根据填砂与紧砂的方法不同,造芯分为手工造芯和机器造芯两种。砂芯一般用芯盒制芯,芯盒的空腔形状和铸件内腔相适应,根据铸件的内腔形状决定型芯的结构,可采用以下的方法制芯。

(1)手工造芯

1)整体式芯盒制芯 其芯盒结构简单,精度高,操作方便,用于形状简单的中小型型芯。

2)分开式芯盒制芯 其适用于形状对称、截面较复杂的型芯。

3)脱落式芯盒制芯(可拆式) 对于形状复杂的中大型型芯,当用整体式芯盒取出型芯时,芯盒的某些部分还可以制成活块。

4)刮板(车板)造芯 若型芯是一个回转体或某一断面是沿一定轨迹运动构成的立体时,常用刮板造芯。

造好的型芯必须烘干后方可使用。烘干后的型芯在下芯前要经过修整、去掉毛边并检验尺寸。

单件或小批生产时采用手工填砂、紧砂方法造芯,批量生产时采用机器造芯。

(2)机器造芯

机器造芯应用在成批大量生产中,常用射芯机射砂造芯。射砂紧实是将填砂与紧实两道工序同时完成,速度快,生产率高,用于中小型复杂型芯的生产。

3.型芯的固定

型芯在铸型中的定位主要靠芯头,芯头按其定位方式有垂直式、水平式和特殊式,其中垂直固定和水平固定方式应用最广泛。型芯头除定位外,还起到支撑和排气作用。因此,在决定型芯头的个数、形状和大小时,应满足型芯支撑稳固、定位准确、排气畅通等要求。如果单靠芯头不能使型芯牢固定位,可采用芯撑加以固定,芯撑的高度等于铸件壁厚。芯撑在浇注时会和金属液熔合在一起。

四、浇注系统与冒口

1.浇注系统

浇注系统是引导金属液流入铸型型腔中所经过的通道。其作用是:保证金属液平稳地流入型腔,避免冲坏型壁和砂芯;防止熔渣、砂粒等其他杂物进入型腔;调整铸件的凝固顺序。浇注系统通常由外浇道(或称浇口杯)、直浇道、横浇道和内浇道组成,如图2-19所示。

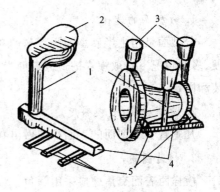

图2-19 浇注系统
1—直浇道;2—浇口杯;3—冒口;
4—横浇道;5—内浇道

①浇口杯一般为漏斗形或盆形,其作用是接纳从浇包倒出来的金属液,减轻金属液流的冲击,并具有一定的除渣作用。

②直浇道是具有一定锥度的圆柱体,用于连接外浇道和横浇道,并使金属液体产生一定的压力。直浇道高度值愈大,金属液充填型腔的能力愈强,但材料浪费就愈多。

23

③横浇道是浇注系统中的水平通道部分，截面形状为梯形，开设在上箱，主要作用是挡渣，并减缓金属液流的速度，分配金属液体充入内浇道。

④内浇道是金属液直接流入铸型的通道，它可以控制金属液流入铸型的方向和速度，以调节铸件各部分的冷却速度。

因此正确选择浇注系统各部分的形状、尺寸、位置，对于保证铸件质量，提高产品合格率有着重要的作用。特别是内浇道的断面形状、大小、位置、数目和方向，对铸件质量影响很大。对壁厚较均匀的铸件，内浇道应开在薄壁处，以使铸件冷却均匀，铸造热应力较小；对壁厚不均匀的铸件，内浇道应开在厚壁处，便于补缩。对于大平面薄壁铸件应多开几个内浇道，便于金属液快速充满型腔。铸件的重要加工面和加工基准面上不允许开设内浇道。内浇道开设方向不应正对着砂型型壁和型芯，以免金属液流冲坏砂型和型芯。

2. 冒口

冒口的主要作用是补缩，其次还有除气、集渣的作用。高温液态金属在凝固过程中，其体积和尺寸都要减小，在收缩过程中，若没有多余液体金属补充，就会在铸件中形成缩孔缺陷。补缩就是利用液体压强原理，在压力作用下将冒口中液态金属补充到收缩的铸件中，防止产生缩孔，从而得到完整的铸件。为了充分发挥冒口的作用，冒口常设置在铸件最后凝固的地方，其形状多为圆柱形、方形或腰圆形，其大小、数量和位置视具体情况而定。

五、模样和型芯盒

模样结构必须考虑铸造工艺特点。模样和芯盒是制造砂型和型芯的模具，模样用来形成铸件外部形状，型芯盒用来制造型芯，以形成铸件的内部形状，而制作模型、型芯盒的依据是铸造工艺图（有时也用零件图）。小批生产时广泛用木材制造模样和型芯盒，大批生产时用铝合金、塑料等制造模样和型芯盒。除此之外，因工艺上的要求和实际的需要，还必须考虑以下问题。

1. 分型面的选择

分型面是指上半砂型与下半砂型的分界面或互相接触的面。选择分型面要考虑取模方便、多数情况下选取模样的最大截面为分型面，同时为能保证铸件质量，还要注意到型芯的安装和固定。

2. 拔模斜度（起模斜度）

凡垂直于分型面的表面都应做出 $0.5° \sim 4°$ 的拔模斜度，以便模样从砂型中取出。

3. 铸造圆角

模样两表面交角处应采用圆角过渡，避免铸件在冷却时收缩以及尖角处产生裂纹和粘砂等缺陷，圆角半径为 $3 \sim 5$ mm。

4. 加工余量

为保证铸件加工面的尺寸和零件精度，在制作模样和芯盒时，应在铸件需要加工的表面上留出加工余量。加工余量的大小主要取决于造型方法、铸件大小及铸造合金材料等。一般小件加工余量为 $2 \sim 6$ mm。

5. 收缩余量

铸件冷却时要产生收缩,因此模样尺寸要增加一个收缩余量。灰铸铁收缩余量为 0.8%~1%,铸钢的收缩余量为 1.8%~2.2%。

6. 其他

铸件上大于 25 mm 的孔需要用型芯铸出。对于直径小于 25 mm 的孔,在单件、小批生产时可不铸出,用钻孔方法更为经济合理。在砂型中制出安放型芯的凸起部分称为型芯头座,型芯头的端部应做出 2°~4°的斜度。

第 5 节　合金与铸铁的熔化、浇注

一、合金的铸造性能

合金的铸造性能是指在铸造生产中合金所表现的工艺性能,即合金通过铸造方法获得优质铸件的能力。它主要包括合金的充型能力和收缩等。

1. 合金的充型能力

(1)合金的充型能力与流动性

充型能力是指液态合金充满铸型型腔,获得形状完整、轮廓清晰铸件的能力;合金的流动性则指液态合金本身的流动能力。流动性是影响充型能力的主要因素,流动性好的合金充型能力也强。

合金流动性的大小通常用浇注的螺旋形试样的长度来衡量,如图 2-20 所示。显然,在相同的铸型和相同的浇注条件下,合金的流动性越好,所浇出的试样越长。在常用的铸造合金中,灰铸铁、硅黄铜的流动性最好,铝硅合金次之,铸钢最差。

合金流动性好,充型能力强,易于获得形状完整、轮廓清晰、薄而复杂的铸件,合金液中的气体和夹杂物易于上浮与排除,也易于合金冷凝时收缩的补缩。反之,合金流动性差,充型能力亦差,铸件易产生浇不足、冷隔、气孔、夹杂物及缩孔等铸造缺陷。

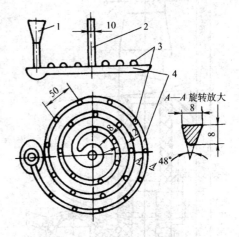

图 2-20　螺旋形试样

1—浇道;2—出气口;3—试样凸点;4—试样铸件

(2)影响合金流动性及充型能力的主要因素

1)化学成分　构成合金的成分不同,流动性也不同。金属熔点较低,流动性好。液态合金黏度下降,有利于液体金属流动性提高。

2)铸型填充条件　凡是增加合金流动阻力和冷却速度的因素均使流动性降低。如浇注系统结构复杂,直浇道过低,内浇道截面太小,型腔表面不光滑,型砂含水过多,型砂透气性不良和铸型材料导热性强等,都会降低充型能力。

3)浇注温度与压力　在一定温度范围内,浇注温度愈高,流动性愈好。超过此界限,浇注

25

温度愈高,液态合金收缩愈大,氧化愈严重,流动性反而降低。因此,各种合金都有一定的浇注温度范围。浇注时合金液所受到的压力愈大,其充型能力愈强。

2. 合金的收缩

合金从浇入铸型、凝固直至冷却到室温的过程,其体积和尺寸缩减的现象称为合金的收缩。铸造合金的收缩是由液态收缩、凝固收缩和固态收缩三部分组成的。从浇注温度冷至凝固开始温度的收缩称为液态收缩,从凝固开始温度冷至凝固终了温度的收缩称为凝固收缩,从凝固终了温度冷至室温的收缩称为固态收缩。浇铸凝固收缩过程中其体积收缩得不到液体金属补充,在铸件最后凝固的部位将形成孔洞。容积较大的孔洞称为缩孔,分散而细小的孔洞则称为缩松。液态收缩和凝固收缩是铸件产生缩孔、缩松铸造缺陷的基本原因,固态收缩是铸件产生铸造应力、变形与裂纹的基本原因。

二、铸铁的熔化及冲天炉的构造

在铸件生产中,灰口铸铁应用最广。铸铁熔炼对铸件质量有很大影响。为了保证铸铁的质量,首先应熔化出优质的铁水,因此铸铁的熔化应满足如下要求:熔炼的目的是获得预定成分和一定温度的金属液,并尽量减少金属液中的气体和夹杂物,提高熔化率,降低燃料消耗等,以达最佳技术经济指标。铸铁熔炼设备有冲天炉、电弧炉和工频炉等,其中冲天炉应用最广。冲天炉的结构和使用比较简单,燃料消耗少,熔化率高,热效率高,在熔化过程,调整铁水成分容易,温度能达到要求。

1. 冲天炉的构造

冲天炉的构造如图2-21所示。它主要由后炉、前炉、加料系统、送风系统和检测系统等组成。

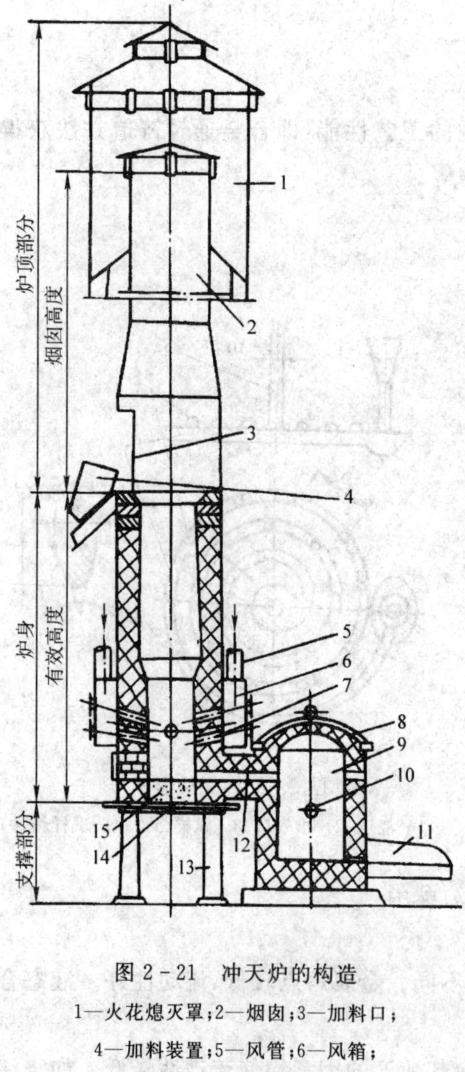

①后炉是冲天炉的主体,主要作用是完成炉料的预热、熔化和过热铁液、排除烟尘和废气。它包括炉身、烟囱、火花熄灭罩、加料口、炉底、支柱和过道等。

②前炉用于储存铁液和排渣,设有出铁口、出渣口和窥视口。

③加料系统的作用是使炉料按一定配比和分量,按次序分批从加料口中送进炉内。加料系统包括加料吊车、送料车和加料桶。

④送风系统是把所需要的空气送入炉内,

图2-21 冲天炉的构造

1—火花熄灭罩;2—烟囱;3—加料口;4—加料装置;5—风管;6—风箱;7—风口;8—炉前盖;9—前炉;10—出渣口;11—出铁口;12—过桥;13—支柱;14—炉底门;15—炉底

使焦炭充分燃烧。送风系统包括鼓风机、风管、风带和风口。

⑤检测系统监控冲天炉工作状态,包括风量计和风压计等计量设备。

冲天炉的大小是以每小时熔化的铁液量来表示的。冲天炉内径愈大,生产率愈高。

2. 冲天炉的炉料

(1)金属炉料

金属炉料有高炉生铁(新生铁)、回炉铁(浇冒口、废旧铸件)、废钢(废钢头、废钢件和钢屑)、合金铁(硅铁、锰铁、铬铁和稀土合金)等。

(2)燃料

冲天炉的主要燃料是焦炭。每批金属炉料和焦炭质量的比称为铁焦比。一般铁焦比为 $8:1\sim12:1$。

(3)熔剂

熔剂的作用是降低炉渣熔点,稀释炉渣,使其与铁液易于分离,便于从出渣口排出。常用的熔剂有石灰石($CaCO_3$)、萤石(CaF_2)。

3. 冲天炉的基本操作

(1)修炉

每次装料和化铁前要用耐火材料将冲天炉及前炉内壁损坏处修好,关闭炉底门,用型砂填充打炉底,并使炉底面向过道方向倾斜 $5°\sim7°$。

(2)烘干、点火

修炉后,在炉底和前炉装入木柴,引火烘炉。烘干炉子后,即可装入刨花、木柴并点燃。关闭工作门,再从加料口加入其余木柴,烧旺。

(3)加底焦

木柴燃旺后,由加料口分 $2\sim3$ 次加入焦炭(底焦),底焦加至高于出风口 $0.6\sim1$ m 处为止。鼓风几分钟,使底焦燃旺。

(4)加炉料

底焦烧旺后,先加一批熔剂,再按金属料、燃料、熔剂的顺序一批批向炉内加料至加料口为止。

(5)鼓风熔化

鼓风 $5\sim10$ min,铁料便开始熔化,同时也形成熔渣。铁液和熔渣经炉缸和过桥流入前炉储存,但开始熔化的铁液温度不高,质量较差,只能用来烫浇包或浇铸芯骨等不重要的铸件。放出部分低温铁液后用耐火泥堵死出铁口。熔化过程中要勤通风口,保持风口发亮;要勤看加料口、出铁口和出渣口;炉料应与加料口保持平齐;底焦高度应保持不变;风量、风压应保持稳定。

(6)出铁、出渣

当前炉中积存一定容量的铁液后,熔渣便从出渣口排出,然后打开出铁口,使铁液流入浇包进行浇注。

(7)停风、打炉

当剩下待浇注的铸型不多时,即停止加料,等最后一批铁液浇完,打开风口,然后停风。停风后即可打开炉底门,放出剩余炉料。落下的红热炉料用水浇灭,并清运干净。

冲天炉熔炼铸铁的优点:炉子结构简单,操作方便,热效率和生产率较高,能连续熔炼铸铁,成本较低,在生产中应用广泛。缺点是铁液质量不稳定,工作环境条件差,污染较大。

比较先进的铸造车间里冲天炉已由计算机控制,并配有烟尘处理设备。

4. 铸铁简介

铸铁是铸造生产中最主要的合金材料。铸铁是含杂质比钢多的铁碳合金,其主要化学成分为 $w(C) = 2.5\% \sim 4\%$,$w(Si) = 0.5\% \sim 2.5\%$,$w(Mn) = 0.5\% \sim 1.5\%$,$w(P) = 0.1\% \sim 1\%$,$w(S) < 0.5\%$。

根据铸铁中碳的存在形式不同,铸铁可分为两大类:

① 白口铸铁中的碳主要以化合态的形式(Fe_3C)存在,白口铸铁的断口为银白色,其性能硬而脆,不适合生产机械零件,主要用作炼钢的原料;

② 灰口铸铁中的碳主要以石墨形式存在,断口为灰色,其性能满足一般机械零件的使用要求,铸造性能好,因此应用最广泛,如车床的床身、床头箱、尾座、大小溜板等都是由各种灰口铸铁铸成。

三、浇注

将熔融金属从浇包注入铸型的操作称为浇注。

1)浇注前的准备工作 要确定铸件的质量、大小、形状和金属液牌号等参数;备好容量和数量足够的浇包及其用具;检查铸型合型是否妥当,浇冒口杯是否安放好;清理浇注时行走的通道,通道不应堆有杂物,特别是不能有积水。

2)浇注中的注意事项 严格控制浇注温度,掌握好浇注速度,准确估计好金属液质量,保证铸件质量。由于浇注操作不当,常使铸件产生气孔、浇不足、冷隔、跑火、夹渣和缩孔等质量缺陷。

第6节 铸件、落砂、清理及缺陷分析

一、落砂

落砂是将铸件从砂型中取出来的工序过程。落砂一般分为手工落砂和机械落砂两种。铸件在砂型中冷却到一定温度后,才能落砂。落砂过早,温度太高,铸件表面易产生硬皮,难以切削加工,还会产生铸造应力、变形和开裂;落砂过晚,铸件固态收缩受阻,会产生铸造应力,铸件晶粒粗大,也影响生产率和砂箱的回用。

一般中小铸件常采用手工工具进行落砂,而大型铸件常采用震动落砂机落砂。

二、清理

落砂后的铸件必须经过清理工序才能使其表面达到要求,清理工作主要包括切除浇冒口、清除砂芯和粘砂、修整铸件、进行热处理和检验等。

1)切除浇冒口 铸铁件的浇冒口一般用手锤或大锤敲掉,大型铸铁件先要在浇冒口根部锯槽,再用重锤敲掉;铸钢件要用气割或等离子弧切除浇冒口;非铁合金铸件的浇冒口要用锯割掉。

2)清除砂芯 单件小批生产时,可用手工清除;成批生产时,多采用机械装置,如用震动出芯机或水力清砂装置等清除型芯和芯骨。

3)清除粘砂 铸件表面往往黏附一层砂子,需要清除干净。消除粘砂既可用手工清除,也可使用抛丸滚筒机清理。在滚筒中装有高硬度的星形白口铁,滚筒转动时使星形铁以及抛丸器抛出的铁丸对铸件碰撞、摩擦,完成清理,清理中的灰尘由抽风口抽走,铁丸经回收装置回收循环使用。抛丸滚筒机用于质量在 15 kg 以下的大批量铸件清理工作。

4)铸件修整 一般采用各种砂轮机、手凿、风铲等工具对铸件上的飞边、毛刺和残留的浇冒口痕迹进行清理。

5)铸件热处理 某些铸件在清理后要进行热处理,主要是消除内应力和改善铸件内部金相组织结构。常用的方法有消除内应力退火和高温退火。

6)检验 对清理后的铸件按照图纸要求逐一检验,按合格、不合格和可修复等分类处理。

三、铸件质量分析

1. 质量检验

实际生产中,铸件在完成了全部工艺过程后,需进行质量检验方可投入后续加工或使用。铸件质量检验是指对铸件的各项质量特征进行观察、测量、试验,并将结果与质量要求进行对比,以检验其是否符合各项要求。铸件质量检验的依据包括铸件的图纸、工艺文件、相关行业和企业标准、铸件的交货验收技术要求等。铸件的质量检验主要包括外观质量检验和内部质量检验。

铸件的外观质量检验是在不破坏铸件的条件下,通过目测、量具等,观察并测量相应的质量参数,主要包括铸件形状、尺寸、重量、表面结构参数、浇冒口残留情况、是否有明显的缺陷等。而铸件的内部质量检验,通常是在同一批次铸件中,选取一定比例的样件,进行力学性能测试、化学成分分析、金相分析等,以确定铸件的各种物理性能和化学性能。

2. 缺陷分析

实际生产中,常需对铸件缺陷进行分析,其目的是找出产生缺陷的原因,以便采取措施以预防,有助于正确设计铸件结构,恰当合理地拟定技术要求。因铸造过程繁多,引起缺陷的原因复杂,表 2-1 中列举了常见铸件缺陷特征及其产生的原因。

表 2 - 1 常见铸件缺陷特征及其产生的原因

缺陷名称	缺陷特征	缺陷图例	产生原因
气孔	在铸件内部或表面有大小不等的光滑孔洞		1. 砂型舂得过紧或型砂透气性差 2. 型砂太湿,修型刷水过多 3. 型芯气孔被堵或型芯不干 4. 浇注系统不正确,气体排不出去 5. 浇注速度太快,温度过高,金属液体内部有气体等
缩孔	铸件厚断面处出现形状不规则的孔眼,孔的内部粗糙		1. 冒口、冷铁设置不正确 2. 合金成分不合格,收缩过大 3. 浇注温度过高 4. 铸件设计不合理,无法进行补缩
砂眼	铸件内部或表面有充满砂粒的孔眼,孔形不规则		1. 型砂强度不够或局部没舂紧,被金属液冲坏,掉砂 2. 型腔、浇道内有散碎砂没吹净 3. 合箱时砂型局部挤坏,掉砂 4. 浇注系统不合理,冲坏砂型(芯)
渣眼	一般在铸件上部表面,呈不光滑的孔洞,内包有炉渣		1. 浇注温度太低,渣子不易上浮 2. 浇注时炉渣进入型腔 3. 浇道没很好地起到挡渣的作用 4. 浇注中途停浇或金属液体过分氧化,内部有氧化物产生
冷隔	铸件上有未完全融合的缝隙,接头处边缘圆滑		1. 浇注温度过低 2. 浇注时断流或浇注速度太慢 3. 浇道位置不当或浇道太小
粘砂	铸件表面粘着一层不易清理的砂粒,使铸件表面粗糙	粘砂	1. 砂型舂得太松 2. 浇注温度过高 3. 型砂耐火度不高 4. 铸型型腔表面未刷涂料或涂料太薄等
夹砂	铸件表面有一层凸起的金属片状物,表面粗糙,在金属片和铸件之间夹有一层型砂	夹砂	1. 型砂受热膨胀,表层鼓起或开裂 2. 型砂湿态强度较低 3. 砂型局部过紧,水分过多 4. 内浇道过于集中,使局部砂型烘烤严重 5. 浇注温度过高,浇注速度太快

缺陷名称	缺陷特征	缺陷图例	产生原因
错型错箱	铸件在分型面处有错移		1. 合箱时,上下砂型未对准 2. 上下砂型未夹紧 3. 模样上下半模有错移
偏芯	铸件上孔偏斜或轴心线偏移		1. 型芯放置偏斜或变形 2. 浇道位置不对,液态金属冲歪了型芯 3. 合箱时碰歪了型芯 4. 制模样时,型芯头偏心
浇不足	铸件未浇满,形状不完整		1. 浇注温度太低 2. 浇注时液态金属量不够 3. 浇道太小或未开出气口
裂纹	在夹角处或厚薄交接处的表面或内层产生裂纹		1. 铸件厚薄不均,冷缩不一 2. 浇注温度太高 3. 型砂、芯砂退让性差 4. 合金内含硫、磷较高
白口	铸件的化学成分、组织和性能不合格,其断面呈银白色,性能硬脆,难以切削加工		1. 炉料成分、质量不符合要求 2. 熔化时配料不准或操作不当 3. 落砂过早,铸件冷却过快 4. 铸件壁太薄

第 7 节 特 种 铸 造

特种铸造是指与砂型铸造有显著区别的其他铸造方法。常用的有熔模铸造、金属型铸造、压力铸造、离心铸造等。

一、熔模铸造

熔模铸造又称精密铸造。它是使用易熔材料(如蜡料)制成模样,然后在模样上涂覆若干层耐火材料制成型壳,待型壳硬化后加热熔去模样后,型壳再经高温焙烧,即可浇注的铸造方法。

1. 熔模铸造的工艺过程

熔模铸造的工艺过程包括制造单个蜡模和蜡模组、蜡模组结壳和脱蜡、焙烧、浇注金属和清理等。

1)制造蜡模和蜡模组 将熔融的蜡质材料(50%石蜡和50%硬质酸)压入压型,待冷却凝固后取出,即得到单个蜡模。再将多个蜡模黏合在蜡质的浇注系统上,成为蜡模组。

2)蜡模组结壳和脱蜡 结壳涂料是由石英粉和水玻璃组成的糊状混合物。先将蜡模组表面浸挂涂料,再在其上撒一层石英砂,然后放到氯化铵溶液中进行硬化。这样重复 3~5 次,就能在蜡模组表面结成 5~10 mm 厚的硬壳,接着将它放入约 90 ℃ 的热水中,使蜡模熔化并流出,便得到铸型型腔。为了提高铸型强度及排除残蜡和水分,最后还需将其放在 850~950 ℃ 的炉内焙烧。

3)浇注 为防止浇注合金时铸型型腔产生变形或破裂,通常把铸型放在铁箱中,周围填入干砂后再进行浇注。

4)清理 待合金冷凝后敲掉型壳,取出铸件,随后除掉浇道,清理毛刺。还可根据需要,对铸件进行退火或正火处理,以获得所需的力学性能。

2. 熔模铸造的特点及应用

熔模铸造的铸型无分型面,铸件尺寸精确度高,表面结构参数值低,一般铸件不需再进行机加工。铸造合金几乎不受限制,从铜合金、铝合金到各种合金钢均可铸造,尤其适用于那些超高强度合金、高熔点合金及难切削加工合金(如耐热合金、磁钢等)的铸造,适用于形状复杂、不同批量的铸件生产。但其工艺复杂,生产周期长,成本高,又受熔模、型壳强度限制,通常不宜生产大于 25 kg 的铸件。

目前熔模铸造在机械、航空、汽车、拖拉机及仪表等工业系统得到广泛的应用,如在涡轮发动机、汽轮机叶片、叶轮、切削刀具及各种小型铸钢件上都有应用。

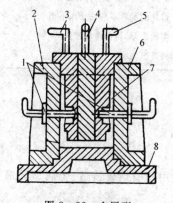

图 2-22 金属型
1—销孔型芯;2—左半型;
3—左侧型芯;4—中间型芯;
5—右侧型芯;6—右半型;
7—型腔;8—底板

二、金属型铸造

金属型铸造是将液态金属浇入金属铸型内而获得铸件的方法。图 2-22 为铸造铝活塞的金属型。由于金属型可反复使用,故又称永久型铸造。金属型一般用铸铁、钢或其他金属材料制作而成。

1. 金属型铸造的工艺措施

为了保证铸件质量和延长铸型寿命,金属型铸造必须采取下列工艺措施。

1)金属型需保持合适的工作温度 金属型导热快,合适的工作温度可避免金属液因冷速过大而产生浇不足、冷隔等缺陷,也可避免铸铁金相组织产生白口,并能延长金属型使用寿命。

2)型腔表面需喷涂涂料 涂料不仅可以防止高温金属液对型壁的冲蚀,而且可通过控制涂层厚度调整金属液在铸型各处的冷却速度。

3)需控制铸件出型时间 由于金属型无退让性,铸件在铸型中停留时间过久,阻碍收缩引起的应力会造成铸件的变形、开裂,甚至发生开型困难、抽不出芯等现象;反之,铸件在铸型中停留时间过短,因金属在高温下强度较低,也易发生变形和开裂。

2. 金属型铸造的特点和应用

金属型可反复多次浇注使用,实现了"一型多铸",提高了生产率,适宜批量生产,改善了劳动条件。铸件尺寸精确、稳定。表面结构参数值低,减少了机械加工余量。铸件金相组织细密,力学性能好。工艺操作简单,易实现机械化、自动化。但金属型制造成本高,制造周期长;不宜浇注过薄、过于复杂的铸件;冷却收缩时产生的内应力易造成铸件的开裂;不宜铸造高熔点合金。

三、压力铸造

压力铸造是将液态金属在高压作用下充型,并在压力下凝固形成铸件的铸造方法,简称压铸。常用压铸的压力为 5～70 MPa,有时可高达 200 MPa,充型速度为 5～100 m/s,充型时间很短,只需 0.1～0.2 s。使用的压铸模常采用耐热合金钢制造。

1. 压力铸造的工艺过程

压力铸造需在压铸机上进行。压铸机分热压室压铸机和冷压室压铸机两类。压铸所用铸型由定型和动型两部分组成。定型固定在压铸机的定模板上,动型固定在压铸机的动模板上并可作水平移动。推杆和芯棒由压铸机上的相应机构控制,可自动抽出芯棒和顶出铸件。其压铸过程如图 2-23 所示。

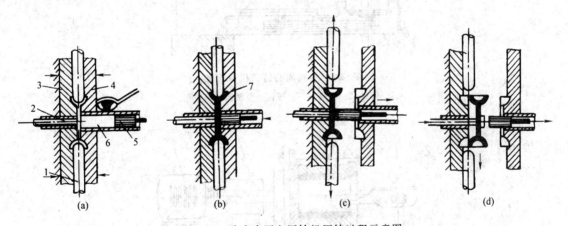

图 2-23 卧式冷压室压铸机压铸过程示意图

(a)合型将液态金属注入压室内;(b)柱塞将液体金属压入铸型;(c)芯棒运动,压型分开;(d)柱塞返回,推杆顶出铸件

1—芯棒;2—推杆;3—定型;4—动型;5—柱塞;6—压室;7—铸件

2. 压力铸造的特点和应用

压力铸造是一种高效率的精密铸造方法,铸件尺寸精度高,表面结构参数值低;铸件在高压下结晶,力学性能好,表面层细晶粒坚实,使其耐磨性、抗蚀性显著提高;充型能力强,可生产形状复杂的薄壁铸件;易实现生产半自动化和自动化,生产率高。但压铸机和压铸模投资费用高;通常压铸件尺寸较小;压铸合金的品种有限,主要用于铝合金、镁合金和锌合金等;因型腔中气体来不及排出,其内部含有气孔及氧化物夹杂,影响铸件内部质量。

四、离心铸造

离心铸造是将液态金属浇入高速旋转的铸型内,在离心力作用下充型、凝固后形成铸件的铸造方法。

1. 离心铸造的工艺过程

离心铸造一般多在离心机上进行,铸型多采用金属型。离心铸造按转轴的空间位置不同分为卧式、立式两种。转轴轴线垂直于地面的称为立式离心铸造机,主要用于铸造高度小于直径的圆环类铸件,如图 2 - 24 所示。转轴轴线平行于地面的称为卧式离心铸造机,常用于铸造长度大于直径的套类和管类铸件,如图 2 - 25 所示。

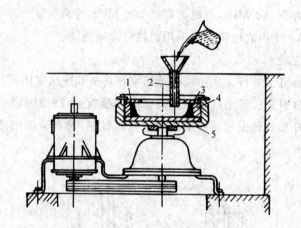

图 2 - 24　立式离心铸造机原理图
1—铸件;2—浇道;3—盖板;4—金属型;5—外壳

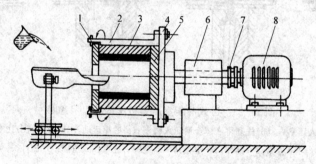

图 2 - 25　卧式离心铸造机原理图
1—前盖;2—金属型;3—衬套;4—后盖;5—底板;6—轴承;7—联轴器;8—电动机

2. 离心铸造的特点和应用

铸件在离心力作用下组织致密,极少有缩孔、气孔、夹渣等缺陷,铸件力学性能好;通常不用设计浇口、冒口,其液态金属利用率高,成本较低;充型能力强,便于薄壁铸件的生产;可铸造双金属铸件。但尺寸误差大且表面结构参数值较高,质量差;对成分易偏析的合金不宜采用;不适宜单件小批量生产。

五、其他铸造方法

除上面所述之外，还有实型铸造、连续铸造、磁型铸造、石墨型铸造、反压铸造、挤压铸造和悬浮铸造等现代铸造方法。

实型铸造是采用泡沫聚苯乙烯塑料模样代替普通模样，造好型后无须取出模样就可浇注金属液，在灼热金属液作用下塑料模样气化，金属液取代塑料模样空间，冷却凝固后即可获得所需铸件，因此也称为消失模铸造。

磁型铸造也是一种消失模铸造，是使用泡沫聚苯乙烯塑料制成气化模，刷上涂料放入特制的砂箱内，填入磁丸（铁丸）并震实，再将砂箱放在磁型机里通电，产生的磁场使磁丸相互吸引形成强度高、透气性好的铸型。浇注时，气化模在金属液的热作用下气化，金属液取代气化模样空间，冷却凝固后解除磁场，磁丸恢复原来松散状态，即可取出铸件。

石墨型铸造是利用石墨蓄热系数大、热强度高、化学稳定性好、易于机加工和手工制作的特点，采用高纯度人造石墨块经机械加工或手工制成的铸型，浇注金属液待冷却凝固后获得铸件的一种方法。

反压铸造（压差铸造）的实质是使金属液在压差的作用下，充填到预先有一定压力的型腔中，进行冷却、凝固，以获得铸件的一种工艺方法。

悬浮铸造（悬浮浇注）是在浇注过程中将一定量的金属粉末加入金属液中，使其与金属液混合一并流入型腔。由于金属液中引入外来晶核，因此提高了铸件的凝固速度。

近年来，随着粉末冶金技术的发展，很多对于尺寸精度要求较高的中小型铸件改为使用粉末冶金技术。采用粉末冶金，不仅能够节省后续二次加工的成本，而且能够避免气孔、缩孔等常见铸造缺陷，提高了产品的成品率。但粉末冶金模具的成本较高，所以大型零件依旧采用铸造方法。

第3章　金属压力加工

第1节　金属压力加工实习的目的和要求

一、金属压力加工实习课程内容

主要讲解金属压力加工基础,金属压力加工的工艺过程,金属压力加工所用设备,坯料加热和锻件冷却方法;介绍自由锻、模锻、胎模锻、冲压等加工方法,以及锻件和冲压件质量的评价与常见缺陷的分析;介绍轧制、挤压、拉拔、旋压加工技术。

二、金属压力加工实习的目的和作用

现场学习了解锻造和冲压生产所用设备(如空气锤、冲床等)的结构、工作原理和使用方法。了解锻造和冲压生产的工艺过程、特点及应用和坯料加热的目的及方法,以及常见的加热缺陷;了解锻件的冷却方法。掌握自由锻的基本工序特点和简单自由锻件的操作技能,并能对自由锻件初步进行工艺分析,从而掌握更多的锻造知识。

三、金属压力加工实习具体要求

了解锻造和冲压生产的工艺过程、特点及应用。知道锻造时常用的工具和设备名称及其作用,了解模锻和胎模锻的工艺特点及应用,了解冲压基本工序和冲模的结构,了解锻件和冲压件的常见缺陷及其产生的原因,了解金属压力加工生产安全技术及简单经济分析。

四、金属压力加工实习安全事项

穿戴好工作服等防护用品。

锻压实习时检查所用的工具是否安全、可靠;手工锻时,还应经常注意检查锤头是否有松动。钳口形状必须与坯料断面形状、尺寸相符,以便将其夹牢,并将坯料在下砧铁中央放平、放正、放稳,先轻打后重打。手钳或其他工具的柄部应靠近身体的侧旁,不许将手指放在钳柄之间,以免造成伤害。踩踏杆时,脚跟不许悬空,以便稳定地操纵踏杆,保证操作安全。应做到工模具或锻坯未放稳不打;过烧或已冷的锻坯不打;砧上没有锻坯不打。锤头工作时,严禁将手伸入锤头行程中,必须及时清除干净砧座上的氧化皮。不要在锻造时易飞出毛刺、料头、火星、铁渣的危险区停留,不要直接用手去触摸锻件和钳口。两人或多人配合操作时,应分工明确,要听从掌钳者的统一指挥。

冲压实习时未经指导教师允许,不得擅自开动设备。开机前,必须检查离合器、制动器及控制装置是否灵敏可靠,设备的安全防护装置是否齐全有效。严禁在冲床的工作台面上放置

物品。禁止用手直接取放冲压件;清理板料、废料或成品时,需戴好手套,以免划伤手指。单冲时,不许把脚一直放在离合器踏板上进行操作,应每放一件,踩一下,随即脱离脚踏板,严禁连冲。两人以上操作一台设备时,要分工明确,协调配合。

第 2 节　概　述

利用金属在外力作用下所产生的塑性变形,来获得具有一定形状、尺寸和力学性能的原料、毛坯或零件的生产方法称为金属压力加工,又称金属塑性加工。常用的金属压力加工包括锻造、冲压、轧制、挤压、拉拔和旋压等工艺。

锻造是锻料在锻压设备及工(模)具的作用下,使坯料或铸锭产生塑性变形,以获得一定几何尺寸、形状和质量的锻件的加工方法。冲压是金属板料在冲模之间受压产生分离或成型的加工方法。轧制是金属坯料在两个或多个回转轧辊的缝隙中受压变形以获得各种产品的加工方法。挤压是金属坯料在压力作用下,从挤压模的模孔中被挤出成型的加工方法。拉拔则是将金属坯料拉过拉拔模的模孔而使截面尺寸变小、长度变长的成型加工方法。旋压是在坯料随模具旋转或旋压工具绕坯料旋转中,旋压工具与坯料相对做进给运动,从而使坯料受压并产生逐点连续变形的加工工艺。

根据金属压力加工时坯料温度的不同,可分为热锻、温锻和冷锻三种。

热锻是锻料在金属再结晶温度以上进行的压力加工工艺。由于对坯料进行了加热,所以减小了金属的变形抗力,使压力加工设备吨位大为减小;在热锻过程中坯料经过再结晶,粗大的铸态组织变成细小晶粒的新组织,能减少铸态结构的缺陷,提高钢的力学性能。提高钢的塑性,这对一些低温时较脆难以锻压的高合金钢尤为重要。温锻是坯料在高于室温和低于再结晶温度范围内进行的压力加工工艺。在这个温度段中锻料因加热温度低,所以产生的氧化皮较少,表面脱碳现象较轻微,坯件尺寸变化较小,可得到精度和质量都比较好的锻件。冷锻是锻料在室温情况下进行的压力加工工艺。由于没有加热,所以氧化和热变形问题均不会出现,采用该方法成型的零件强度和精度较高,表面质量较好,但金属变形抗力大,设备吨位也大。冷锻技术成型精度比温锻和热锻都要高,在精密成型领域有着其独特的优势。

金属压力加工的特点:加工后金属组织结构致密,可以获得合理的流线分布,力学性能得到提高,可以缩小零件的截面尺寸,减轻质量,延长使用寿命;材料利用率高,加工后可少切削、无切削加工,生产效率高。但不能成型相对形状复杂的零件,且设备庞大,价格昂贵,劳动条件差,热锻时一般工件表面质量差。

第 3 节　金属的塑性变形

一、冷变形强化及再结晶

金属的塑性变形是在外力的作用下,使金属内部的原子沿某一晶面产生滑移而形成的。

金属在常温下经过塑性变形后,力学性能将会发生变化。即随变形程度的增加,金属的强度和硬度升高,而塑性和韧性下降,这种现象称为加工硬化,也称为冷变形强化。如平时常用手反复弯折铁丝,使其发生脆性折断,就是利用加工硬化这个原理。

金属滑移变形后,晶粒会沿变形最大的方向伸长,滑移面上产生许多微小的晶体碎块,滑移面周围的晶格被扭曲。这些破碎的晶块和扭曲的晶格增大了进一步滑移变形的阻力,使得继续变形困难,从而使强度提高,这是材料产生加工硬化的根本原因。

加工硬化现象在工业上具有实际意义。一方面,这是工业生产中强化金属材料的一种手段,对纯金属和不能采用热处理强化的合金尤为重要;另一方面,加工硬化也是金属能够均匀塑性变形成型的重要原因。如在金属板料拉深过程中,凹模圆角处的金属板塑性变形量最大,在该处先产生加工硬化,使随后的变形转移到其他部位,从而获得薄厚均匀的制品。但加工硬化也会带来一些不利影响,如在锻压生产中,加工硬化会给继续变形带来困难。

加工硬化后的金属晶体的晶格受到了扭曲,有规则的排列遭到破坏,内部也出现了附加应力,因而是一种不稳定的状态,具有自发回到稳定状态的倾向。硬化越严重,这种趋势越强烈。当将其加热到某一温度以上,金属原子获得足够的热能时,在变形晶粒的晶界和晶格扭曲严重的区域会形成新的结晶核心,并向四周长大,形成新的等轴晶粒,消除全部加工硬化现象。这个过程称为再结晶,此时的温度称为再结晶温度。

通常把金属处于再结晶温度以下的加工称为冷加工。冷变形后金属具有加工硬化的特性,加工出来的零件强度、硬度得以提高,但塑性、韧性则会明显下降。

金属处于再结晶温度以上的加工称为热加工。在热变形过程中,加工硬化和再结晶软化现象同时存在,变形中的加工硬化随时都被再结晶过程所消除,变形后没有加工硬化现象。

二、锻造流线及其对零件力学性能的影响

锻造原材料多采用金属铸锭经热轧而成的坯料。金属铸锭中所含的夹杂物在热轧变形时,其中塑性夹杂物也随晶粒沿轧制方向伸长,脆性夹杂物则被打碎呈链状分布。通过再结晶过程,被拉长的晶粒转变成为等轴晶粒,而夹杂物依然呈条状或链状被保留下来,形成了沿金属流动方向分布排列的纤维状条纹,称为纤维组织,也称为锻造流线。

锻造流线的存在使金属的力学性能出现了方向性,即锻件在沿着纤维方向(纵向)的塑性和冲击韧性大于垂直纤维方向(横向)的塑性和冲击韧性。单向变形程度越大,纤维方向越明显,这种差异也越大。纤维方向对强度性能指标的影响不大。当设计和制造易受冲击载荷的零件时,为能获得良好的力学性能,必须考虑锻造流线的方向,使零件工作时的正应力与流线的方向一致,切应力的方向与流线方向垂直,如图3-1所示。图(a)表示的为用棒料直接以切削方法制造螺栓时,头部和杆部的纤维不能连贯而被切断,头部承受切应力时与金属流线方向一致,故质量不高。而图(b)表示的为采用局部镦粗法制造螺栓时,其纤维未被切断,且具有较好的纤维方向,故质量较高。有些零件,为保证纤维方向和受力方向一致,应采用保持纤维方向连续性的变形工艺,使锻造流线的分布与零件的外形轮廓相符合而不被切断,如图3-2所示的曲轴等。图(a)表示的是用切削方法制作的曲轴,其内部组织纤维被切断,而图(b)表示的是用锻造方法制作的曲轴,其内部组织纤维仍较连贯完整。

纤维组织很稳定,用热处理或其他方法不能予以消除。

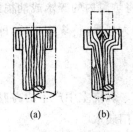

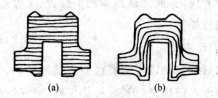

图 3-1　螺栓纤维分布示意图

(a)用切削方法制作的螺栓;

(b)用锻造方法制作的螺栓

图 3-2　曲轴纤维分布示意图

(a)用切削方法制作的曲轴;

(b)用锻造方法制作的曲轴

第 4 节　坯料加热和锻件冷却

一、加热的目的和锻造温度范围

加热的目的是为了提高坯料的塑性和降低其变形抗力并使其内部组织均匀,以便达到用较小的锻造力来获得较大的塑性变形而坯料不被破坏的目的。

通常金属加热温度越高,金属的强度和硬度越低,塑性也就越好。但加热温度过高,会导致锻件产生加热缺陷,甚至造成废品。因此,为了保证金属在变形时具有良好的塑性,又不产生加热缺陷,锻造必须在合理的温度范围内进行。各种金属材料锻造时允许的最高加热温度称为该材料的始锻温度。由于坯料在锻造过程中热量逐渐散失,温度会不断下降,导致塑性下降,变形抗力提高。当锻件的温度低于一定数值后,不仅锻造时费力,而且易于锻裂,此时应停止锻造,重新加热后再锻。各种金属材料终止锻造的温度称为该材料的终锻温度。

坯料的温度既可以用仪器测量,也可通过观察坯料的颜色来确定。

二、加热设备及其操作

锻造时加热金属的装置称为加热设备。根据加热时采用的热源不同,加热设备分为火焰炉和电加热装置两类。

1. 火焰炉

火焰炉是利用燃料燃烧所放出的热量加热金属。火焰炉燃料来源方便,炉子修造较容易,费用较低,加热的适应性强,应用广泛。缺点是劳动条件差,加热速度较慢,加热质量较难控制。火焰炉分为手锻炉、反射炉、油炉和煤气炉等。

(1)手锻炉

手锻炉是常用的火焰加热炉,燃料为烟煤。它由炉膛、炉罩、烟筒、风门和风管等组成,如图 3-3 所示。手锻炉具有结构简单、操作容易等优点,但生产率低,加热质量不高,在维修工种中应用较多。

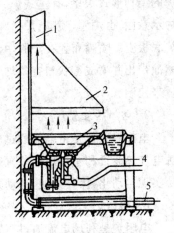

图 3-3　手锻炉

1—烟囱;2—炉罩;3—炉膛;

4—风门;5—风管

手锻炉点燃步骤如下：先关闭风门，然后合闸开动鼓风机，将炉膛内的碎木或油棉纱点燃；逐渐打开风门，向火苗四周加干煤；待干煤点燃后覆以湿煤并加大风量，待煤烧旺后，即可放入坯料进行加热。

（2）反射炉

反射炉也是以煤为燃料的火焰加热炉，结构如图3-4所示。燃烧室中产生的高温炉气越过火墙进入加热室（炉膛）加热坯料，废气经烟道排出，坯料从炉门装取。

反射炉的点燃步骤如下：先小开风门，依次引燃木材、煤焦和新煤后，再加大风门。

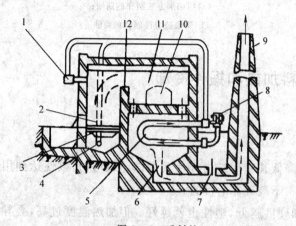 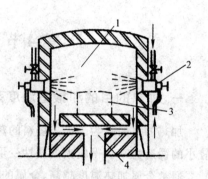

图3-4　反射炉

1—二次送风管；2—燃烧室；3—水平炉算；4——次送风管；
5—换热器；6—烟道；7—烟闸；8—鼓风机；
9—烟囱；10—装出炉料门；11—炉膛；12—火墙

图3-5　室式重油加热炉

1—炉膛；2—喷嘴；3—炉门；4—烟道

（3）油炉和煤气炉

油炉和煤气炉分别以重油和煤气为燃料，其结构基本相同，仅喷嘴结构有异。油炉和煤气炉的结构形式很多，有室式炉、开隙式炉、推杆式连续炉和转底炉等。图3-5为室式重油加热炉示意图，由炉膛、喷嘴、炉门和烟道组成。其燃烧室和加热室合为一体，即炉膛。坯料码放在炉底板上。喷嘴布置在炉膛两侧，燃油和压缩空气分别进入喷嘴。压缩空气由喷嘴喷出时，将燃油带出并喷成雾状与空气均匀混合燃烧以加热坯料。炉温可以通过调节喷油量及压缩空气量来控制。

2. 电加热装置

电加热装置是由电能通过电阻元件或电感元件转变为热能加热金属的，主要有电阻炉、接触电加热装置和感应加热装置等。电加热具有加热速度快，加热温度控制准确，氧化脱碳少，易实现自动化，操作方便，劳动条件好，无环境污染等优点，但设备费用高，电能消耗大。

（1）电阻炉

电阻炉是利用电流通过布置在炉膛围壁上的电热元件产生的电阻热为热源，通过辐射和对流的传热方式将坯料加热的。炉子通常制成箱形，分为中温箱式电阻炉和高温箱式电阻炉。中温箱式电阻炉如图3-6所示，电热元件通常制成丝状或带状，放在炉内的砖槽中或隔板上，最高使用温度为1 000 ℃；高温电阻炉通常以硅碳棒为电热元件，最高使用温度为1 350 ℃。

箱式电阻炉结构简单,体积小,操作简便,炉温均匀并易于调节,广泛应用于小批量生产或科研实验。

(2)接触电加热装置

将坯料的两端由触头施以一定的力夹紧,使触头紧紧贴合在坯料表面上,将工频电流通过触头引入坯料。由于坯料本身具有电阻,产生的电阻热将其自身加热。接触电加热是直接在被加热的坯料上将电能转换成热能,因而具有设备结构简单、热效率高(75%~85%)等优点,特别适于细长棒料加热和棒料局部加热。但它要求被加热的坯料表面光洁,下料规则,端面平整。

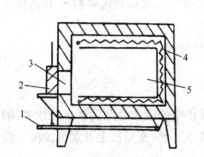

图 3-6　中温箱式电阻炉
1—踏杆;2—炉门;3—炉口;
4—电热元件;5—加热室

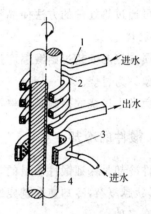

图 3-7　感应加热装置原理
1—加热感应线圈;2—加热淬火层;
3—淬火喷水套;4—工件

(3)感应加热装置

如图 3-7 所示,当感应线圈中通入交变电流时,则在线圈周围空间建立交变磁场,处于此交变磁场中的坯料内部将产生感应电动势,使金属内部产生涡流,利用涡流转化的热量即可将坯料加热。该装置加热速度快,加热温度和对工件的加热部位稳定,具有良好的重复性,适于大批量生产,但感应加热装置复杂。

三、加热缺陷及其预防

金属在加热过程中可能产生的缺陷有氧化、脱碳、过热、过烧和裂纹等。

1. 氧化

在高温下,坯料表层金属与炉气中的氧化性气体(氧、一氧化碳及二氧化硫等)发生化学反应生成氧化皮,造成金属的烧损,这种现象称为氧化。严重的氧化会造成锻件表面质量下降,还可能造成锻模磨损加剧。

减少氧化的措施主要是在保证加热质量的前提下采用高温装炉的快速加热法,缩短坯料在高温下停留的时间,控制进入炉内的氧化气体量,或者采用中性或还原性气体加热等措施。

2. 脱碳

金属在高温下与炉气接触发生化学反应,造成坯料表层碳元素烧损而使含碳量降低的现象称为脱碳。脱碳后金属表层的硬度和强度会降低,从而影响锻件的使用性能。

对于火焰炉,由于生成氧化皮和造成脱碳的外在因素大体相同,因而防止氧化和脱碳的措施也基本相同。

3. 过热

金属的加热温度过高或在始锻温度下保温时间过长,会使晶粒过分长大变粗,这种现象称为过热。过热使金属在锻造时塑性降低,更重要的是锻造后锻件的晶粒粗大,会使强度降低,塑性和韧性变差。

避免的方法是:锻前发现过热,可用重新加热后锻造的方法挽救;锻后发现组织粗大,对于有些钢可通过热处理的方法使晶粒细化。

4. 过烧

金属加热温度超过始锻温度过多或加热到接近熔点时,使晶粒边界物质氧化甚至局部熔化的现象称为过烧。

避免发生过烧的措施是严格控制加热温度和加热时间。

四、锻件的冷却

锻件冷却是保证锻件质量的重要环节。通常,锻件中的碳及合金元素含量越多,锻件体积越大,形状越复杂,冷却速度越要缓慢,否则会造成表面过硬、变形甚至开裂等缺陷。常用的冷却方法有三种。

1)空冷　将锻后锻件放在无风的空气中且在干燥的地面上自然冷却。常用于低中碳钢和合金结构钢的小型锻件。

2)坑冷　锻后锻件埋在充填有石灰、沙子或炉灰的坑中缓慢冷却。常用于合金工具钢锻件,而碳素工具钢锻件应先空冷至 600～700 ℃,然后再坑冷。

3)炉冷　锻后锻件放入 500～700 ℃ 的加热炉中随炉缓慢冷却。常用于高合金钢及大型锻件。

五、锻件的热处理

在机械加工前,锻件要进行热处理,目的是使锻件组织进一步细化和均匀化,减小锻造残余应力,降低硬度,改善机械加工性能。常用的热处理方法有正火、退火、球化退火等。热处理方法要根据锻件材料的种类和化学成分来选择。

第 5 节　自 由 锻 造

使用简单的通用工具或在锻压设备的上下砧铁之间,利用冲击力或压力直接使加热好的坯料经多次锻打逐步塑性变形,以获得所需尺寸、形状及内部质量的锻件的方法称为自由锻。因自由锻不需专用模具,仅用普通锻压设备上的上下砧块和一些通用工具便可完成,故生产准备周期短,应用范围广,适于单件小批量生产。自由锻造也是生产大型锻件的唯一方法。

自由锻造按其所用设备的不同,分为手工自由锻和机器自由锻。

一、自由锻造的工具和设备

1.手工自由锻造工具和手锻操作

1)手工自由锻造工具　手工自由锻造的工具包括:支持工具(如铁砧(图 3-8)等),锻打工具(如大锤、手锤等(图 3-9))、衬垫工具、成型工具(如錾子、剁刀、漏盘、冲子和各种型锤等(图 3-10))、夹持工具(如各种钳口的手钳等(图 3-11))和测量工具(如钢板尺、卡钳、样板等(图 3-12))。

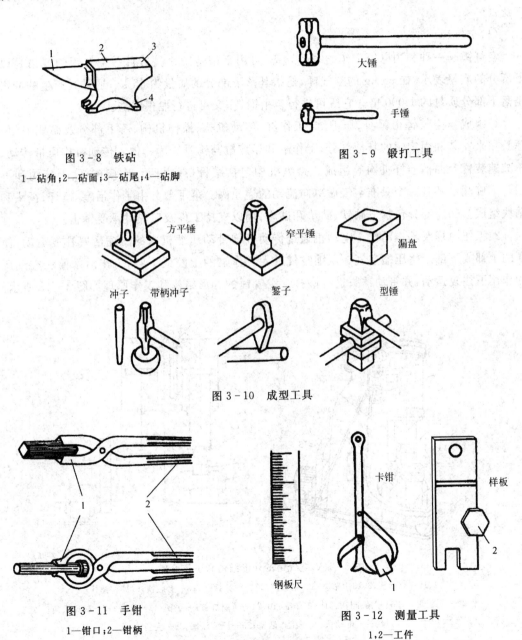

图 3-8　铁砧

1—砧角;2—砧面;3—砧尾;4—砧脚

图 3-9　锻打工具

方平锤

窄平锤

漏盘

冲子　带柄冲子　錾子　型锤

图 3-10　成型工具

卡钳

样板

钢板尺

图 3-11　手钳

1—钳口;2—钳柄

图 3-12　测量工具

1,2—工件

2)手工自由锻造操作 手工自由锻造由掌钳工和打锤工配合进行。操作时,掌钳工左手握钳夹持,移动或翻动工件,右手握手锤指挥打锤者操作或锻打变形量很小的工件。所用手钳必须正确选择,使钳口的大小和形状与工件相吻合,以便夹牢工件,否则在锤击时容易造成毛坯飞出或震伤手臂等事故。操作过程中,钳口需要经常浸水冷却,以免受热变形或钳把烫手。打锤工双手紧握大锤,站在铁砧外侧,通过手锤指挥锻打坯料。打锤分重打和轻打两种。

2. 机器自由锻造设备和工具

机器自由锻造所用的设备有空气锤、蒸汽-空气锤和水压机等,其中以空气锤应用最为广泛。

(1)空气锤

空气锤是一种利用电力工作的锻造设备,可用于锻造中小型锻件。空气锤的规格是以落下部分的质量表示,如65 kg的空气锤,是指其落下部分的质量为65 kg,通常其产生的冲击力是落下部分质量的1 000倍。它既可进行自由锻造,又可进行胎模锻造。

1)组成 空气锤由锤身、压缩缸、工作缸、传动机构、操作机构、落下部分及砧座等组成。锤身用来安装和固定锤的其他部分,工作缸和压缩缸与锤身铸为一体。传动机构由带传动、齿轮减速装置及曲柄连杆机构等组成。操纵机构包括踏杆(或手柄)、连接杠杆、上旋阀和下旋阀。下旋阀中装有一个只准空气做单向流动的逆止阀。落下部分由工作活塞、锤杆、锤头和上砧块组成。砧座部分包括下砧铁、砧垫和砧座,用以支持工件及工具并承受锤击。

2)工作原理及基本动作 电动机通过传动机构带动压缩机内的压缩活塞往复运动,使活塞的上部或下部产生压缩空气。压缩空气进入工作缸的上腔或下腔,工作活塞便在空气压力的作用下往复运动,并带动锤头进行锻打。空气锤的外形结构和工作原理如图3-13所示。

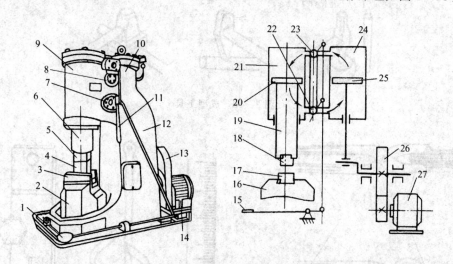

图3-13 空气锤的外形结构和工作原理

1、15—脚踏板;2、16—砧座;3—砧垫;4、17—下砧铁;5、18—上砧铁;6、19—锤杆;

7、22—下旋阀;8、23—上旋阀;9、21—工作缸;10、24—压缩缸;11—手柄;12—床身;13—减速机构;

14、27—电动机;20—工作活塞;25—压缩活塞;26—大齿轮

通过踏杆(或手柄)操纵上下旋阀,可以使空气锤完成以下动作。

①上悬。压缩缸和工作缸的上部都经上旋阀与大气相通,压缩缸和工作缸的下部与大气隔绝。当压缩活塞下行时,压缩空气经下旋阀冲开逆止阀进入工作缸下部,使锤头上升。当压缩活塞上行时,压缩空气经上旋阀排入大气。逆止阀的单向作用,可防止工作缸下部的压缩空气倒流,使锤头保持在上悬位置。此时,可在锤头上进行各种辅助操作,如摆放工件、检查锻件的尺寸、清除氧化皮等。

②下压。压缩缸上部和工作缸下部与大气相通,压缩缸下部和工作缸上部与大气隔绝。当压缩活塞下行时,压缩空气通过下旋阀冲开逆止阀,经中间通道向上,由上旋阀进入工作缸上部作用在工作活塞上,连同落下部分的自重将工件压住。当压缩活塞上行时,上部气体排入大气。由于逆止阀的单向作用,使工作活塞保持足够的压力。此时,可对工件进行弯曲、扭转等操作。

③连续锻打。压缩缸与工作缸经上下旋阀连通并全部与大气隔绝。当压缩活塞往复运动时,压缩空气交替压入工作缸的上下部,使锤头相应地往复运动(此时,逆止阀不起作用),进行连续锻打。

④单次锻打。将踏杆踩下后立即抬起,或将手柄由上悬位置推到连续锻打位置,再迅速退回到上悬位置,使锤头完成单次锻打。

⑤空转。压缩缸和工作缸的上下部分都与大气相通,锤的落下部分靠自重停在下砧块上,这时尽管压缩活塞上下运动,但锤头不工作。

单次锻打和连续锻打的力量是通过下旋阀调节实现的。踏杆或手柄扳动角度小,通气孔开启的角度就小,由压缩缸进入工作缸的压缩空气就慢,锤头的移动速度低,冲击力也就小,反之,冲击力就大。

(2)蒸汽-空气锤

它是用 0.6～0.8 MPa 的压力蒸汽或压缩空气作为动力源进行工作的。蒸汽-空气锤的规格用落下部分的质量表示,落下部分的质量一般为 1～5 t,适用于中型锻件的生产。

1)组成　蒸汽-空气锤由机架(锤身)、汽缸、落下部分、配气操纵机构及砧座等部分组成。机架包括左右两个立柱,通过螺栓固定在底座上。汽缸和配气机构的阀室铸成一体,用螺栓与锤身的上端面相连接。落下部分是锻锤的执行机构,由连接活塞的锤杆、锤头和上砧铁组成。配气操纵机构由滑阀、节气阀、进气管、操纵杠杆等组成。砧座由下砧铁、砧垫、砧座等组成。为了提高打击效果,砧座质量为落下部分的 15 倍,以保证锤击时锻锤的稳固。常用的是双柱拱式蒸汽-空气锤,其外形结构如图 3-14 所示。

2)工作原理　蒸汽-空气锤是利用操纵杆操作气阀来控制蒸汽(或压缩空气)进入工作缸的方向和进气量,以实现悬锤、压紧、单击或不同能量的连打等动作。如图 3-14 所示,蒸汽(或压缩空气)从进气管进入,经过节气阀、滑阀中间细颈部分与阀套壁所形成的气道,由上气道进入汽缸的上部作用在活塞的顶面上,使落下部分向下运动,完成打击动作。此时,汽缸下部的蒸汽(或压缩空气)由下气道从排气管排出。反之,滑阀下行,蒸汽(或压缩空气)便通过滑阀中间的细颈部分与阀套壁所形成的气道由下气道进入汽缸的下部,作用在活塞的环形底面上,使落下部分向上运动,完成提锤动作。此时,汽缸上部的蒸汽(或压缩空气)从上气道经滑阀的内腔由排气管排出。

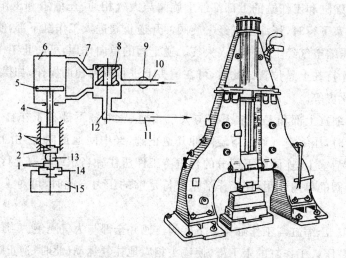

图 3-14 双柱拱式蒸汽-空气锤

1—下砧铁；2—上砧铁；3—锤头；4—锤杆；5—工作活塞；6—工作缸；7—上气道；8—滑阀；
9—节气阀；10—进气管；11—排气管；12—下气道；13—坯料；14—砧垫；15—砧座

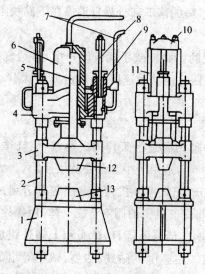

图 3-15 水压机结构

1—下横梁；2—立柱；3—活动横梁；4—上横梁；
5—工作柱塞；6—工作缸；7—管道；8—回程柱塞；
9—回程缸；10—回程横梁；11—拉杆；
12—上砧；13—下砧

通过调节节气阀的开口面积控制进入汽缸的蒸汽（或压缩空气）压力，由工人操纵手柄，使滑阀处于不同位置或上下运动，使锻锤完成上悬、下压、单次打击、连续打击等动作要求。

蒸汽-空气锤具有操作方便、锤击速度快、打击力呈冲击性等特点。由于锤头两旁有导轨，保证了锤头运动准确，打击平稳，但蒸汽-空气锤需要配备蒸汽锅炉或空气压缩机及管道系统，较空气锤复杂。

（3）水压机

水压机是以高压水泵所产生的高压水（15～40 MPa）为动力进行工作的。水压机是生产大型锻件特别是可锻性较差的合金钢锻件的主要锻造设备。水压机的规格以水压机产生的静压力的数值来表示。

1）组成 水压机主要由固定系统和活动系统两部分组成。

水压机广泛采用三梁四柱式传动结构，并带有活动工作台。固定系统由上梁、下梁、工作缸、回程缸和四根立柱组成。工作缸和回程缸固定在上横梁上，下横梁上面装有下砧。上下横梁和四根立柱组成一个封闭的刚性机架，工作时，机架承受全部工作载荷。活动系统由工作活塞、活动横梁、回程柱塞和拉杆组成。活动横梁的下面装有上砧。其典型结构如图3-15所示。

2）工作原理 当高压水沿管道进入工作缸时，工作柱塞带动活动横梁沿立柱下行，对坯料进行锻压。当高压水沿管道进入回程缸下部时,则推动回程柱塞上行,通过回程小横梁和拉杆将活动横梁提升离开坯料,从而完成锻压与回程一个工作循环。

水压机的特点是工作时以无冲击的静压力作用在坯料上,因此工作时震动小,不需笨重的砧座;锻件变形速度低,变形均匀,易将锻件锻透,使整个截面呈细晶粒组织,从而改善和提高了锻件的力学性能;容易获得大的工作行程,并能在行程的任何位置进行锻压,劳动条件较好。但由于水压机主体庞大,并需配备供水和操纵系统,故造价较高。

二、自由锻造的基本工序

自由锻造的基本工序有镦粗、拔长、冲孔、弯曲、扭转、错移、切割、锻接等。其中前三种工序应用最多。

1. 镦粗

镦粗是用以减小坯料长度,增加横截面面积的锻造工序。它分为完全镦粗、局部镦粗和垫环镦粗,如图 3-16 所示。镦粗常用来锻造齿轮坯、凸轮、圆盘形锻件;在锻造环、套筒等空心锻件时,则可作为冲孔前的预备工序,也可作为提高锻件力学性能的预备工序。

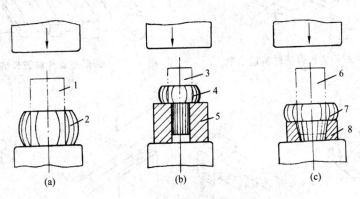

图 3-16　镦粗类型
(a)完全镦粗;(b)局部镦粗;(c)垫环镦粗
1、3、6—坯料;2、4、7—工件;5—漏盘;8—垫环

镦粗操作时应注意:坯料不能太长,镦粗部分的原长度 H_0 与原直径 D_0 之比值应小于 3,否则容易镦弯;镦粗前应使坯料的端面平整并与轴线垂直,否则会镦歪。镦粗力要足够,否则会产生细腰形,若不及时纠正,继续镦粗就会产生夹层。

2. 拔长

拔长是使坯料横截面面积减小而长度增大的锻造工序。拔长多用于锻造轴类、杆类和长筒形零件。

拔长操作时应注意:锻打时,工件应沿砧铁的宽度方向送进,每次的送进量 L 应为砧铁宽度 B 的 3/10~7/10(图 3-17);圆截面坯料拔长成直径较小的圆截面锻件时,必须先将坯料打成方形截面,再进行拔长,直到接近锻件的直径时,再锻成八角形,最后滚打成圆形,如图 3-18 所示。拔长过程中要不断翻转坯料,塑性较高的材料拔长可在沿轴向送进的同时将毛坯反转 90°,如图 3-19(a)所示。塑性较低的材料拔长可在沿轴向送进的同时将毛坯沿一个方向做

90°螺旋式翻转,如图3-19(b)所示。由于毛坯各面都接触下砧面,因而可使其各部分温度保持均匀。对于大件的锻造拔长,可将毛坯沿整个长度方向锻打一遍后再翻转90°,采取同样依次锻打的操作方法,顺序如图3-19(b)所示,但工件的宽度与厚度之比值不应超过2.5,否则再次翻动后继续拔长容易形成夹层。局部拔长锻造台阶轴时,拔长前应先在截面分界处压出凹槽(称为压肩),以便做出平整和垂直拔长的过渡部分。方形截面锻件与圆形截面锻件的压肩方法及其所用的工具有所不同,如图3-20所示。圆形截面的锻件可用窄平锤或压肩摔子进行压肩操作。锻件拔长后需要修整,使表面工整光滑,尺寸准确。方形或矩形截面的锻件先用平锤修整(图3-21(a))。修整时,应将工件沿下砧长度方向送进,以增加锻件与砧铁间的接触长度。圆形截面的锻件用型锤或摔子修整(图3-21(b))。

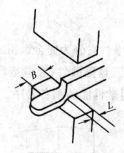

图3-17　拔长时的坯料进给量

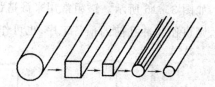

图3-18　圆形截面坯料拔长的工艺过程

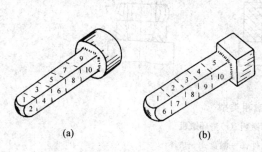

(a)　　　　　　　(b)

图3-19　拔长时锻件的翻转方法

(a)翻转90°;(b)螺旋式翻转

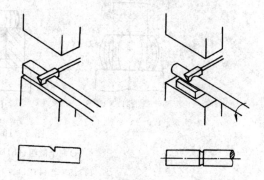

图3-20　坯料压肩

3. 冲孔

冲孔是使用冲子在锻件上冲出通孔或不通孔的锻造工序。冲孔常用于锻造齿轮、套筒、圆环等空心零件。直径小于25 mm的孔一般不冲,由切削加工时钻出。

冲孔操作时应注意:冲孔前坯料应先镦粗,以尽量减小冲孔深度和使端面平整,并避免冲孔时工件胀裂;冲孔的坯料应加热到允许的最高温度,且需均匀热透。这是由于冲孔时锻件的局部变形量很大,要求坯料具有良好的塑性,以防工件冲裂和损坏冲子,冲完后冲子也容易拔出。冲孔分为单面冲孔和双面冲孔两种方式。单面冲孔用于较薄工件的冲孔(图3-22),冲孔时应将冲子大头朝下,漏盘孔径不宜过大,且需仔细对正。双面冲孔用于较厚坯料的冲孔加工(图3-23)。为保证孔位正确,先进行试冲,用冲子轻轻冲出孔位的凹痕并检查工位是否正

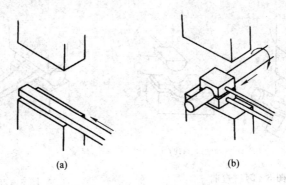

图 3-21　坯料拔长后的修整

(a)方形截面;(b)圆形截面

确,如有偏差及时纠正。为便于拔出冲子,可向凹痕内撒少许煤粉,将冲子冲深至坯料厚度的
2/3~3/4 时,取出冲子,翻转工件,然后从反面将工件冲透。在冲制深孔过程中,冲子须经常
蘸水冷却,防止受热变软。

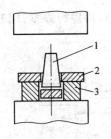

图 3-22　单面冲孔

1—冲子;2—工件;3—漏盘

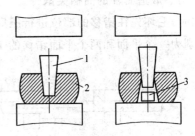

图 3-23　双面冲孔

1—冲子;2—坯料;3—冲孔余料

4. 弯曲

弯曲是使坯料弯成一定角度或形状的锻造工序。弯曲用于锻造吊钩、链环、弯板等锻件。
弯曲时最好只限于加热被弯曲一段的那部分坯料,加热必须均匀。在空气锤上进行弯曲时,将
坯料夹在上下砧铁间,使欲弯曲的部分露出,用手锤或大锤将坯料打弯(图 3-24(a)),也可借
助于成型垫铁、成型压铁等辅助工具,使其产生成型弯曲(图 3-24(b))。

5. 扭转

扭转是将坯料的一部分相对另一部分绕其轴线旋转一定角度的锻造工序,如图 3-25 所
示。锻造多拐曲轴、连杆、麻花钻等锻件和校直锻件时常采用这种工序。

扭转前,应将整个坯料先在一个平面内锻造成型,并使受扭曲部分表面光滑。扭转时金属
变形剧烈,要求受扭部分加热到始锻温度,且均匀热透。扭转后要注意缓慢冷却,以防出现
扭裂。

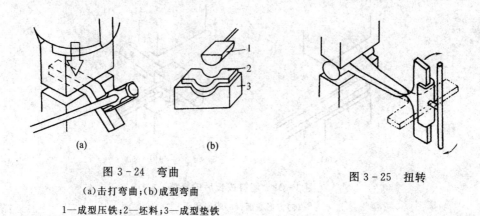

图 3-24 弯曲
(a)击打弯曲;(b)成型弯曲
1—成型压铁;2—坯料;3—成型垫铁

图 3-25 扭转

6. 错移

错移是将毛坯的一部分相对于另一部分平移一定距离,但仍保持金属连续性的锻造工序。错移主要用于锻造曲轴的曲柄类锻件。

错移时,毛坯先在错移的部位进行压肩,然后进行锻打错开,最后再进行修整,图2-26(a)和(b)分别为一个平面和两个平面错移的工艺过程。

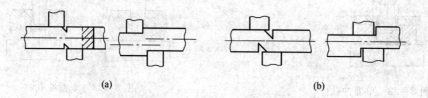

图 3-26 错移
(a)一个平面错移;(b)两个平面错移

7. 切割

切割是将坯料或工件切断的锻造工序。切割用于下料和切除料头等。

较小矩形截面坯料的切割常用单面切割法,如图 3-27(a)所示。先将剁刀垂直切入坯料至快断处,翻转工件,再用锤击剁刀或克棍冲断连皮。切割较大截面的矩形坯料,可使用双面切割或四面切割法。切割圆形截面坯料,可在带有凹槽的剁垫中边切割边旋转坯料,直至切断为止,如图 3-27(b)所示。

8. 锻接

锻接是使分离的毛坯在高温状态下经过锻压变形而使其连接成一体的锻造工序。锻接只适用于含碳量较低的结构钢。锻接时要注意掌握温度并除净锻接处的氧化皮。

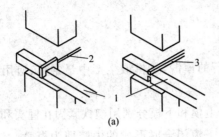
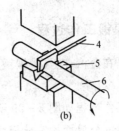

图 3-27　切割

(a)单面切割；(b)多面切割

1、6—工件；2、4—剁刀；3—克棍；5—剁垫

第 6 节　模型锻造

把加热的坯料放在固定于模锻设备上的锻模内并施加冲击力或压力，使坯料在锻模模膛所限制的空间内产生塑性变形，从而获得与模膛形状相同的锻件的锻造方法称为模型锻造，简称模锻。模锻与自由锻造相比，前者生产率要高几倍甚至几十倍，可锻造形状复杂的锻件，且加工余量小，尺寸精确，锻件纤维分布合理，强度较高，表面质量好；但所用锻模是用贵重的模具钢经复杂加工制成，成本高，因而只适用于大批量生产，且受设备能力的限制，一般仅用于锻造 150 kg 以下的中小型锻件。

模锻按所用设备的不同，分为锤上模锻、压力机上模锻和胎模锻等。

一、模锻设备

常用的模锻设备有蒸汽-空气模锻锤、摩擦压力机、曲柄压力机和平锻机等。

蒸汽-空气模锻锤的结构如图 3-28 所示，是目前使用广泛的一种模锻设备。它和蒸汽-空气自由锻锤的结构基本相似，但砧座质量比自由锻锤大得多，而且砧座与锤身连成一个封闭的整体，锤头与导轨之间的配合也比自由锻精密，因而锤头运动精确，锤击中能保证上下模对准。

蒸汽-空气模锻锤的规格以落下部分的质量

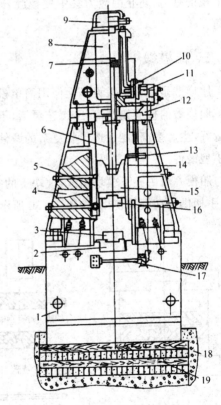

图 3-28　蒸汽-空气模锻锤

1—砧座；2—横座；3—下锻模；4—床身；

5—导轨；6—锤杆；7—活塞；8—汽缸；

9—保险汽缸；10—配气阀；11—节气阀；12—汽缸底板；

13—杠杆；14—马刀形杠杆；15—锤头；16—上锻模；

17—脚踏板；18—基础；19—防震垫木

51

来表示,常用的为 1～10 t。

二、锤上模锻工作过程

锤上模锻是在蒸汽-空气模锻锤上进行的模锻,是模锻生产中最常见、应用最广泛的一种方法。

锤上模锻工作过程如图 3-29 所示。上模和下模分别用楔铁紧固在锤头和砧座的燕尾槽内。上下模之间的分界面称为分模面。上下模闭合时形成的内腔即为模膛。工作时,上模与锤头一起上下往复运动,以锤击模膛中已加热好的坯料,使其产生塑性变形,用来填充模膛而得到所要求的锻件,取出锻件,修掉飞边、连皮和毛刺,清理并检验后即完成一个模锻工艺流程。

锻模由专用的模具钢加工而成,具有较高的热硬性、耐磨性和耐冲击性能。为便于将成形后的锻件从模膛中取出,应确定合理的分模面和5°～10°的模锻斜度。为保证金属充满模膛,下料时,除考虑模锻件烧损量和冲孔损失外,还应使坯料的体积稍大于锻件体积。为减轻上模对下模的打击,防止因应力集中使模膛开裂的情况发生,模膛内所有面与面之间的交角均为圆角。

三、胎模锻

胎模锻是在自由锻设备上使用简单模具(模胎)的锻造方法。

胎模锻的模具制造简便,工艺灵活,不需模锻锤。成批生产时,与自由锻相比,胎模锻锻件质量好,生产率高,能锻造形状复杂的锻件,在中小批量生产中应用广泛。但劳动强度大,只适于小型锻件。

胎模一般由上下模块组成,模块上的空腔称为模膛,模块上的导销和销孔可使上下模膛对准,手柄供搬动模块使用,如图 3-30 所示。

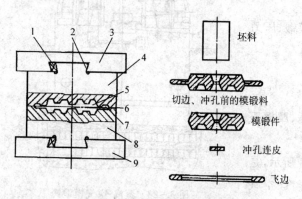

图 3-29 锤上模锻工作过程

1—楔铁;2—燕尾槽;3—锤头;4—上模;5—模膛;

6—分模面;7—飞边槽;8—下模;9—砧座

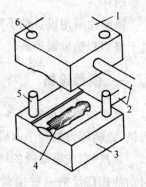

图 3-30 胎模锻

1—上模块;2—手柄;3—下模块;

4—模膛;5—导销;6—销孔

胎模锻造所用胎模不固定在锤头或砧座上,按加工过程需要,可随时放在上下砧铁上进行锻造。锻造时,先把下模放在下砧铁上,再把加热的坯料放在模膛内,然后合上上模,用锻锤锻打上模背部。待上下模接触,坯料便在模腔内锻成锻件。胎模锻时,锻件上的孔也不能冲通,留有冲孔连皮;锻件的周围亦有一薄层金属,称为飞边。因此,胎模锻后也要进行冲孔和切边,以去除连皮和飞边。

第7节 锻件缺陷分析

锻件的缺陷大致分为:由原材料缺陷造成的缺陷,由加热不当引起的缺陷,锻造中以及冷却和热处理不当引起的缺陷。常见的锻件缺陷特征及产生的原因列于表3-1。

表3-1 常见锻件缺陷特征及产生原因

缺陷名称	主要特征	产生原因
表面龟裂	镦粗时发生在金属表面	金属过烧
鼓肚表面纵裂	自由锻镦粗时,在毛坯的鼓肚表面产生不规则的纵向裂纹	一次镦粗量过大
冲孔裂纹	孔内壁边缘沿径向出现裂纹	金属塑性低,冲孔冲子没有预热或预热不足,一次冲孔变形量太大
纵向裂纹	十字裂纹沿锻件横断面或对角线分布,在拔长工序中产生	坯料未热透,在反复90°回转拔长时送进量过大
表面十字裂纹	拔长时产生于金属表面	金属塑性低,压下量太大
端面十字裂纹	拔长时产生于金属坯料的端面	送进量和压下量过大,锻造温度过低,在端部锤击多次,坯料中心有疏松
折叠	折纹与金属流线方向一致,附近有严重的氧化、脱碳现象	自由锻操作不当,拔长时压下量过大,送进量过小;锤锻时,制坯、预锻、终锻模腔设计不合理
弯曲和变形	锻件的轴线与平面的几何位置有误差	自由锻镦粗时,坯料的长度和直径比大于2.5~3;坯料端面不平,与中心轴线不垂直;坯料加热不均匀,锻后修整、矫直不够,冷却、热处理不当
弯曲开裂	弯曲部分外侧出现的表面开裂,一般出现在平行于材料的横截面	加热温度太低,一次弯曲度过大
错模	模锻件上半部分相对于下半部分沿分模面产生错位	锤头与导轨间隙过大,锻模设计不合理,安装调试不当
局部填充不足	主要发生在模锻件的肋条、凸肩、转角等处,锻件上凸起部分的顶端或棱角充填不足,或锻件轮廓不清晰	坯料加热温度不够,塑性差;毛坯体积与截面大小选择不合理,坯料质量不合格;模锻锤吨位不够
模锻不足	模锻件在分模面垂直方向上的所有尺寸普遍偏大,超过了图纸上标注的尺寸	毛坯加热温度太低,终锻模腔内锤击次数少,毛坯体积或截面尺寸太大
锻件流线分布不当	锻件上出现流线断开、回流、涡流、对流等流线紊乱现象	模具设计不当,坯料尺寸、形状设计不合理,锻造方法选择不好

续表

缺 陷 名 称	主 要 特 征	产 生 原 因
凹穴(凹陷)	模锻件表面形成麻点或凹穴	模膛中或坯料表面的氧化皮未除净,模锻时压入锻件表面,经酸洗、喷砂清理后,氧化皮脱落而形成
冷硬现象	锻造后锻件内部保留冷变形组织	变形温度偏低,变形速度过快,锻后冷却速度过快

第8节 板料冲压

板料冲压是利用装在压力机上的模具使板料分离或变形,以获得毛坯或零件的加工方法。它主要用于在常温下对板料进行加工,所以也称为冷冲压。

冷冲压的生产效率高,冲压件的刚度好,结构轻,精度高,一般不再进行切削加工即可装配使用,广泛用于汽车、航空、电器、仪表、电子器件、电工器材及日用品等工业部门的批量生产。

板料、模具和冲压设备是冲压生产的三要素。

一、冲压设备

板料冲压设备主要有剪床(剪板机)和冲床。

1. 剪床

剪床的用途是将板料切成一定宽度的条料,以供冲压使用。剪床的主要技术参数是剪板的厚度和长度。剪切长度大的板料用斜刃剪床,剪切窄而厚的板料应选用平刃剪床。常用剪床的外形结构和传动原理如图 3-31 所示。

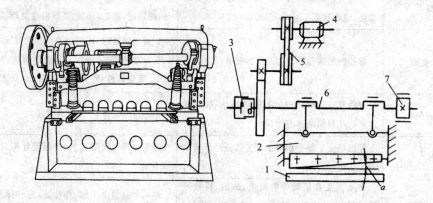

图 3-31 剪床的外形结构和传动原理
1—工作台;2—滑块;3—牙嵌式离合器;4—电动机;5—皮带传动;6—曲轴;7—制动器

2. 冲床

冲床是进行冲压加工的基本设备。除剪切外,板料冲压的基本工序都是在冲床上进行的。冲床按其结构可分为单柱式和双柱式两种。冲床主要由曲柄、连杆和滑块组成。

图 3-32 为开式双柱式冲床的外形和传动原理图。电动机经三角带减速系统使大带轮转

动,当踩下踏板后,离合器闭合并带动曲轴旋转,再通过连杆带动滑块沿导轨上下往复运动,完成冲压加工。冲模的上模装在滑块上,随滑块上下运动,上下模闭合一次即完成一次冲压过程。踏板踩下后立即抬起,滑块冲压一次后便在制动器作用下停止在最高位置上,以备进行下一次冲压。若踏板不抬起,滑块则进行连续冲压。

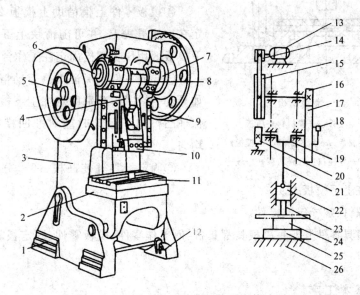

图 3-32　开式双柱式冲床的外形和传动原理

1—底座;2—工作台;3—床身;4—连杆;5—大带轮;6—曲轴;7—离合器;8—制动器;

9—大齿轮;10—滑块;11—垫板;12—脚踏板;13—电动机;14—小带轮;15—大带轮;16—小齿轮;

17—大齿轮;18—离合器;19—曲轴;20—制动器;21—连杆;22—滑块;23—上模;24—下模;25—垫板;26—工作台

冲床的主要技术参数如下。

1)公称压力(吨位)　它以滑块运行至最低位置时所能产生的最大压力表示,单位为 10 kN。选用冲床时,应使冲压工艺所需的冲剪力或变形力小于或等于冲床的公称压力。

2)滑块行程　曲轴旋转时,滑块从最高位置到最低位置所走过的距离称为滑块行程。滑块行程等于曲柄半径的两倍,单位为 mm。

3)闭合高度　滑块在行程达到最低位置时,其下表面到工作台面的距离为闭合高度,单位为 mm。冲床的闭合高度应与冲模的高度相适应。调整冲床连杆的长度,就可对冲床的闭合高度进行调整。

二、冲模结构

冲模是板料冲压的主要工具,其典型结构如图 3-33 所示。

一副冲模由工作零件、定位零件、卸料零件、模板零件、导向零件及固定零件组成。

①工作零件为冲模的工作部分,主要是凸模和凹模,它们分别通过压板固定在上下模板上,其作用是使板料变形或分离,得到所需要的零件,这是模具关键性的零件。

②定位零件用以保证板料在冲模中具有准确的位置,如导料板、定位销等。导料板控制坯料进给方向,定位销控制坯料进给量。

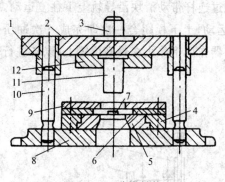

③卸料零件是指冲头回程时使凸模从工件或坯料中脱出的零件,如卸料板。亦可采用弹性卸料,即用弹簧、橡皮等弹性元件通过卸料板推下板料。

④模板零件上模借助上模板2通过模柄3固定在冲床滑块上,并可随滑块上下运动;下模借助下模板8用压板螺栓固定在工作台上。

⑤导向零件是保证模具运动精度的重要部件,如导套、导柱等,分别固定在上下模板上,其作用是保证凸模向下运动时能对准凹模孔,并保证间隙均匀。

⑥固定板零件使凸模、凹模分别用凸模压板、凹模压板固定在上下模板上。

图 3-33 冲模结构

1—导套;2—上模板;3—模柄;4—压板;
5—凹模;6—导料板;7—定位销;8—下模板;
9—卸料板;10—导柱;11—凸模;12—压板

此外还有螺钉、螺栓等连接件。

以上所有模具零件并非每副模具都具备,但工作零件、模板零件、固定板零件等则是每副模具都具备的。

三、冲压基本工序

冲压基本工序包括分离工序和变形工序两大类。分离工序主要包括剪切和冲裁,变形工序主要包括弯曲、拉深和翻边等。

1. 剪切

剪切是使板料沿不封闭轮廓分离的冲压工序,通常在剪床上进行。

2. 冲裁

冲裁包括冲孔和落料,它们都是用冲裁模使板料沿封闭轮廓分离的工序。冲孔和落料的操作方法和分离过程是相同的,只是它们的作用不同。冲孔是在板料上冲出所需的孔,冲下部分为废料,用于制造各种带孔形的冲压件。落料则是从板料上冲下的部分为成品,余下的部分为废料,用于制造各种形状的平板零件,或作为成型工序前的下料工序。

3. 弯曲

弯曲是用冲模将板料弯成一定角度或圆弧的成型工序,如图 3-34 所示,它常用于制造各种弯曲形状的冲压件。与冲裁模不同,弯曲模冲头的端部与凹模的边缘被制成具有一定半径的圆角,以防止工件弯曲时被弯裂。

4. 拉深

拉深是用冲模将平板状的坯料加工成中空形状零件的成型工序。为避免零件拉裂,冲头和凹模的工作部分应加工成圆角。为减小摩擦阻力,冲头和凹模要留有相当于板厚 1.1~1.2 倍的间隙,以使拉深时板料能从中通过。拉深时要在板料上或模具上涂润滑剂。为防止板料起皱,常用压板圈将板料压紧。每次拉深,板料的变形程度都有一定限制。拉深变形量较大时,可采用多次拉深,如图 3-35 所示。

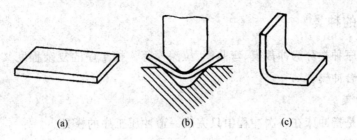

图 3 - 34 弯曲过程

(a)坯料;(b)弯曲过程;(c)成品

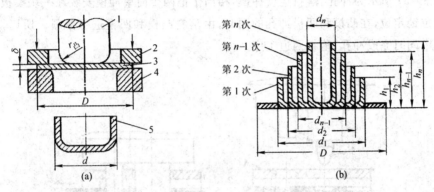

图 3 - 35 拉深

(a)拉深模具及零件;(b)多次拉深零件成型过程图

1—冲头;2—压板;3—坯料;4—凹模;5—工件

5. 翻边

翻边分内孔翻边和外缘翻边。内孔翻边是用冲模在带孔的平板坯料上用扩孔的方法获得凸缘的成型工序,如图 3 - 36(a)所示;外缘翻边是把平板料的边缘按曲线或圆弧弯成边缘的成型工序,如图 3 - 36(b)所示。

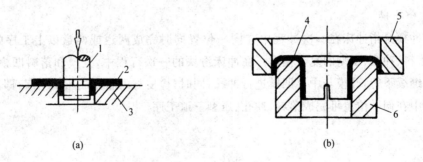

图 3 - 36 翻边

(a)内孔翻边;(b)外缘翻边

1—冲头;2、4—工件;3—凹模;5—上模;6—下模

四、模具的种类

模具按工序种类分为冲裁模、弯曲模、拉深模等。按工序的复杂程度又可分为简单冲模、连续冲模和复合冲模。

1. 简单冲模

简单冲模是指冲床在一次冲程中只完成一道冲压工序的模具。

2. 连续冲模

连续冲模是指冲床在一次冲程中在冲模的不同位置上同时完成两道或两道以上工序的模具。如图3-37所示为冲孔、落料连续冲模，相当于把两个简单冲模安装在一块模板上。板料前部由定位销定位，在凸模和凹模冲孔的同时，由落料凸模和凹模进行落料。所以，冲床滑块一次行程中同时完成冲孔、落料两道工序。

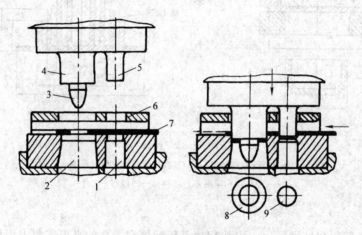

图3-37 连续冲模

1—冲孔凹模；2—落料凹模；3—定位销；4—落料凸模；

5—冲孔凸模；6—卸料板；7—坯料；8—成品；9—废料

3. 复合冲模

复合冲模是指冲床在一次冲程中在同一位置同时完成两道或两道以上工序的模具。图3-38为落料、冲孔、压型的复合模具。在冲床滑块的一次行程中，上模和落料凹模进行落料，随着滑块继续下行，凸模与中心凹模进行冲孔，同时，橡皮与内胎完成压型工序，即冲床滑块在一次行程中在同一位置可完成落料、冲孔、压型三道工序。

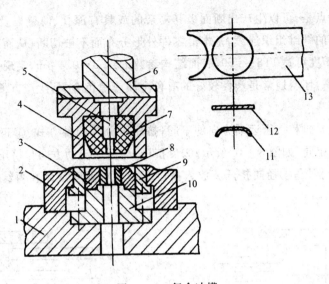

图 3 - 38　复合冲模

1—底座；2—落料凹模；3—内胎；4—上模；5—冲孔凸模；6—楔柄；

7—橡皮；8—中心凹模；9—托料圈；10—下胎；11—成型件；12—落下料；13—条料

第 9 节　其他压力加工方法

一、轧制

轧制是金属（或非金属）材料在旋转轧辊的压力作用下，产生连续塑性变形，获得要求的截面形状并改变其性能的压力加工方法。

在轧制过程中金属坯料通过一对旋转成型轧辊的间隙，因受轧辊的压缩使材料截面减小而长度增加的压力加工方法，如图 3 - 39 所示. 这是生产钢材最常用的生产方式，主要用来生产型材、板材、管材。轧制时按坯料加工温度分热轧和冷轧两种方式。

轧制的特点是可以破坏钢锭的铸造组织，细化钢材的晶粒，并消除显微组织的缺陷，从而使钢材组织密实，力学性能得到改善。但经过热轧之后，钢锭内部的非金属夹杂物被压成薄片，出现分层（夹层）现象；不均匀的冷却会在成品中产生残余应力；热轧的钢材产品，因热胀冷缩对于成品厚度和边宽不易控制。而冷轧时虽能提高成品尺寸精度和改善表面结构要求，但需要的变形力较大。

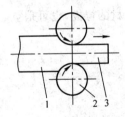

图 3 - 39　双辊轧制

1—坯料；2—轧辊；3—成品

二、挤压

挤压是对挤压模具中的金属锭坯施加强大的压力作用，使其从挤压模具的模孔中流出产生塑性变形或充满模型腔，从而获得所需形状与尺寸制品的压力加工成型方法。

挤压加工的特点是:可以生产出断面极其复杂的或具有深孔、薄壁以及变断面的零件;挤压变形后零件内部的纤维组织连续,基本沿零件外形分布而不被切断,从而提高了金属的力学性能;零件的尺寸精度可达 IT8~IT9,表面结构参数 $Ra3.2~0.4~\mu m$,实现少屑、无屑加工,材料利用率、生产率高,坯料通常是塑性较好的有色金属或黑色金属,生产方便灵活,易于实现生产过程的自动化。

根据金属流动方向和挤压运动方向的不同,挤压可分为四种方式:①正挤压,即金属流动方向与挤压力方向相同,如图 3-40 所示;②反挤压,即金属流动方向与挤压力方向相反,如图 3-41 所示;③复合挤压;④径向挤压。放入挤压套的坯料温度可以在再结晶温度以上,也可在再结晶温度以下。

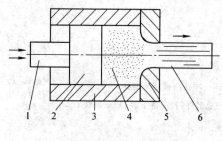

图 3-40 正挤压

1—压力杆;2—活塞;3—挤压套;
4—坯料;5—模孔板;6—制品

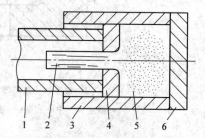

图 3-41 反挤压

1—压力杆;2—制品;3—挤压套;
4—模孔板;5—坯料;6—底板

三、拉拔

拉拔是在拉力作用下,迫使金属坯料通过拉拔模孔,以获得相应形状与尺寸制品的压力加工方法,如图 3-42 所示。拉拔方法按制品截面形状既可以是实心材拉拔,如棒材、异型材及线材的拉拔,也可是空心材拉拔,如管材及空心异型材的拉拔。

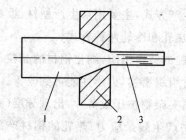

图 3-42 拉拔

1—坯料;2—拉拔模;3—制品

四、旋压

旋压是利用旋压机使坯料和模具以一定的速度共同旋转,在滚轮的进给运动作用下,使毛坯在与滚轮接触的部位产生局部塑性变形,并使局部的塑性变形逐步扩展到毛坯的全部表面,从而获得所需形状与尺寸的金属空心回转体零件的加工方法。图 3-43 为旋压空心零件过程的示意图。

　　旋压的工艺特点：旋压件尺寸精度高，表面结构参数值较小；经旋压成形的制品力学性能提高；旋压加工工具简单，费用低，设备调整、控制简便灵活，具有很大的柔性，非常适合于多品种小批量生产。但旋压只适用于轴对称的回转体零件，生产率不高，不能像冲压那样有明显的拉深作用，故壁厚的减薄量小。

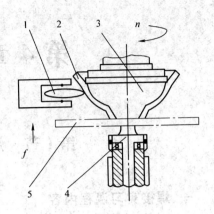

图 3-43　旋压示意图
1—滚轮；2—制品；3—模具；4—顶板；5—坯料

第4章 焊　　接

第1节　焊接实习的目的和要求

一、焊接实习课程内容

主要讲解焊接基础概论、焊接的工艺过程、焊接所用设备、电弧焊焊接的原理和焊接方法，介绍焊条的种类和选择、坡口的形式和接头的形式、焊接的空间位置等；还讲述气焊与气割的工序与设备、焊接质量的评价与常见缺陷的简单分析。

二、焊接实习的目的和作用

现场了解焊接设备（如电弧焊、气焊和气割等）的结构、工作原理和使用方法。了解焊接和气割生产的工艺过程、特点及应用方法以及常见的焊接缺陷。熟悉手工电弧焊焊接工艺参数，掌握电弧焊、气焊的基本操作技能，以练习平焊为主，体会立焊与横焊的难度，并能对焊接件初步进行工艺设计和质量分析，从中掌握更多的焊接知识。

三、焊接实习具体要求

了解焊接生产的工艺过程、特点及应用，知道焊接工艺常用的工具和设备名称及其作用，了解电弧焊、气焊等焊接方式的工艺特点及应用，了解常用的焊接基本工序和技术名称，了解焊接常见缺陷及其产生的原因，了解焊接生产安全以及技术和简单经济分析内容。

四、焊接实习安全事项

①焊前应检查焊机是否正常，如发现异常现象应停止使用，并报告指导人员。

②进行电焊操作必须戴面罩，以防电弧光伤害面部和眼睛。

③操作时要穿较厚工作服，戴脚罩，防止金属飞溅烫伤。

④乙炔瓶附近禁止有明火，搬运及安放时应垂直竖立。

⑤氧气瓶不能沾油，搬运时禁止撞击。

⑥不得将焊钳放在工作台上，以免短路烧坏焊机。工作暂停时必须切断电源。

⑦工作完毕必须灭掉火种，拉下电闸，关闭气瓶气阀，清扫场地，保持卫生，经指导人员同意方能离开。

第 2 节 概 述

　　焊接是通过加热或加压或两者并用,使被焊材料(有时有焊接材料)之间的原子(或分子)结合起来,达到使分离的工件不可拆的连接方法。被焊材料指的是焊接结构材料,俗称母材。焊接材料常用的是焊条、焊丝、钎料等。两个工件的连接处也就是用焊接的方法连接的接头,称为焊接接头(简称接头),它包括三部分:一是焊缝,指的是焊接时加热熔化,而后冷凝的那部分金属,即焊接后所形成的结合部分;二是熔合区,指焊缝和基本金属的交界区,加热到固相和液相之间、母材部分熔化,也称半熔化区;三是热影响区,焊缝附近的受热影响(未熔化)而发生组织与力学性能变化的区域。

　　图 4-1 为焊接接头的组成。图 4-2 为焊缝各部分的名称。

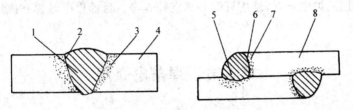

图 4-1　焊接接头的组成

1、5—焊缝金属;2、6—熔合区;3、7—热影响区;4、8—母材

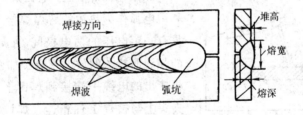

图 4-2　焊缝各部分的名称

　　焊接的特点如下。

　　①连接工件方便、灵活、牢固,应用广泛。与铆接相比,焊接具有节约金属、生产率高、质量优良、劳动条件好等优点。目前在生产中,大量铆接件已由焊接件所取代。

　　②简化机械加工与装配工序,可采用拼焊结构,使大型、复杂工件以小拼大、化繁为简,可使铸、锻、冲、焊结合起来,获得铸-焊件、锻-焊件、冲-焊件,甚至铸-锻-焊件。

　　③可焊成双金属结构,节省贵重金属。可实现异种金属和异种材料的连接。

　　④接头密封性好,强度高。多数情况下焊接接头能达到与母材同等强度。

　　⑤容易实现机械化和自动化生产。

　　⑥焊接也存在一些问题,例如焊接工艺不当会使焊接接头的组织和性能变坏;焊后工件存在残余应力,会产生变形;各种焊接缺陷会增加应力集中,产生裂纹,引起脆断等问题。

　　焊接应用广泛,借助焊接可连接同种金属、异种金属、某些烧结陶瓷合金以及某些非金属材料(如塑料等),但大量的还是金属的焊接,尤其是钢材,占钢总产量60％左右的钢材经各种形式的焊接而后投入使用。焊接已成为制造金属结构和机器零件的一种基本工艺方法。此外,焊接还可用于修补铸、锻件的缺陷和磨损的机器零件。

焊接方法种类很多,按焊接过程的工艺特点和母材金属所处的表面状态的不同,主要有熔焊、压焊、钎焊三大类。熔焊是通过一个集中热源产生的高温,将焊件接合处局部加热到熔化状态,冷却凝固后形成的焊缝使焊件接合在一起。常用的有熔焊中的电弧焊、气焊、电渣焊、等离子弧焊、电子束焊和激光焊等。压焊是在焊接过程中不论是否对焊件加热,都必须通过对焊件接合部施加一定的压力,两个接合面紧密接触,由原子间产生结合作用,使两个焊件牢固连接。压焊可分为电阻焊、摩擦焊、扩散焊、超声波焊和爆炸焊等。钎焊是选用比焊件熔点低的金属材料作为钎料,将焊件和钎料加热使钎料熔化而焊件尚未熔化,利用液态钎料润湿焊件母材,填充接头间隙,并与母材相互扩散,冷却后实现焊件的连接。钎焊有烙铁钎焊、火焰钎焊、盐浴钎焊、电阻钎焊、炉中钎焊、感应钎焊和真空钎焊等。目前以电弧焊、气焊和烙铁钎焊的应用最为广泛。

第 3 节　焊条电弧焊

一、电弧焊焊接原理和过程

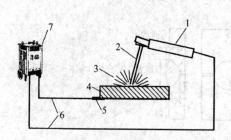

图 4 - 3　电弧焊焊接原理图
1—焊钳;2—焊条;3—电弧;4—工件;
5—地线夹头;6—电缆;7—弧焊机

焊条电弧焊(手工电弧焊)是用手工操纵焊条,利用电弧作为热源的熔焊焊接方法。焊接电弧是在具有一定电压的两电极间,在局部气体介质中产生的强烈而持久的放电现象。如图 4 - 3 所示,从电焊机接出的电缆一端接到焊钳上,而另一端接到地线夹头上与被焊工件相连。焊接时,利用夹在焊钳上的焊条端部触及焊件"划擦"或"撞击"引出电弧,利用电弧产生的 6 000～8 000 K 高温将焊条和母材局部熔化形成熔池,在电弧力作用下,熔化的焊条熔滴

与局部熔化的金属相互融合,当前移电弧时,又形成新的熔池,原来的熔池冷凝成为焊缝。不断前移,形成连续焊缝。焊条表面包覆的药皮由电弧热熔化或燃烧产生 CO_2、CO 和 H_2 气体围绕于电弧周围,防止氧气和氮气的侵入,同时还形成熔渣浮在熔池上,起到保护熔融金属的作用。

二、手弧电焊机

手弧电焊机是焊接电弧的电源,可分为交流弧焊机和直流弧焊机两类。

交流弧焊机简称弧焊变压器,如图 4 - 4 所示。为了适应焊接电弧的特殊需要,保证焊接过程的稳定,交流弧焊机除具有从几十安培到几百安培的焊接电流调节特性外,还具有自动降压的特性,在未起弧时的空载电压为 60～90 V,起弧后自动降到 20～30 V,满足电弧正常燃烧

的需要;而且还能自动限制短路电流,不怕起弧时焊条与工件的接触短路。交流弧焊机结构简单,价格便宜,适应性强,使用可靠,维修方便;但电弧稳定性较差,有些种类的焊条使用受到限制。在我国交流弧焊机使用非常广泛。

直流弧焊机常用的有旋转式(发电机式)、整流式和逆变式等。

旋转式直流弧焊机又称为弧焊发电机,如图 4-5 所示。它由一台三相感应电动机和一台直流弧焊发电机组成。可获得稳定的直流焊接电流,引弧容易,电弧稳定,焊接质量较好,能适应各种电焊条,但结构复杂。

整流式直流弧焊机称为弧焊整流器,如图 4-6 所示。它使用大功率硅整流原件组成整流器,将交流电转变为直流电供焊接使用。它结构简单,电弧稳定性好,焊缝质量较好,噪声很小,维修简单,目前应用较广泛。

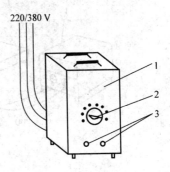

图 4-4 交流弧焊机

1—机箱(内置抽头式变压器);

2—电流调节旋钮;3—电缆接头

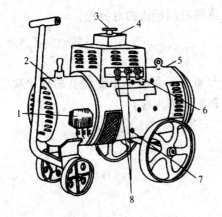

图 4-5 旋转式直流弧焊机

1—外接电源;2—变流电动机;3—调节手柄;4—电流指示盘;

5—直流发电机;6—正极抽头;7—接地螺钉;8—焊接电源两极

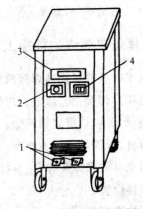

图 4-6 整流式直流弧焊机

1—输出接头;2—电流调节旋钮;

3—电流指示表;4—电源开关

逆变式直流弧焊机简称逆变弧焊机,它是将三相 50 Hz 交流电先整流为高电压直流电,再经过功率晶体管开关元件组成的功率逆变器将直流电转变为高频电压方波,最后经变压器将高频电压方波转换为高频低压方波供焊接使用。它具有体积小,重量轻,控制精度高,效率高,起弧性能好,工作稳定性好,成本低等优点。

直流弧焊机输出端有正极与负极,电弧有固定的正负极。正极处的温度和热量都比负极处的高。弧焊机正负两极与焊条、工件有两种不同的接法:正接法,又称为正极性,是将工件接到电焊机的正极,焊条接电焊机的负极;反接法,又称为负极性,与正极性相反,工件接电焊机的负极,焊条接电焊机的正极,如图 4-7 所示。正接时电弧中的大部分热量集中在焊件上,可加速焊件的熔化,获得较大的熔深,因而多用于焊接较厚的焊件。而反接法用于薄板及非铁合金、不锈钢、铸铁等件的焊接。

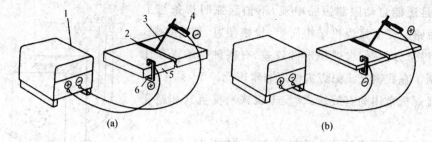

图 4 - 7　正接法和反接法

(a)正接；(b)反接

1—焊接电源；2—焊缝；3—焊条；4—焊钳；5—焊件；6—地线夹头

电弧焊机的基本技术参数如下：

①输入端电压一般为单相 220 V、380 V 或三相 380 V；

②输出端空载电压一般为 60～90 V；

③工作电压一般为 20～40 V；

④电流调节范围即可调的最小至最大焊接电流范围；

⑤负载持续率(暂载率)指 5 min 内有工作电流的时间所占的百分比。

三、焊条电弧焊的焊接工艺参数

焊接工艺参数对提高焊接质量和生产效率十分重要。要获得质量优良的焊接接头，就必须合理地选择焊接工艺参数。焊接工艺参数主要包括以下内容：

①接口，即坡口形式和间隙；

②母材，即钢材种类和厚度；

③填充材料和焊条牌号、直径和焊剂；

④焊接位置；

⑤预热温度和时间；

⑥热处理种类及温度和时间；

⑦气体种类及流速；

⑧电流种类和极性与能量；⑨焊接方向与方法。

四、电焊条

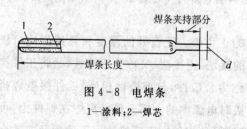

图 4 - 8　电焊条

1—涂料；2—焊芯

电焊条(简称焊条)是由焊芯和药皮组成，如图 4 - 8 所示。

焊芯在焊接时既作为电极传导电流，产生电弧，同时它熔化后液滴过渡到熔池，可作为填充金属与熔化的母材熔合后冷凝成焊缝。焊芯的直径为 2～6 mm，长度为 250～450 mm。

药皮以矿石、铁合金、化学组成物、有机物等为原料，配成不同作用的 7 类组成物，包括稳弧剂、造渣剂、造气剂、还原剂、合金剂、稀释剂、黏结剂。药皮主要有三方面作用。

①使电弧容易引燃和保持电弧燃烧的稳定性，减少飞溅。

②焊接时高温熔化药皮，产生大量气体及熔渣，隔离空气，包围和覆盖熔池，以保护熔化金属不被氧化。

③加入合金元素可补偿焊接烧失的合金成分，改善焊缝质量。含有一定量还原剂，使被氧化的金属还原，除去有害元素。

焊条的种类很多，根据用途可分为碳钢焊条、珠光体耐热钢焊条、不锈钢焊条、堆焊焊条、铸铁焊条、合金焊条、镍和镍合金焊条、铜和铜合金焊条、铝和铝合金焊条等。根据药皮熔化成的熔渣特性分成酸性焊条和碱性焊条两类。

①酸性焊条。药皮中含有多量酸性氧化物的焊条，可在交直流焊机上使用。用酸性焊条焊后的焊缝金属的冲击韧度较低，工艺性能优良，去气性好，应用广泛，适用于受力不复杂，较经济的低碳钢和低合金结构钢焊接。

②碱性焊条。药皮中含有多量碱性氧化物的焊条，一般称其为低氢型焊条。焊缝金属的冲击韧度较高，力学性能较好，抗裂性较强，多用于重要结构，焊接合金结构钢。碱性焊条只能用直流焊机，常用反接法。碱性焊条会产生有毒气体，焊接时要注意通风。

焊条的编号应按相应的国家标准，以字母 E 加上四位数字表示。前两位数字表示焊缝金属的抗拉强度数值（MPa）的 1/10，第三位数字表示适用的焊接位置，最后一位数字表示药皮类型和电流种类。如 E4303 中的 E 表示焊条；43 表示焊缝金属抗拉强度最小值为 430 MPa；0 表示全位置（平焊、立焊、横焊、仰焊）适用；3 表示药皮类型为酸性钛钙型，可在交直流弧焊机上使用。

五、焊接接头与坡口形式

1. 接头形式

焊接接头形式常见的有：对接接头、搭接接头、角接接头和丁字接头，如图 4-9 所示。其中对接接头受力均匀，应力集中较小，强度较高，易保证焊接质量，应用最广；其他接头受力复杂，有的产生附加弯矩，易产生焊接缺陷。

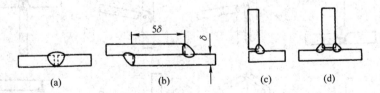

图 4-9　常见的焊接接头形式
(a)对接；(b)搭接；(c)角接；(d)丁字接

2. 坡口形式

根据设计或工艺需要，在焊件的待焊部位加工一定几何形状的沟槽，称为坡口。制出坡口是为了使接头处能焊透。当焊接薄工件时，在接头处留出一定间隙，即能保证焊透，这种接口称 I 形坡口；对大于 6 mm 的较厚工件，为了保证焊透，则需把待焊的接口加工成 V 形、U 形、双 Y 形、双 U 形等几何形状的坡口。对接接头的坡口形式如图 4-10 所示。

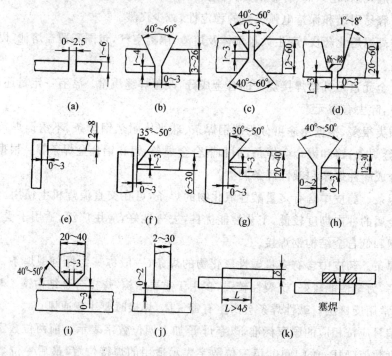

图 4-10　对接接头的坡口形式

(a)I 形坡口;(b)Y 形坡口;(c)双 Y 形坡口;(d)带钝边 U 形坡口;(e)Γ 形坡口;(f)带钝边单边 V 形坡口;
(g)带钝边双单边 V 形坡口;(h)Y 形坡口;(i)T 形带钝边双单边 V 形坡口;(j)I 形坡口;(k)搭接头

六、焊缝的空间位置

焊缝在焊件结构上的空间位置不同,施焊的难易程度也不同,而且对焊接质量和生产率影响较大。图 4-11 所示为对接与角接焊接空间位置。其中平焊位置为最好,焊接液滴不会外流,飞溅较少,操作方便,质量易保证;立焊和横焊焊接液滴有下流倾向,不易操作,而仰焊位置最差,液滴易下滴,操作难度大,不易保证质量。所以生产中应尽可能将焊件安排在平焊位置施焊。

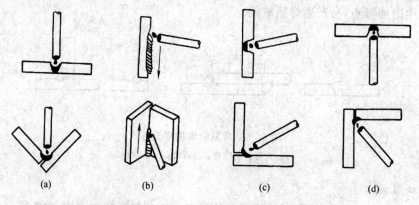

图 4-11　对接与角接焊接空间位置

(a)平焊;(b)立焊;(c)横焊;(d)仰焊

七、焊条电弧焊的基本操作

1. 引弧

引弧即利用焊条触及焊件后迅速拉起至正常弧长所引起的电弧。焊接前,应把接头表面清理干净,并使焊条芯的端部金属外露,以便短路引弧。常用的引弧方法有敲击法(垂直法)和摩擦法(划擦法),如图 4-12 所示。引弧时,应先接通电源,把电焊机调至所需的焊接电流。

敲击法引弧时,电焊条垂直对焊件碰击,然后迅速离开焊件表面 2~4 mm,便产生电弧,不会损坏工件表面,但引弧成功率低,多用于运作不方便处。摩擦法引弧时,焊条像擦火柴一样擦过焊件表面,随即提起距焊件表面 2~4 mm 便产生电弧。若焊条提起距离超过 5 mm,电弧则立即熄灭。焊条提起要快,如果焊条与工件接触时间太长,就会"黏凝"在工件上,这时可左右摆动,拉开工件重新引弧。摩擦法引弧成功率较高,但

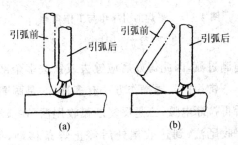

图 4-12 引弧方法
(a)敲击引弧;(b)摩擦引弧

容易造成工件表面的损坏。一般摩擦法较易掌握,适宜初学者操作。如果焊条接触不能起弧,可能是焊条端部有药皮绝缘,妨碍导电,可将绝缘部分清除,露出金属端面以利导通电流。

2. 焊条的操作运动

焊条的操作运动(简称运条)实际是一种综合合成运动,它包括焊条的前移运动、送进运动及摆动。

①焊条的移动是沿焊缝焊接方向的移动,这一运动的速度称为焊接速度。握持焊条前移时在空间应保持一定角度。引导角是指焊条在纵向平面内与正在进行焊接的一点上垂直于焊缝轴线的垂线向前所成的夹角,一般在 70°~80°。引导角前倾以利气流把熔渣后吹覆盖焊缝表面;电弧后倾,对待焊表面有预热作用,以利提高焊速。焊条与焊缝的角度影响填充金属的熔敷状态、熔化的均匀性及焊缝外形。正确保持焊条位置,还能避免咬边与夹渣。工作角是指焊条在横向平面内与进行焊接的一点上垂直于焊缝轴线的垂线所形成的角度,如图 4-13 所示。

②焊条向下送进运动是沿焊条的轴向向工件方向的下移运动。维持电弧是靠焊条均匀的送进,以逐渐补偿电焊条端部熔化过渡进熔池的部分。送进运动应使电弧保持适当长度,以便稳定燃烧。

③焊条的摆动是指焊条在焊缝宽度方向的横向运动,目的是为了加宽焊缝,并使接头达到足够的熔深,摆动幅度越大,焊缝越宽。焊接薄板时,不必过大摆动甚至直线运动即可,这时的焊缝宽度为焊条直径的 0.8~1.5 倍。焊接较厚的工件,需摆动运条,焊缝宽度可达直径的 3~5 倍。常用的横向摆动运条方法如图 4-14 所示。

3. 焊缝的收尾(灭弧、熄弧)

收尾时将焊条端部逐渐往坡口边斜角方向拉,同时逐渐抬高电弧,以缩小熔池,减小金属量与热量,使灭弧处不致产生裂纹、气孔等缺陷。灭弧时焊接处堆高弧坑的液态金属会使熔池

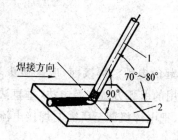

图 4-13　平焊的引导角与工作角
1—焊条；2—工件

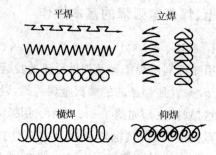

图 4-14　横向摆动运条方法示意图

饱满过渡，因此焊好后应锉去或铲去多余部分。

常用的收尾操作方法有多种：一是画圈收尾法，它是利用手腕做圆周运动，直到弧坑填满后再拉断电弧；二是反复断弧收尾法，在弧坑处反复地熄弧和引弧，直到填满弧坑为止；三是回焊收尾法，到达收尾处后停止焊条移动，但不熄弧，待填好弧坑后拉起来灭弧，如图 4-15 所示。

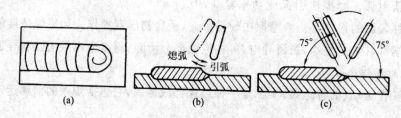

图 4-15　焊缝的收尾运条方法示意图
(a)画圈收尾法；(b)反复断弧收尾法；(c)回焊收尾法

第 4 节　气焊和气割

一、气焊

1. 概述

气焊是利用气体火焰作为热源的焊接方法。它应用可燃气体加助燃气体，通过一特制的焊炬，使其发生剧烈的氧化燃烧，产生的热量熔化工件接头处的金属和焊丝，冷却凝固后使工件获得牢固的接头。这是利用化学能转变成热能的一种熔化焊接方法。

气焊所用的可燃气很多，有乙炔、氢气、液化石油气、煤气等，而最常用的是乙炔气。乙炔气的发热量大，燃烧温度高，制造方便，使用安全，焊接时火焰对金属的影响最小，焊接质量好。

氧气作为助燃气，其纯度越高，焊缝质量也越高，耗气越少。一般要求氧气纯度不低于 98.5%。

气焊的特点是火焰温度易于控制，设备简单，移动方便，操作易掌握，焊炬尺寸小，不需要电源。但是气焊热源温度较低，加热缓慢，生产率低，热量分散，热影响区大，工件变形大，因液态金属易氧化,接头质量不高,设备较复杂庞大,占用生产面积大,不易焊厚件,不易自动化。

气焊适于各种位置的焊接,特别适宜焊接薄件,例如焊接厚度在 3 mm 以下的低碳钢薄板、高碳钢、铸铁以及铜、铝等有色金属及合金。

2. 气焊设备

气焊设备系统如图 4-16 所示。

1)焊炬 焊炬是气焊时用于控制氧气和乙炔气体混合比、流量及火焰性质并进行焊接的工具。焊炬由进气管、氧气阀门、乙炔阀门、手柄、混合管、喷嘴等部分组成,如图 4-17 所示。焊接时,乙炔和氧气在焊炬内混合,由喷嘴喷出,点火燃烧。

2)乙炔供气设备 乙炔气可由乙炔发生器中电石与水反应生成乙炔气提供,或由瓶装乙炔

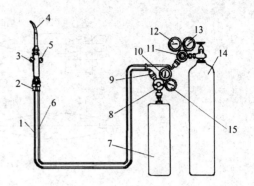

图 4-16 气焊设备系统示意图

1—乙炔软管;2—回火调节器;3—乙炔调节阀;
4—气焊喷嘴;5—氧气调节阀;6—氧气软管;
7—乙炔瓶;8—乙炔调节器;9—回火防止器;
10—乙炔工作压力表;11—氧气调节阀;
12—氧气工作压力表;13—氧气压力表;
14—氧气瓶;15—乙炔压力表

气提供。乙炔瓶由圆柱形无缝钢管制成,一般灌注压力为 1.47×10^7 Pa。乙炔瓶外表涂白色,并用红色写有"乙炔"字样,输送乙炔采用红色导管。

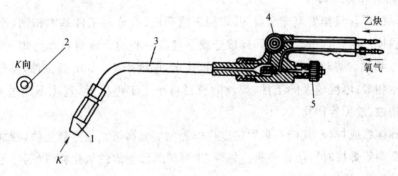

图 4-17 焊炬结构

1—焊嘴;2—氧气和乙炔混合气体喷口;3—混合管;4—乙炔阀门;5—氧气阀门

3)氧气供气设备 氧气由圆柱形无缝管制成的氧气瓶贮存供给。氧气瓶容积为 40 L,瓶内储存最大压力为 1.47×10^7 Pa 的高压氧,瓶口装有开闭阀门,并套有保护瓶阀的瓶帽,氧气瓶外表为天蓝色,并用黑漆标明"氧气"字样,输送氧气采用天蓝色导管。

3. 气焊火焰

改变乙炔和氧气的体积比,可获得性质不同的碳化焰、还原焰、中性焰和氧化焰的气焊火焰(图 4-18)。焰心是火焰中靠近焊炬(或割炬)喷嘴孔的呈锥状而发亮的部分。内焰是火焰中含碳气体过剩时,在焰心周围明显可见的富碳区,只在碳化焰中有内焰。外焰是火焰中围绕焰心或内焰燃烧的火焰。火焰燃烧要求稳定性好,以是否容易发生回火与脱火(火焰在离开喷嘴一定距离处燃烧)的程度来衡量。

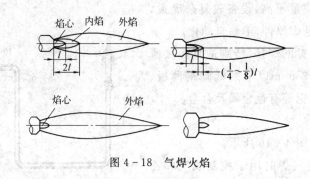

图 4-18　气焊火焰

碳化焰的氧气与乙炔气体积之比小于 1.1,最高温度 2 700～3 000 ℃,用于气焊镍、高碳钢、高速钢、硬质合金、蒙乃尔合金、铝青铜、碳化钨、合金铸铁以及铸铁焊后保温等。

还原焰的氧气与乙炔气体积之比介于 1～1.1 之间,最高温度 2 930～3 040 ℃,用于气焊低碳钢、低合金钢、灰铸铁、球铁、铝及合金、低合金钢、可锻铸铁等。

中性焰的氧气与乙炔气体积之比介于 1.1～1.2 之间,最高温度 3 050～3 150 ℃,用于气焊低碳钢、低合金钢、高碳钢、不锈钢、紫铜、灰铸铁、锡青铜、铝及合金、铅锡、镁合金等。

氧化焰的氧气与乙炔气体积之比大于 1.2 时,最高温度达 3 100～3 300 ℃,用于气焊黄铜、锰黄铜、镀锌铁皮等。

4. 气焊的焊丝与焊剂

气焊所用的焊丝只作为填充金属,其表面不涂药皮,成分与工件基本相同,原则上要求焊缝与工件等强度。所以选用与母材同样成分或强度高一些的金属材料作为焊丝,气焊低碳钢一般用 H08A 焊丝。焊丝的直径由焊件的厚度决定,厚度小于 3 mm 的工件,焊丝的直径与工件的厚度基本相等;厚度较大的工件,焊丝的直径可小于工件厚度,直径不超过 6 mm。焊丝表面不应有锈蚀、油垢等污物。

焊剂又称焊粉或焊药,其作用是焊接过程中避免形成高熔点稳定氧化物(特别是在非铁金属或优质合金钢等焊接时),防止夹渣。另外,也可消除已形成的氧化物,焊剂可与这类氧化物结成低熔点的熔渣,浮出熔池。

5. 气焊工艺与焊接工艺参数

气焊的接头形式和焊接空间位置等工艺问题的考虑与焊条电弧焊基本相同。气焊尽可能用对接接头,厚度大于 5 mm 的焊件需要开坡口,以便焊透。焊前接头处应清除铁锈、油污、水分等。

气焊的焊接工艺参数主要需确定焊丝直径、焊嘴大小、焊接速度等。

焊嘴大小影响生产率。导热性好、熔点高的焊件在保证质量的前提下应选较大号焊嘴。

在平焊时,在保证质量的前提下,尽可能提高焊速,以提高生产率。但焊件越厚,焊件熔点越高,则焊接速度应越慢些。

6. 气焊操作

1)点火　点火时先微开氧气阀门,后开乙炔阀门,然后将喷嘴靠近明火点燃火焰。若有放炮声或火焰熄灭,应立即减少氧气或先放掉不纯的乙炔,而后再点火。若火焰不易点燃,则可微关一点氧气阀门。点燃喷嘴时不能对着人。

2)调节火焰 刚点火的火焰是碳化焰,然后逐渐开大氧气阀门,改变氧气和乙炔的比例,根据被焊材料性质的要求,调到所需火焰。

3)焊接方向 气焊操作是右手握焊炬,左手拿焊丝,可以向右焊,也可以向左焊,如图4-19所示。右焊法焊炬在前,焊丝在后,优点是火焰指向焊缝,熔池的热量集中,坡口角度可开小些,节省金属;坡口小,收缩量小,可减小变形;能很好保护金属,防止它受到周围空气的影响,使焊缝缓慢冷却。火焰对着焊缝,起到焊后

图4-19 焊接方向
(a)左焊;(b)右焊

回火的作用,使冷却迟缓,组织细密,减少缺陷;由于热量集中,可减少乙炔、氧气的消耗量10%~15%,提高焊速10%~20%。故右焊法的焊接质量较好,但技术较难掌握,焊丝挡住视线,操作不便。左焊法焊丝在前,焊炬在后,火焰吹向待焊部分的接头表面,有预热作用,焊接速度较快,操作方便。一般多采用左焊法。

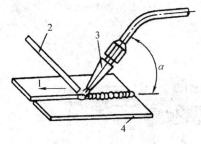

图4-20 焊炬倾角
1—焊接方向;2—焊丝;
3—焊炬;4—工件

4)焊炬倾角 施焊时,要使焊嘴轴线的投影与焊缝重合,同时要掌握好焊炬与工件的倾角 α,如图4-20所示。工件越厚,倾角越大;金属的熔点越高,导热性越大,倾角就越大。在开始焊接时,工件温度尚低,为了较快地加热工件和迅速形成熔池,倾角应该大一些,为80°~90°,喷嘴与工件近于垂直,使火焰的热量集中,尽快使接头表面熔化。正常焊接时,一般保持倾角为40°~50°;焊接结束时,倾角可减至20°,并使焊炬做上下摆动,以便断续地对焊丝和熔池加热,这样能更好地填满焊缝和避免烧塌工件的边缘。

焊接时,还应注意送进焊丝的方法。焊接开始时,焊丝端部放在焰心附近预热。待接缝形成熔池后,才把焊丝端部浸入熔池。焊丝熔化一定数量后,应退出熔池,焊炬随即向前移动,形成新的熔池。注意焊丝不能经常处在火焰前面,以免阻碍工件受热;也不能使焊丝在熔池上面熔化后滴入熔池;更不能在接头表面尚未熔化时就送入焊丝。焊接时,火焰内层焰心的尖端要距离熔池表面2~4 mm,形成的熔池要尽量保持瓜子形、扁圆形或椭圆形。

5)熄火 焊接结束时应熄火,首先关乙炔阀门,再关氧气阀门,否则会引起回火。

二、气割

1. 气割的原理与特点

气割是利用某些金属在氧气中能够剧烈氧化燃烧的性质,使用气体火焰将工件切割处加热到一定温度后,喷出高速切割氧流,使其燃烧并放出热量,再用高压氧气射流把液态的氧化物吹掉,随着割炬连续不断地移动,便形成一条狭小而又整齐的割缝,实现切割金属的

一种热加工方法,如图 4-21 所示。

气割的特点是灵活方便,适应性强,可在任意位置和任意方向切割任意形状和厚度的工件,生产率高,操作方便,切口质量好,可采用自动或半自动切割,运行平稳,切口误差在±0.5 mm以内,表面结构要求与刨削加工相近,气割的设备也很简单。气割存在的问题是切割材料有条件限制,通常只适于一般钢材的切割。

2. 气割过程

气割的设备与气焊相同,只是割炬的结构与焊炬不同,如图 4-22 所示。使用割炬气割时,先打开预热氧和乙炔阀门,点燃预热火焰、调节到中性焰,加热工件达 1 300 ℃(呈橘红至亮黄色),然后打开切割氧阀门,使已预热的金属部分激烈氧化而燃烧,再用高压氧流吹走氧化物液体,将被切金属从表面直烧到深层以至穿透,随割炬向前移动,形成切割面而分离工件。

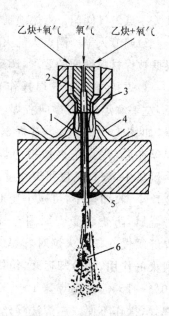

图 4-21 气割示意图
1—切割氧;2—切割嘴;3—预热嘴;
4—预热焰;5—割缝;6—氧化渣

3. 气割的材质条件

气割的金属材料必须满足下列条件。

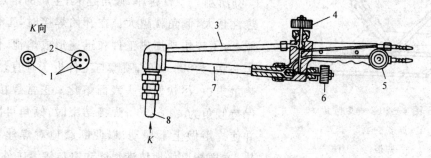

图 4-22 割炬结构
1—氧气与乙炔混合气体喷口;2—氧气喷口;3—切割氧气气道;4—切割阀门;
5—乙炔阀门;6—预热氧气阀门;7—混合气道;8—切割嘴

①金属的熔点应高于燃点。在铁碳合金中,碳的含量对燃点有很大影响,随着含碳量的增加,合金的熔点减低而燃点却提高,所以含碳量越大,气割越困难。燃点高于熔点,不易气割。

②氧化物的熔点应低于金属本身的熔点,且流动性好。否则形成高熔点的氧化物会阻碍下层金属与氧气流接触,使气割困难。

③金属在氧气中燃烧时应能放出大量的热量,足以预热周围的金属,其次是金属中所含的杂质要少。

④金属的导热性不能太高,否则预热火焰的热量和切割中所产出的热量会迅速扩散,使切割处热量不足,切割困难。例如铜、铝及铝合金由于导热性高而不能用一般气割法进

行切割。

满足以上条件的金属材料有纯铁、低碳钢、中碳钢和低合金结构钢,而高碳钢、铸铁、高合金钢及铜、铝等非铁金属及合金均难以气割。

4. 气割工艺

①根据气割工件厚度选择割嘴型号及氧气工作压力。

②割嘴喷射出的火焰应形状整齐,喷射出的纯氧气流风线应是笔直而清晰的一条直线,风线粗细均匀,火焰中心没有歪斜和出叉现象,这样可使割口整齐,断面光洁。

③气割必须从工件的边缘开始。如果要在工件中部切割内腔,则应在开始气割处先钻一个大于 $\phi 5$ mm 的孔,以便气割时排出氧化物,并使氧气流能吹到工件的整个厚度上。

④开始气割时需将始点加热到燃点温度以上再打开切割氧阀门进行切割。预热火焰的焰心前端应离工件表面 $2\sim 4$ mm。

⑤气割时割炬的倾斜角度与工件厚度有关,当气割 $5\sim 30$ mm 厚的钢板时,割炬应垂直于工件。

⑥气割速度与工件厚度有关。工件越薄,相对气割的速度越快,反之则越慢。

第 5 节　其他焊接方法

一、埋弧焊

埋弧焊是一种电弧在焊剂层下进行焊接的焊接方法。它以连续送进的焊丝代替手弧焊的焊芯,以焊剂代替焊条的药皮。由焊件和焊丝之间形成的电弧热进行焊接,电弧被一层颗粒状可熔的焊剂保护,焊剂覆盖着熔化的焊缝金属及近缝区的母材,并保护熔化的焊缝金属免受大气污染。图 4 - 23 为埋弧自动焊的示意图。

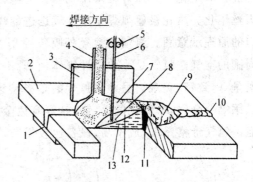

图 4 - 23　埋弧自动焊示意图
1—焊接衬板;2—焊件;3—焊剂挡板;
4—送焊剂管;5—送丝辊轮;6—焊丝;7—焊剂;
8—电弧;9—渣壳;10—焊缝;11—金属焊缝;
12—熔渣;13—熔融金属

图 4 - 24 所示为埋弧自动焊的设备,主要包括以下部分。

1)焊接电源　焊接电源可采用交流或直流电源,一般用输出电流比焊条电焊机更大的焊接变压器或直流电焊机供给焊接电流。

2)控制箱　其主要功能是实现对电弧的自动控制,完成起弧、稳弧、熄弧等动作。

3)焊接小车　焊接小车由机头、控制盘、焊丝、焊剂斗和台车等几部分组成,功能是携带焊丝与焊剂。由两台直流电机分别带动小车行走机构和送丝机构,并由控制盘调节、控制和指示各种焊接工艺参数。

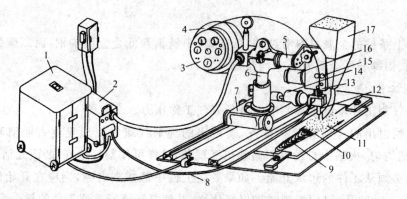

图 4-24 埋弧自动焊的设备

1—焊接电源;2—控制箱;3—操作盘;4—焊丝盘;5—横梁;6—立柱;7—车架;8—焊接电缆;9—焊缝;
10—渣壳;11—焊剂;12—导电嘴;13—机头;14—小车电动机;15—焊丝送进辊轮;16—焊丝送进电动机;17—焊剂料斗

二、气体保护电弧焊

气体保护电弧焊是以外加气体作为电弧介质并保护电弧和焊接区的电弧焊,一般称气体保护焊。保护气体从喷嘴中以一定速度流出,把电弧、熔池与空气隔开,杜绝其有害作用,以获得性能良好的焊缝。常用的气体保护焊为氩弧焊和 CO_2 气体保护焊。

1. 氩弧焊

氩弧焊是使用氩气作为保护气体的气体保护焊。可分为非熔化极氩弧焊和熔化极氩弧焊。非熔化极氩弧焊常采用钨棒作为电极,又称为钨极氩弧焊,焊接时电极不熔化,充填焊丝熔化。熔化极氩弧焊是以连续送进的焊丝作为电极进行焊接的。图 4-25 所示为氩弧焊的原理示意图。氩气连续经外喷嘴喷射在电弧及熔池的周围,形成封闭的气流,隔离了周围的空气。氩气是一种惰性气体,它既不与熔池的金属起化学反应,也不溶解,所以焊缝质量好,致密,美观。另外氩弧焊的热影响区较窄,变形也小。氩弧焊主要用于不锈钢、耐热钢等合金钢,易氧化的铝、镁、钛等有色金属及其合金,稀有金属锆、钽、钼等金属的焊接。但是氩气价格昂贵,成本高,设备比较复杂,应用受到限制,普通钢材焊接很少使用氩弧焊。

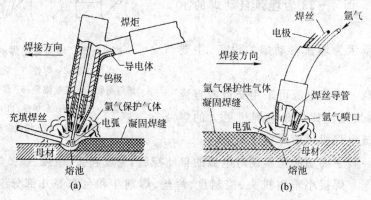

图 4-25 氩弧焊的原理示意图

(a)非熔化极氩弧焊;(b)熔化极氩弧焊

2. CO₂气体保护焊

CO₂气体保护焊是利用CO₂作为保护气体的一种电弧焊，简称CO₂焊。它用可熔化的焊丝作为电极引燃电弧，从喷嘴中喷出CO₂气体，使电极和熔池与周围空气隔离，可防止空气与液体金属的有害作用。它可以自动或半自动方式进行焊接，较多用的是半自动CO₂焊。

CO₂气体保护焊的焊接设备主要由焊炬、直流电源、供气系统、控制系统等组成。焊丝可分为细丝和粗丝两类，根据焊接板厚选用。焊接时焊丝由送丝机构送进。

由于CO₂气很便宜，焊接成本低于氩弧焊和埋弧焊。焊丝焊接时导电长度短，允许电流密度大，又不用除焊渣，所以生产率高。其抗锈能力强，焊缝金属含氢量低，抗裂性能好。采用细焊丝时，焊薄板不易烧穿，变形小、容易掌握，并可进行全位置焊接。但在大电流焊接时，易飞溅，焊缝表面成型不如埋弧焊和氩弧焊平滑。焊机较复杂，维修不便。

CO₂气体保护焊适用于低碳钢和低合金结构钢的焊接。

三、电阻焊

电阻焊是焊件组合后通过电极施加压力，利用电流通过接头的接触面及邻近区域产生的电阻热进行焊接的方法。它是压焊的一种。电阻热将焊件加热到塑性状态或局部熔化状态，然后断电，同时施加机械压力将被焊材料焊接在一起。电阻焊可分为点焊、缝焊和对焊三种基本形式。电阻焊的特点是生产率高，它是在低电压(1～12 V)、大电流(几千～几万安)，短时间(0.01秒至数秒)内进行焊接，耗电量大，设备较复杂，投资大。在电阻加热的同时施加压力，接头在压力下焊合，焊接时不需要填充其他焊接材料。

除此之外，还有等离子弧焊、电子束焊、激光焊等焊接方法。

第 6 节　焊接件缺陷分析

一、焊接缺陷

焊接过程中，在焊接接头处产生的不符合设计或工艺要求的常见缺陷及其特征如表4-1所示。

表 4-1　常见的焊接缺陷及其特征

缺陷种类	特　征	产生原因	预防措施
夹渣		前道焊缝除渣不干净 焊条摆动幅度过大 焊条前进速度不均匀 焊条倾角过大	应彻底除锈、除渣 限制焊条摆动的宽度 采用均匀一致的合理焊速 减小焊条倾角

缺陷种类	特征	产生原因	预防措施
气孔		焊件表面受到污染 焊条药皮中水分过多 电弧拉得过长 焊接电流太大 焊接速度过快	清除焊件表面污物 焊接前烘干焊条 采用短电弧 调整适当的焊接电流 采用合理的焊速
裂纹		熔池中含有较多的有害元素 焊件刚性大 接头冷却速度太快	焊接前进行预热 限制焊材中的有害元素 采用合理的焊接顺序和方向
未焊透		焊接速度太快 坡口钝边过厚 装配间隙过小 焊接电流过小	选择正确的电流和焊接速度 选择正确的坡口尺寸
烧穿		焊接电流过大 焊接速度过小 操作不当	选择合理的焊接工艺参数 选择正确合理的操作方法
咬边		焊接电流过大 电弧过长 焊条角度不当 运条不合理	选择合理的电流 电弧不要拉得过长 焊条角度适当 控制运条速度
未熔合		焊接电流过小 焊接速度过快 热量不够 焊缝处有锈蚀	选择合理的电流和焊速 运条速度合理 焊缝清理干净
焊瘤		焊接过程中,熔化金属流淌到焊缝之外未熔化的母材上所形成的金属瘤	注意焊接操作方法
塌陷		单面熔化焊时,由于焊接工艺不当,造成焊缝金属过量透过背面,而使焊缝正面塌陷背面凸起的现象	调整焊接工艺和焊接操作方法

　　焊接缺陷产生的原因可能是多方面的,如焊接材料不合适,焊接工艺参数不合理,焊前准备不仔细,焊接操作不正确等。焊接缺陷中,裂缝、未焊透和条状夹渣危害最大,尤其是

裂缝。对于重要接头,发现缺陷必须修补,否则将造成焊件报废。

二、焊接检验

工件焊接完毕,为保证焊接质量,应根据焊件的技术要求进行相应的分析检验,不合格的要采取措施补救。常用的检验方法有外观检验、致密性检验、水压试验、无损探伤等。

1. 外观检验

外观检验以肉眼观察为主,必要时利用低倍放大镜,主要为了发现焊接接头的外部缺陷。

2. 水压试验

水压试验用于检验压力容器、管道、储罐等结构的穿透性缺陷,还可作为产品的强度试验,并能起降低结构焊接应力的作用。

3. 致密性检验

致密性检验用于检验不受压或受压很低的容器管道焊缝的穿透性缺陷。常用方法如下。

1)气密性试验 容器内打入一定压力的气体,试验气压应远远低于容器工作压力,焊接处涂肥皂水检验渗漏。

2)氨气试验 被检容器通以氨气,在焊缝处贴试纸,若有泄漏,试纸呈黑色斑纹。

3)煤油试验 用于不受压焊缝。焊缝的一面涂煤油,若有渗漏,在涂有白粉的另一面呈黑色斑痕。

4. 无损探伤

无损探伤是用专门的仪器检验焊缝内部或表层有无缺陷。常用的方法有 X 射线探伤、γ 射线探伤和超声波探伤等,还可采用磁力探伤法对磁性材料的浅表层缺陷进行检验。

第5章　材料基础知识及热处理

第1节　材料与热处理实习的目的和要求

一、材料与热处理实习课程内容

主要讲解材料基础知识及热处理基础概论、热处理的工艺过程、热处理所用设备、热处理的原理和方法,介绍铁碳合金的基本组织和晶格形式,讲述钢材硬度的测定方法。

二、材料与热处理实习的目的和作用

现场学习了解材料力学性能测试设备及热处理设备的结构、工作原理和使用方法,了解热处理生产的工艺过程、特点及应用和常用的方法。

三、材料与热处理实习具体要求

了解材料的分类方法、力学性能,了解热处理生产的工艺过程、特点及应用;知道热处理工艺常用的工具和设备名称及其作用,了解退火、正火、淬火、回火及钢材的表面处理等工艺特点、技术名称、基本工序及其应用;了解钢材硬度的测定方法。

四、材料与热处理实习安全事项

①实习前应检查力学设备及热处理设备是否正常,如发现异常现象应停止使用,并报告指导人员。

②实习时应穿着长袖衣裤,女生应将长发盘入帽内,操作磨抛机时,禁止戴手套。

③实习中应注意安全,注意着装和防护,防止加热炉和加热工件造成的烫伤。

④进行金相腐蚀操作时,应佩戴防护眼镜。

⑤工作完毕必须灭掉火种,拉下电闸,清扫场地,经指导人员同意方能离开。

第2节　金属材料概述

广义上材料是指除人类思想意识之外的所有物质的总称,生产中的材料是指人类用于制造物品、器件、构件、机器或其他产品的物质统称,它是人类生产、生活的物质基础,是人类社会文明程度的重要标志之一,也是当代社会经济的先导和科技进步的关键。

材料按使用目的可分为结构材料和功能材料。结构材料是以力学性能为基础,以制造受力构件所用材料,来满足工程结构上的需要。功能材料是指通过电学、磁学、光学、热学、

声学、力学、化学、生物学等作用后具有特定功能的材料,是用于非结构目的的高技术材料。

　　材料按材料性质分类,可分为金属材料和非金属材料,金属材料是指金属元素或以金属元素为主构成的具有金属特性的一类材料的统称,通常具有较高的导电性、导热性、延展性、密度和金属光泽。非金属材料通常是指以无机物为主体的玻璃、陶瓷、石墨、岩石以及以有机物为主体的木材、塑料、橡胶等构成的一类材料的统称,一般力学性能较差,但某些非金属材料可代替金属材料,是化学工业不可缺少的材料。

一、金属的结晶

　　固态物质按照内部原子排列是否有序,可以分为晶体和非晶体两大类,晶体是指原子(离子或分子)在三维空间作有规律的周期性排列的物体。金属在固态下一般都为晶体,而液态下原子排列不规律,所以金属结晶的过程就是原子排列由无序到有序的过程。

二、常见晶体结构

　　常见的晶体结构有体心立方晶格、面心立方晶格和密排六方晶格等,参见图 5－1。

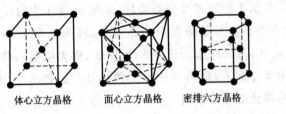

体心立方晶格　　面心立方晶格　　密排六方晶格

图 5－1　常见晶体结构

　　1)体心立方晶格　体心立方晶格的晶胞是正立方体,八个顶角各有一个原子,正立方体中心还有一个原子。常见的有体心立方晶格结构的金属有 α－Fe、Cr、Mn、Mo 等。

　　2)面心立方晶格　面心立方晶格的晶胞是正立方体,八个顶角各有一个原子,立方体每个面中心还各有一个原子。常见的有面心立方晶格结构的金属有 γ－Fe、Al、Cu、Ni 等。

　　3)密排六方晶格　密排六方晶格的晶胞是六方柱体,十二个顶角各有一个原子,柱体中心还有三个均匀分布的原子。常见的有密排六方晶格结构的金属有 Mg、Zn、Be 等。

三、合金组织

　　纯金属有良好的塑性、导电性、导热性等物理化学性能,但是其强度、硬度等力学性能较差,成本也较高,因此在工业中大规模应用的还是合金材料。

　　合金是指由两种或两种以上金属元素,或金属与非金属元素,经熔合形成的具有金属特性的物质。将化学成分、晶格结构相同,且与其他组织具有明显边界的部分称为相,通过专用的金相显微镜观察到的金属材料内部各相组织形态的集合称为金相组织,通过金相分析,可以对金属材料的性能做定性分析。

　　组成合金的组织有固溶体、金属化合物和机械混合物三种。

四、材料的性能

材料的性能可分为工艺性能和使用性能两种。工艺性能是指加工过程中所表现出来的适应加工的能力，包括切削加工性能、可锻性、可铸造性、焊接性和可堆积性等。使用性能是指在服役条件下，能保证安全可靠工作所必备的性能，包括物理性能、化学性能和力学性能，其中物理性能有熔点、密度以及导电性、导热性、电磁性能和光学性能等。化学性能有耐腐蚀性、抗老化性等。

力学性能曾称机械性能，是指在外力作用下材料所表现出来的性能，包括强度、硬度、塑性、韧性、蠕变和疲劳等，其对材料的加工和使用有极大的影响，这些性能指标可以通过各种材料试验加以测定，从而为工程设计和应用提供依据。

1. 材料拉伸试验

通过材料拉伸试验可以测定金属材料的塑性和强度。试验在拉伸试验机上进行，根据GB/T228.1—2010将被测金属材料加工成标准试样，试样两端夹持在试验机的夹头上，然后缓慢增加夹头的拉力，试样在轴向拉力的作用下逐渐拉长、变形，最终断裂。

在断裂之前试样会依次经过弹性变形阶段、屈服阶段和均匀变形阶段。为消除试样尺寸影响，将试样外力 F 与试样原始截面积 S_0 的比值，称为应力 R，将试样变形量 $\Delta L = L - L_0$（L 为拉伸后的试样长度）与试样原始长度 L_0 的比值，称为应变 ε，将试验过程中两者之间的数量关系绘制在直角坐标系上，就得到该材料拉伸曲线。图 5-2 所示的为低碳钢材料的拉伸曲线。材料处于弹性变形阶段时，应力 R 与应变 ε 呈线性关系，且去除外力后试样变形可以完全恢复，这种变形称为弹性变形，发生弹性变形时施加的最大应力称为弹性极限 R_e。当应力超过 R_e 后继续增大，试样会出现拉伸时应力变化不大而应变继续增加的现象，材料此时即处于屈服阶段，试样发生的应变在应力去除后不能全部恢复，这种受外力时产生的不能恢复的永久形变，称为塑性变形。对大多数零件，发生塑性变形即意味着零件尺寸精度和配合失去控制，因此工程上一般将屈服阶段的最低应力 R_{eL} 作为考虑材料许用应力的依据。屈服阶段后，试样随外力增加发生显著而均匀的塑性变形，达到最大应力 R_m 后试样截面出现局部变细的"颈缩"现象，此后应力下降直至试样在颈缩处被拉断，断裂前的最大应力 R_m 称为材料的强度极限，断裂后的试样截面积及长度分别用 S_u 及 L_u 表示。

试样断后残余伸长 $L_u - L_0$ 与试样原始长度 L_0 的百分比，称为断后伸长率 A，如式（5-1）所示。断裂后试样横截面积的最大缩减量 $S_u - S_0$ 与试样原始截面积 S_0 之比称为断面收缩率 Z，如式（5-2）所示。断后伸长率和断面收缩率均反映了材料塑性的大小，断后伸长率和断面收缩率越大，材料的塑性也就越大。

$$A = \frac{L_u - L_0}{L_0} \times 100\% \qquad\qquad (5-1)$$

$$Z = \frac{S_u - S_0}{S_0} \times 100\% \qquad\qquad (5-2)$$

2. 材料硬度测试

材料抵抗其他更硬物体压入其表面的能力称为硬度，是比较材料软硬程度的性能

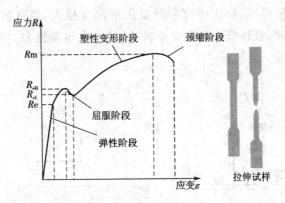

图 5-2　低碳钢材料拉伸曲线

指标。金属材料硬度测试中常采用规定压头,按照对应的载荷施加方法,将压头压入被测材料表面,保持规定时间后卸除载荷,测量材料表面压痕的尺寸并代入计算公式换算,最终得到材料的硬度值。常见的材料压入硬度指标有布氏硬度、洛氏硬度和维氏硬度。

(1)布氏硬度

根据 GB/T231.1—2009 规定,布氏硬度测量原理如图 5-3 所示,使用直径为 D 的球形压头,材料为硬质合金,在规定的时间内施加载荷压力 F,压头压入被测材料表面并保持 $10\sim15$ s 后卸载,测量材料表面压痕的平均直径 d,代入公式(5-3)得到材料的布氏硬度值 HBW。布氏硬度和载荷与压痕面积的比值成正比。

布氏硬度的测量压痕直径越大,则材料就越软。布氏硬度法的优点是可以在较大面积上体现被测材料的硬度,因此重复性较好,缺点是测量时间长,且压痕较大,不适用于成品检验。

$$HBW = 0.102 \frac{2F}{\pi D \sqrt{D - (D^2 - d^2)}} \tag{5-3}$$

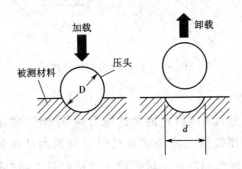

图 5-3　布氏硬度测量原理

(2)洛氏硬度

根据 GB/T230.1—2009 规定,洛氏硬度测量原理如图 5-4 所示,选用120°顶角金刚石圆锥压头、淬火钢球压头或硬质合金钢球压头,依次施加一定的预载荷和主载荷,保持规定时间后卸除,测量材料表面的残余压痕深度 h,代入计算公式得到材料在该标尺下的洛氏硬度值 HR。式(5-4)为常用的 HRC 标尺硬度值计算公式。

同样的洛氏硬度标尺下，洛氏硬度的测量压痕深度越大，则材料就越软。洛氏硬度法的优点是测量简单迅速，且压痕小适合成品检验，缺点是重复性差，特别是存在偏析和组织不均匀的材料尤为明显。

$$HRC = 100 - \frac{h}{0.002} \qquad (5-4)$$

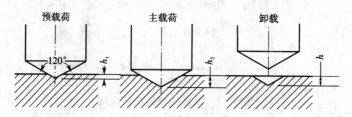

图5-4　洛氏硬度测量原理

（3）维氏硬度

根据 GB/T4340.1—2009 规定，维氏硬度测量原理如图5-5所示，使用两相对面夹角为136°的正四棱锥金刚石压头，在规定的时间内施加载荷压力 F，压头压入被测材料表面并保持 10～15 s 后卸载，测量材料表面压痕的对角线长度 d，代入式（5-5）得到材料的维氏硬度值 HV。

$$HV = 0.102 \frac{2F\sin\left(\frac{136°}{2}\right)}{d^2} \qquad (5-5)$$

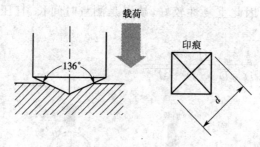

图5-5　维氏硬度测量原理

3. 材料冲击韧性试验

材料在塑性变形和断裂前吸收变形能量的能力称作韧性，常用指标为冲击韧性。根据 GB/T 229—2007 规定，使用摆锤式冲击试验机测定材料的冲击韧性，试验原理如图5-6所示，将带有 U 形或 V 形缺口标准冲击试样放置在试验机上，试验机摆锤扬起至固定高度后释放，然后摆锤在重力作用下在最低点处冲断试样，材料的冲击韧性 a_k 为冲断试样消耗的冲击功 K 与试样缺口处截面积 A 的比值，如式（5-6）所示，其中 M 为摆锤质量。

$$a_k = \frac{K}{A} = \frac{Mg(H_0 - H_1)}{A} \qquad (5-6)$$

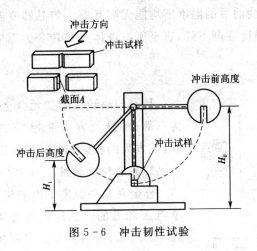

图 5-6　冲击韧性试验

第 3 节　铁碳合金

一、二元合金平衡相图

相图是指用图解的方法描述在缓慢冷却条件下合金状态、温度、压力和成分之间的关系，又称为状态图或平衡图。简单的二组元合金（简称二元合金）常用成分、温度两个参数作为横纵坐标来构建合金相图，相图中的某一点代表该合金在此温度和成分下所处的金相状态。

由多种元素组成的合金材料在结晶时性质与纯金属不同，其结晶时释放的结晶潜热不一定能抵消液体向周围环境散发的热量，因此合金大多数时候是在一个温度区间内发生结晶反应，如图 5-7 所示。合金结晶时液相与固相共存时温度仍会继续下降。

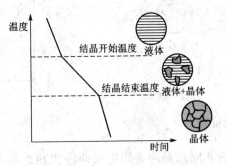

图 5-7　合金冷却曲线

合金各组元在液态下均能完全互溶，但随温度降低，溶质元素在溶剂元素中的溶解度会下降，使得单一相区发生相变生成新相，对于二元合金来说，常见的相变类型有匀晶转变、共晶转变和共析转变。

1. 匀晶转变相图

合金结晶时由液相 L 转变成单相固溶体 A 的结晶过程称为匀晶转变。匀晶转变的条件是合金中各组元在转变前后的温度下均能无限互溶。匀晶转变温度是一个区间,随着固溶体的不断析出,合金温度逐渐下降,直至所有液体全部转变为固体,转变过程如式(5-7)所示。

$$L \longrightarrow L+A \longrightarrow A \tag{5-7}$$

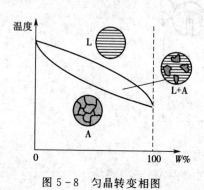

图5-8 匀晶转变相图

具有匀晶转变的二元合金相图按温度由高到低分为三部分,最上方为液相区,中间为液相与固相混合区,下方为固相区,如图5-8所示。

2.共晶转变相图

合金在某一温度下由液相L同时析出两种不同的单相A和B的结晶过程称为共晶转变,转变过程如式(5-8)所示,共晶转变是恒温转变,结晶潜热完全可以抵消散发到环境中的热量。发生共晶转变的温度线称为共晶线,发生完全共晶转变的合金称为共晶合金,其产物为单相A和B的机械混合物,如图5-9所示。

$$L \longrightarrow A+B \tag{5-8}$$

3.共析转变相图

合金在某一温度下由单一固溶体相A同时析出两种不同的单相B和C的结晶过程称为共析转变,转变过程如式(5-9)所示。共析转变也是恒温转变,发生共析转变的温度线称为共析线,发生完全共析转变的合金称为共析合金,其产物为单相B和C的机械混合物,如图5-10所示。

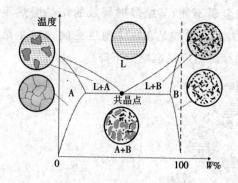

图5-9 共晶转变相图

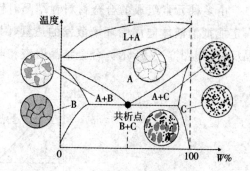

图5-10 共析转变相图

共晶转变与共析转变的共同点是两者均生成两种固相的机械混合物,不同点是共晶转变起始状态是液态,而共析转变起始状态已经是固态。

$$A \longrightarrow B+C \tag{5-9}$$

二、铁的同素异构转变

某些金属在固态下会存在两种或两种以上的晶体结构,这种性质被称为同素异构性,金属在固态下晶体结构随外部条件变化(如温度、压力)而发生改变的现象称为同素异构转变。

金属中,纯铁的同素异构转变十分典型,纯铁在 1 538 ℃开始结晶,形成体心立方晶格结构的 δ—Fe,冷却到 1 394 ℃时发生同素异构转变,由 δ—Fe 变为面心立方晶格结构的 γ—Fe,继续冷却到 912 ℃时,转变为体心立方晶格的 α—Fe,如图 5-11 所示。

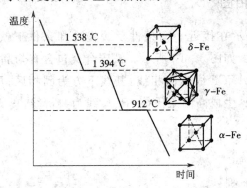

图 5-11　纯铁的同素异构转变

三、铁碳合金组织及铁碳合金平衡相图

铁碳合金是指以铁和碳两元素为基本组元的二元合金,工业中最常用的金属材料是碳钢和铸铁,就属于铁碳合金的范畴,而铁碳合金平衡相图反映了合金成分、组织与性能之间的规律,是研究钢铁材料和热处理方法的理论基础和依据。

铁碳合金的组织分为固溶体、机械混合物与金属化合物,常见的有铁素体、渗碳体、奥氏体、珠光体和莱氏体等。

1. 铁素体(F)

碳在 α—Fe 中形成的间隙固溶体称为铁素体,用 F 或 α 表示,α—Fe 为体心立方晶格,溶碳能力差,727 ℃时为 0.0218%,常温下含碳量仅为 0.0008%。铁素体具有圆滑曲折的晶界,有的晶界上会有少量析出的三次渗碳体。铁素体机械性能与纯铁接近,塑性和韧性较好,而强度与硬度较低。

2. 渗碳体(Fe₃C)

渗碳体是铁与碳形成的一种具有复杂晶格的金属化合物,含碳量 6.69%,渗碳体硬度高且脆性大,但强度、塑性和韧性极低。

3. 奥氏体(A)

碳在 γ—Fe 中形成的间隙固溶体称为奥氏体,用 A 或 γ 表示,具有平直多边形晶界,由于 γ—Fe 为面心立方晶格,且奥氏体为高温相,故溶碳能力较强,1148 ℃时最高为 2.11%。奥氏体塑性好,因此压力加工常在材料的奥氏体状态进行。

4. 珠光体(P)

奥氏体在 727 ℃发生共析转变,生成的铁素体与渗碳体的层片状机械混合物,称为珠光体,用 P 表示,含碳量为 0.77%。

5. 莱氏体(L_d/L_d')

含碳量大于 2.11%的液态铁碳合金在 1 148 ℃发生共晶转变,生成的奥氏体与渗碳体的共晶产物称为高温莱氏体,用 L_d 表示。温度降低到 727 ℃时,高温莱氏体发生共析转变,生成珠光体与渗碳体的机械混合物,称为低温莱氏体,用 L_d' 表示,含碳量 4.3%。由于渗碳体在莱氏体中作为基体分布,因此莱氏体机械性能与渗碳体接近。

四、铁碳合金平衡相图

铁碳合金平衡相图表示在接近平衡条件及缓慢冷却条件下铁碳二元合金在不同温度下相与相之间的平衡关系,如图 5-12 所示。铁碳合金包含有匀晶转变、共晶转变和共析转变等合金转变类型,图中 *AECF* 线为固相线,其线下方为固相区;*ECF* 线为共晶线,液态合金在此温度发生共晶转变,生成高温莱氏体;*PSK* 线为共析线,奥氏体在此温度发生共析转变,生成珠光体。

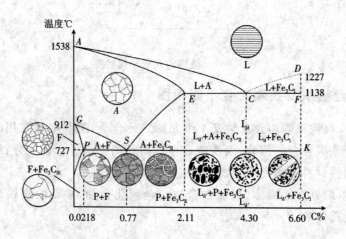

图 5-12　铁碳合金平衡相图

根据铁碳合金平衡相图,按含碳量由低到高,可以将铁碳合金分为以下几类:

1. **工业纯铁**

含碳量低于 0.0218%的铁碳合金,室温下组织为铁素体和少量三次渗碳体,塑性和韧性极高,常用作制造精密合金和电磁材料的原料。

2. **碳素钢**

含碳量 0.0218%~2.11%的铁碳合金,按组织形态可划分为亚共析钢、共析钢和过共析钢:

1)亚共析钢　含碳量 0.0218%~0.77%,室温下组织由沿奥氏体晶界先析出的铁素体和残留奥氏体共析转变生成的珠光体组成,塑性及韧性好,硬度低。

2)共析钢　含碳量 0.77%,室温下组织由奥氏体完全共析转变生成的珠光体组成。

3)过共析钢　含碳量 0.77~2.11%,室温下组织由沿奥氏体晶界析出的二次渗碳体和残留奥氏体共析转变生成的珠光体组成,塑性和韧性差,脆性及硬度大。

碳素钢按含碳量进行划分,可分为低碳钢、中碳钢和高碳钢,其中低碳钢含碳量<0.25%,中碳钢含碳量为 0.25~0.6%,高碳钢含碳量为 0.6~1.7%。

3. 白口铸铁

含碳量 2.11%～6.69% 的铁碳合金，断口呈银白色，合金中的碳主要以渗碳体形式存在，脆性大且硬度高，一般不用于制造零件，常用来炼钢。白口铸铁进一步可划分为亚共晶白口铸铁、共晶白口铸铁和过共晶白口铸铁：

1）亚共晶白口铸铁 含碳量 2.11%～4.3%，室温下组织为由共晶转变生成的低温莱氏体、沿奥氏体晶界析出的二次渗碳体和发生共析转变生成的珠光体组成。

2）共晶白口铸铁 含碳量 4.3%，室温下组织完全由低温莱氏体组成。

3）过共晶白口铸铁 含碳量 4.3%～6.69%，室温下组织为由共晶转变前析出的枝晶状一次渗碳体和共晶转变生成的低温莱氏体组成。

五、铸铁的石墨化

生产中常用的铸铁材料是经石墨化处理得到的，材料中的碳主要是以石墨的形式存在，如图 5-13 所示。生产中常用的铸铁材料主要分为以下几种：

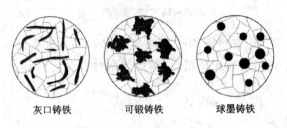

灰口铸铁　　　　可锻铸铁　　　　球墨铸铁

图 5-13 铸铁的石墨化处理

1. 灰口铸铁

灰口铸铁因断口呈暗灰色得名，含碳量 2.5%～4%，合金中的碳经石墨化处理后以片状石墨存在，铸造前如经孕育处理可使片状石墨分布更均匀，能进一步提高材料的强度。灰口铸铁生产成本低、流动性和铸造性好，组织中的石墨具有一定的减震性能，适宜铸造受力不大、有一定减震耐磨要求的零件、结构复杂件和薄壁件，如手轮、缸体、齿轮箱和机床床身等。

2. 可锻铸铁

可锻铸铁又称马铁、韧性铸铁，是由白口铸铁经石墨化退火处理得到，石墨分布呈团絮状，具有一定的强度、较高的塑性和韧性。在球墨铸铁问世前，可锻铸铁是力学性能最高的铸铁，可以用于冲击、震动和扭转载荷的零件，如管接头、汽车后桥、低压阀门、工具扳手等。

3. 球墨铸铁

球墨铸铁是经孕育和球化处理后得到的铸铁，含碳量 3%～4%，合金中的石墨以球状分布在基体上，减少了对基体的割裂作用，因此球墨铸铁属高强度铸铁材料，综合性能接近钢，可用于铸造一些受力复杂，强度、韧性、耐磨性要求较高的零件。

第4节 钢的组织转变

一、钢的加热转变

钢的组织在加热过程中，由于铁原子发生同素异构转变，由体心立方晶格转变为面心立方晶格，使得碳原子在铁原子晶格内的溶解度增大，同时扩散能力增强，铁素体和渗碳体会互相溶解，最终形成均一的奥氏体组织，这个过程称为奥氏体化，如图5-14所示。

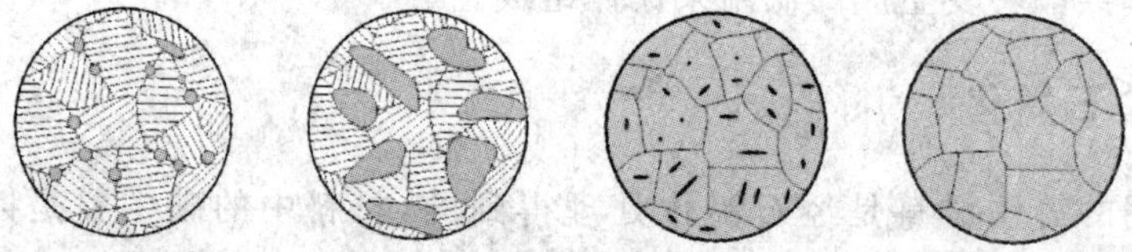

奥氏体形核　　　　奥氏体长大　　　　残余渗碳体溶解　　　　奥氏体均匀化

图5-14　钢的奥氏体化

大多数热处理工艺都是先将钢加热到临界温度以上发生奥氏体化，保温一定时间，获得成分均匀、晶粒大小适当的奥氏体组织，再以不同的冷却方式使之发生组织转变，最终获得所需要的材料性能。

二、钢的冷却转变

1. 钢的冷却方式

在加热和保温结束后，根据工艺要求对钢进行冷却，获得所需的组织结构，是热处理的最终目的。常用的冷却方式有等温冷却和连续冷却两种，等温冷却是将奥氏体快速冷却至临界温度以下某一温度保温，并在此温度下完成组织转变，而连续冷却是将奥氏体以不同冷却速度进行连续冷却，在冷却过程中完成转变，两种冷却方式的区别如图5-15所示。

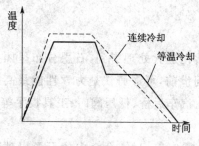

图5-15　钢的两种冷却方式

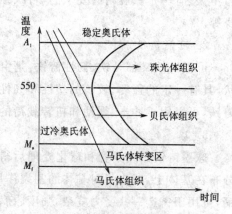

图5-16　共析钢冷却曲线

2. 冷却转变类型

共析钢在冷却时，由于碳在铁原子晶格中的溶解度下降而需要向外转移，由于冷却速度越快碳原子的扩散能力就越差,因此冷却速度和保温温度不同,最终形成的产物特点也不同,可分为珠光体转变、贝氏体转变和马氏体转变,如图 5-16 所示。

1)珠光体转变　转变温度 A_1(共析线)～550 ℃,过冷度较小,奥氏体晶界上碳原子析出形成渗碳体片层,相邻低碳组织转变为铁素体片层,最终形成珠光体类组织。珠光体类组织随转变温度降低,形核速度加快,因此片层厚度变薄而硬度增大,可细分为珠光体、索氏体和托氏体三种,如图 5-17 所示。

图 5-17　珠光体组织

2)贝氏体转变　转变温度 550 ℃～M_s(马氏体转变开始温度),过冷度较大,碳原子只能进行短程扩散,形成贝氏体,如图 5-18 所示。当转变温度较高时,形成片层较大的铁素体和分布于铁素体片层间的渗碳体两相混合物,脆性大且强度低,称为上贝氏体。当转变温度较低时,铁素体细小且内部分布有均匀的碳化物组织,强度高韧性大,综合力学性能优良,称为下贝氏体。

  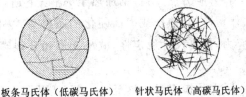

图 5-18　贝氏体组织　　　　　　　　图 5-19　马氏体组织

3)马氏体转变　转变温度 M_s～M_f(马氏体转变终了温度),过冷度最高,碳原子只能留在铁原子晶格内部,形成具有晶格畸变的过饱和固溶体,称为马氏体,这种畸变增加了变形抗力,因此马氏体的硬度和耐磨性极高,但是塑性和韧性很差,按照含碳量将马氏体分为两种,低碳马氏体呈板条状,高碳马氏体呈针片状,如图 5-19 所示。

第 5 节　钢的热处理

钢的热处理是指钢在固态下,通过加热、保温和冷却的手段,以获得预期组织和性能的一种金属热加工工艺。根据零件的形状、尺寸、材质和使用性能,选择合适的加热速度、加热温度、保温时间和冷却速度,是热处理工艺中的四个关键因素。热处理一般只改变金属材料的组织和性能,而不以改变其形状和尺寸为主要目的。

钢的热处理工艺很多,主要分为普通热处理和表面热处理。普通热处理中,材料的表面和内部都经历了全部热处理过程,常见的普通热处理工艺有退火、正

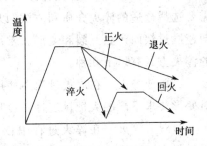

图 5-20　普通热处理工艺曲线

火、淬火和回火,其工艺曲线如图 5-20 所示。表面热处理中,材料只有表面部分进行了热处理,而心部仍为原始组织。

一、普通热处理

1. 退火

退火是将钢加热到适当的温度,保温一定的时间,然后缓慢冷却的热处理工艺。退火一般用作预备热处理,当零件力学性能要求不高时,也可以作为最终热处理。

常见的退火方法有以下几种。

1)完全退火　将钢加热到 A_{c3} 以上 30～50 ℃并保温一段时间,使组织完全奥氏体化,再在炉中缓慢冷却,适用于亚共析钢。完全退火冷却速度较慢,获得的是珠光体组织,最终组织为较细的珠光体和铁素体。通过完全退火可以降低材料硬度,便于后续切削加工。

2)球化退火　将钢加热到 A_{c1} 以上 20～30 ℃并保温一段时间,使珠光体中的粗大片状渗碳体和网状二次渗碳体发生不完全溶解,形成均匀细小的渗碳体微粒,再在炉中缓慢冷却,主要用以改善过共析钢的性能。

3)去应力退火:将钢加热至 A_{c1} 以下适当温度,保温后随炉缓慢冷却,在不改变组织状态、保留冷作、热作或表面硬化的条件下,去除铸造、锻造、压力加工、切削加工之后零件的内应力,提高尺寸稳定性,减小变形和开裂倾向。

2. 正火

正火是指将钢加热至 A_{c3} 或 A_{cm} 以上 30～50 ℃并保温一段时间,完全奥氏体化后在空气中冷却的热处理工艺。由于在冷却过程中不占用加热设备,冷却速度较快,因此正火操作简便、工艺周期短且成本较低。

正火工艺冷却时过冷度大,因此获得的是较细的索氏体组织,提高了材料的硬度和强度,对低碳钢来说,可以提高材料的切削加工性,对中碳钢来说,可以细化晶粒和均匀成分,对于高碳钢来说,可以减少和细化网状渗碳体,作为球化退火的预备热处理。

3. 淬火

淬火是将钢件加热至 A_{c3} 或 A_{c1} 以上适当温度,保温一段时间后,以大于临界冷却速度的方式快速冷却,以获得马氏体或贝氏体组织的热处理工艺。临界冷却速度是指在连续冷却过程中,使材料不进入珠光体和贝氏体转变开始线的最小冷却速度,高于此冷却速度进行冷却时,材料不发生珠光体或贝氏体转变,而直接进入马氏体转变区。材料进行淬火时需要选择合适的淬火介质和方式,以使得冷却速度足够快以发生马氏体转变,又要防止冷却速度过快而产生开裂和变形。常用的淬火介质有水、油、空气和有机聚合物溶液等,常见的淬火方式有以下几种。

1)单液淬火　在淬火过程中使用单一介质连续冷却,如水淬和油淬,适用于形状简单、对变形要求不严的大批量工件,一般碳钢件使用水淬,合金钢使用油淬。

2)双液淬火　在淬火过程中依次使用两种介质连续冷却,如先水后油、先油后气等。在材料高温阶段使用冷却能力较高的介质,以避开珠光体转变区,温度降低后用冷却能力较低的介质进行缓慢冷却,能减少马氏体转变产生的内应力。

3）分级淬火　在淬火过程中将工件在 M_s 附近进行短时间保温，减小工件内外温差，再取出进行冷却完成马氏体转变，相比双液淬火能更好地消除变形和开裂倾向。

4）等温淬火　在淬火过程中将工件在高于 M_s 的温度进行长时间盐浴保温，以完成下贝氏体转变，经等温淬火的工件，在材料硬度相同的前提下，相比普通淬火方式有更高的塑性和韧性，变形和开裂倾向极低。

4.回火

回火是指将淬火后的工件重新加热至 A_{c1} 以下某一温度，保温一段时间后冷却到室温的热处理工艺。按照回火温度不同，可分为以下几种。

1）低温回火　回火温度 150 ℃～250 ℃，伴随马氏体分解和碳化物析出，回火组织为马氏体和碳化物构成的回火马氏体。低温回火目的在于保持淬火高硬度、高强度前提下，减小淬火内应力，降低材料脆性，主要用于要求具有高硬度和高耐磨性的刃具、量具、冷作模等。

2）中温回火　回火温度 350 ℃～500 ℃，回火组织为针状铁素体和微粒状渗碳体构成的回火托氏体，具有较高的硬度和强度，并具有一定的塑性和韧性。中温回火目的在于提高钢件的弹性极限和韧性，主要用于弹簧、热锻模等。

3）高温回火　回火温度 500 ℃～650 ℃，由于渗碳体的聚集长大和铁素体的再结晶，回火组织为铁素体晶粒与粗粒渗碳体构成的回火索氏体。高温回火的目的是为了提高材料的强度、韧性和塑性，主要用于各类重要的结构零件，如曲轴、丝杠、连杆、齿轮及轴类零件等，在淬火之后进行高温回火的热处理工艺称为调质处理。

二、表面热处理

表面热处理是指仅对工件表层进行热处理，以改变其组织和性能的热处理工艺。对于某些在扭转和弯曲等交变载荷、冲击载荷条件下工作的零件，如齿轮、凸轮、曲轴等，表面比心部承受更高的应力和摩擦，这就要求材料表面具有高硬度和高耐磨性，而心部要求有足够的塑性和韧性，为满足这些零件的性能要求，就需要采用表面热处理强化。

在工业生产中，广泛应用的表面热处理方法有表面淬火和化学热处理两大类。

1.表面淬火

表面淬火是指利用快速加热使零件表面达到淬火温度，再迅速冷却，以获得表层高硬度组织，而心部仍未为淬火组织的热处理工艺。常用的表面淬火方法有火焰加热表面淬火和感应加热表面淬火，适用于中高碳钢。

火焰加热表面淬火是利用火焰高温使零件表面快速加热，达到淬火温度后迅速喷水冷却，如图 5-21 所示，其淬硬层深度为 2～6 mm。火焰加热表面淬火设备简单，操作简便，工艺成本低，但火焰温度控制困难，生产率低，一般用于单件、小批或大型零件。

感应加热表面淬火是应用最为广泛的一种表面淬火方法。其工作原理是将工件置于空心紫铜管绕成的线圈中，在线圈中通以一定频率的交流电，产生富集于工件表面的感生涡流，因工件本身电阻的原因，涡流将工件表面快速加热至淬火温度，再进行迅速冷却完成淬火过程，如图 5-22 所示。

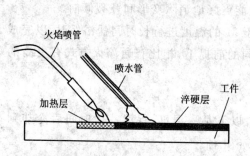

图 5-21 火焰加热表面淬火

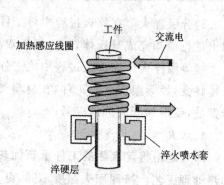

图 5-22 感应加热表面淬火

感应加热表面淬火时，线圈交流电频率越高，感生涡流越集中于工件表面，加热厚度越薄，最终的淬硬层深度越浅，因此通过调整交流电频率可以很方便地满足工艺需求。根据所用电流频率的不同，感应加热分为三类：①电流频率在 50 Hz 的称为工频感应加热，淬硬层为 10～20 mm，主要用于大型轴类零件的表面淬火；②电流频率在 500～1 000 Hz 的称为中频感应加热，淬硬层深度为 2～8 mm，主要用于大模数和中等模数的齿轮、较大直径的轴类零件等；③电流频率在 100～500 kHz 的称为高频感应加热，淬硬层深度为 0.5～2 mm，主要用于小模数齿轮、中小型轴类零件等。感应加热速度很高，工件表面氧化和脱碳极少，变形量小，且便于实现机械化和自动化，一般用于形状简单的大批量工件。

2. 化学热处理

化学热处理是指将工件置于特定活性介质中加热并保温，使所需成分渗入工件表层，从而改变表层的化学成分和组织，改良工件表层材料性能的热处理工艺。一般包括活性介质的分解、活性原子的吸收和活性原子的扩散三个步骤，常用的化学热处理工艺有表面渗碳、氮化处理和碳氮共渗等。

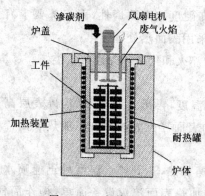

图 5-23 气体渗碳炉

表面渗碳是一种最为常见的化学热处理方法，常用于低碳钢和低碳合金钢，分为气体渗碳、液体渗碳和固体渗碳，其中气体渗碳因生产率高、劳动条件好、质量易控制得到广泛应用。气体表面渗碳在气体渗碳炉内进行，如图 5-23 所示，将气体渗碳剂（如天然气、煤油、甲苯等）通入放有待渗碳工件的炉内，加热到一定温度（一般为 900～950 ℃）后保温，使渗碳剂分解出活性碳原子，并扩散渗透至工件表层，保温时间越长，渗碳层厚度越大。渗碳结束后，为提高表面硬度和耐磨性，还需进行淬火和低温回火处理。

第 6 节　常用的热处理设备

任何一种热处理工艺,都需要通过热处理设备来实现。热处理设备种类繁多,其中最重要的是热处理加热炉。热处理加热炉按热能来源可分为电阻炉和燃料炉,按工作温度又可分为低温炉(<650 ℃)、中温炉(650~1 000 ℃)和高温炉(>1 000 ℃)。

热处理电阻炉因其结构简单、体积小、操作方便、炉温分布均匀以及温度控制准确而得到广泛应用。

常用的热处理电阻炉有箱式电阻炉、井式电阻炉和浴炉。

一、箱式电阻炉

箱式电阻炉分为高温炉、中温炉和低温炉三种,其中以中温箱式电阻炉应用最广。箱式电阻炉的结构及加热原理如图 5-24 所示。

高温箱式电阻炉主要用于工具钢、模具钢和高合金钢的淬火加热,其最高工作温度可达1 300 ℃。

中温箱式电阻炉主要用于碳钢、合金钢件的退火、淬火、正火和固体渗碳,最高工作温度为950 ℃,其缺点是升温慢,温差大,密封性差,装料、出料时劳动强度大。

低温箱式电阻炉多用于回火,也可用来进行有色金属的热处理。

二、井式电阻炉

井式电阻炉分为中温加热井式炉、低温加热井式炉和井式气体渗碳炉。炉膛断面有方形和圆形两种,炉子的结构如图 5-24 所示。

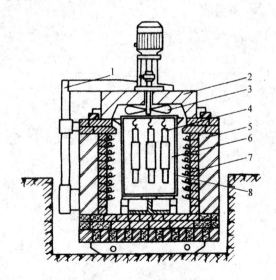

图 5-24　井式电阻炉

1—炉盖升降机构;2—炉盖;3—风扇;4—工件;5—炉体;6—炉膛;7—电热元件;8—装料管

中温加热井式炉的最高工作温度为950 ℃，主要用于轴类等长形零件的退火、正火、淬火的加热。这类炉子的优点是细长工件在加热过程中可垂直悬挂于炉内，以防止弯曲变形，因炉口向上，可直接利用起重吊车，便于装卸料；缺点是炉温不易均匀，生产率低。

低温加热井式炉又称井式回火炉，炉子容量大、生产率高、装卸料方便；但工件不能分层布置，若小型零件堆积过密，易造成加热不均。

井式气体渗碳炉主要用于气体渗碳，也可用于渗氮、碳氮共渗以及重要零件的淬火、退火加热。

三、浴炉

浴炉是利用液体作为介质进行加热的一种热处理炉。浴炉的工作温度范围较宽（60～1 350 ℃），可用于淬火、回火、分级淬火、等温淬火、局部加热及化学热处理等多种热处理工艺。工件在浴炉中加热具有加热速度快、温度均匀和不易氧化脱碳等优点；但其操作较复杂，启动时升温时间长，劳动条件差是其主要缺点。按其所用液体介质的不同，可分为盐浴炉、碱浴炉、油浴炉和铅浴炉等，其中盐浴炉应用最为普遍。图5-25所示为几种不同结构的盐浴炉。

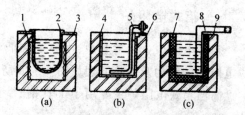

图5-25　盐浴炉

(a)坩埚盐浴炉；(b)具有管状电热元件加热盐浴炉；

(c)内热式电极盐浴炉

1—加热元件；2、4、7—盐罐；3、6、9—炉封；

5—管状电热元件；8—电极

第6章 量　具

量具是一种在使用时具有固定形态、用以复现或提供给定量的一个或多个已知量值的器具,它可分为标准量具、通用量具和专用量具。机械加工生产中根据被测量工件的内容和精度不同,常用通用量具有游标卡尺、千分尺、百分表和万能角度尺等。量具属于精密仪器,应在其规定范围内使用,并注意清洁和轻拿轻放。

第1节　游　标　卡　尺

游标卡尺是由毫米分度值的主尺和一段能滑动的游标副尺构成,它能够把 mm 位下一位的估读数较准确地读出来,因而是比钢尺更准确的测量仪器。游标卡尺可以用来测量长度、孔深及圆筒的内径、外径等几何量,如图 6-1 所示。常用的游标卡尺的分度值有 0.02 mm、0.05 mm 和 0.1 mm 三种。测量范围有 0~125 mm、0~200 mm 和 0~300 mm 等数种规格,其测量范围最大可达 4 000 mm。游标卡尺的结构简单,使用方便,应用广泛。

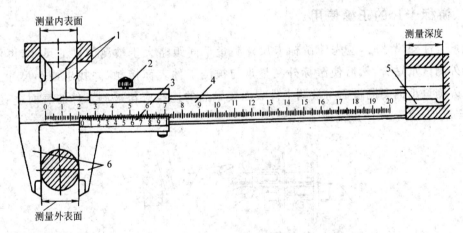

图 6-1　游标卡尺

1—刀口内测量爪;2—紧固螺钉;3—游标副尺;4—主尺身;5—深度尺;6—外测量爪

一、游标卡尺的读数原理

游标卡尺由主尺身和游标副尺组成。当尺身、游标的测量爪闭合时,主尺身和游标副尺的零线对准,如图 6-2(a)所示。游标副尺上有 n 个分格,它和主尺上的 $(n-1)$ 个分格的总长度相等,一般主尺上每一分格的长度为 1 mm,设游标上每一个分格的长度为 x,则有 $nx = n-1$,主尺上每一分格与游标上每一分格的差值为 $1-x = 1/n$(mm),因而 $1/n$(mm)是游标卡尺的最小读数,即游标卡尺的分度值。若游标上有 20 个分格,则该游标卡尺的分度值为 1/20＝0.05 mm,这种游标卡尺称为 20 分游标卡尺;若游标上有 50 个分格,则该游标卡尺的分度值为 1/50＝0.02 mm,称这种游标卡尺为 50 分游标卡尺,实习中常用的是 50 分的游标卡尺。游标卡尺的仪器误差一般取游标卡尺的最小分度值。

图 6-2 游标卡尺读数原理

(a)读数原理;(b)读数示例

游标量具是以游标零线为基线进行读数的。以 0.02 mm 游标卡尺为例,如图 6-2(b)所示,其读数方法分三个步骤。

1)先读整数 根据游标零线以左的主尺身上的最近刻线读出整毫米数。

2)再读小数 根据游标零线以右与主尺身刻线对齐的游标副尺上的刻线条数乘以游标卡尺的读数值(0.02 mm),即为毫米的小数。

3)整数加小数 将上面整数和小数两部分读数相加,即为被测工件的总尺寸值。图 6-2(b)所示为 23.24 mm。

二、游标卡尺的正确使用

测量工件外尺寸时,应先使游标卡尺外测量爪间距略大于被测工件的尺寸,再使工件与尺身外测量爪贴合,然后使游标外测量爪与被测工件表面接触,并找出最小尺寸。同时要注意外测量爪的两测量面与被测工件表面接触点的连线应与被测工件的表面垂直,如图 6-3 所示。

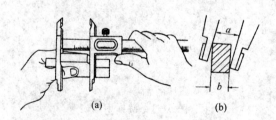

图 6-3 游标卡尺测量外形尺寸的方法

(a)正确;(b)不正确

测量工件内尺寸时,应使游标卡尺内测量爪的间距略小于工件的被测孔径尺寸,将测量爪沿孔中心线放入,先使尺身内测量爪与孔壁一边贴合,再使游标内测量爪与孔壁另一边接触,找出最大尺寸。同时注意使内测量爪两测量面与被测工件内孔表面接触点的连线与被测工件内表面垂直,如图 6-4 所示。

用游标卡尺的深度尺测量工件深度尺寸时,要使卡尺端面与被测工件的顶端平面贴合,同时保持深度尺与该平面垂直,如图 6-5 所示。

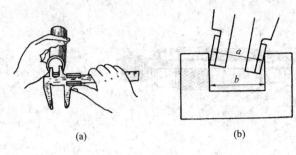

图 6-4 游标卡尺测量内孔尺寸的方法
(a)正确;(b)不正确

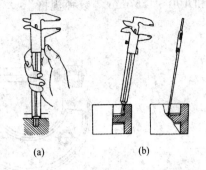

图 6-5 游标卡尺测量深度尺寸的方法
(a)正确;(b)不正确

专用于测量高度和深度的高度游标卡尺和深度游标卡尺如图 6-6 所示。高度游标卡尺除用来测量工件的高度外,也常用于钳工划线。

使用游标卡尺的注意事项如下。

①使用前首先应把测量爪和被测工件表面上的灰尘和油污等擦拭干净,以免擦伤游标卡尺测量面和影响测量精度;其次检查卡尺各部件间的相互作用是否正常,如尺框和微动装置移动是否灵活,紧固螺钉是否能起紧固作用;游标卡尺与被测工件温度尽量保持一致,以免产生温度差引起的测量误差。

②检查游标卡尺零位。使游标卡尺两测量爪紧密贴合,用眼睛观察应无明显的间隙,同时观察游标副尺零线与主尺身零线是否对齐,若没有对齐,应记下零点读数,以便对测量值进行修正。

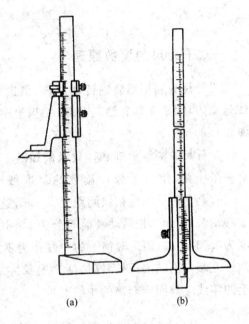

图 6-6 高度和深度游标卡尺
(a)高度游标卡尺;(b)深度游标卡尺

③测量时应使测量爪的测量面与工件表面轻轻接触,有微动装置的游标卡尺应尽量使用微动装置,不要用力压紧,以免测量爪变形和磨损,影响测量精度。

④游标卡尺仅用于测量已加工的光滑表面,表面粗糙的工件和正在运动的工件都不应用它测量,以免卡尺的刀口过快磨损或发生事故。

第 2 节 千 分 尺

千分尺是比游标卡尺更为精确的量具,其测量准确度可达 0.01 mm,属于测微量具。千分尺分为外径千分尺、内径千分尺和深度千分尺等,其中外径千分尺应用广泛。外径千分尺的结构如图 6-7 所示,测量范围有 0~25 mm、25~50 mm、50~75 mm、75~100 mm

和 100～125 mm 等数种规格。

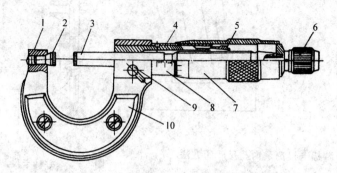

图 6-7 外径千分尺

1—尺架；2—测砧；3—测微螺杆；4—螺纹轴套；5—调节螺母；6—棘轮装置；7—活动套筒；
8—固定套；9—锁紧装置；10—隔热装置

一、千分尺的读数原理

千分尺是利用螺旋副传动原理，借助螺杆与螺纹轴套的精密配合，将回转运动变为直线运动，以固定套筒和活动套筒（相当于游标卡尺的尺身和游标）所组成的读数机构读得被测工件的尺寸。

千分尺的刻线原理和读数示例如图 6-8 所示。千分尺的刻线原理为：在固定套筒上刻有一条中线，作为千分尺读数的基准线，纵刻线上、下方各有一排刻线，刻线间距均为 1 mm，上下两排刻线相错间距 0.5 mm，这样可读得 0.5 mm。活动套筒旋转 360°，在轴向上移动0.5 mm。把活动套筒等分为 50 小格，每小格为：0.5/50＝0.01 mm，其最小测量精度为0.01 mm。固定套筒上的中线作为不足半毫米的小数部分的读数指示线。当千分尺的螺杆左端与测砧表面接触时，活动套筒左端的边线与轴向刻度线的零线应重合，同时圆周上的零线应与固定套筒的中线对准。

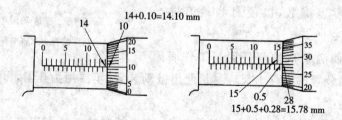

图 6-8 外径千分尺读数原理

千分尺读数步骤如下：

①读出活动套筒左边端面线在固定套筒上的刻度；

②读出与固定套筒轴向刻度中线重合的活动套筒上的圆周刻度线；

③把以上两个刻度的读数相加。

二、千分尺的正确使用

①使用前首先要校对零位,以检查起始位置是否准确。对于测量范围在 0~25 mm 的千分尺可直接校对零位,对于测量范围大于 25 mm 的千分尺要用量块或专用校准棒校对零位,如有误差可对测量结果进行修正。工件较大时应放在 V 形铁或平板上测量。

②测量时当螺杆快要接触工件时,必须拧动活动套筒端部棘轮装置,如图 6-9 所示。当棘轮发出"咔咔"打滑声时,表示螺杆与工件接触压力适当,应停止拧动。严禁拧动活动套筒本身,以免用力过度,使测量不准确。

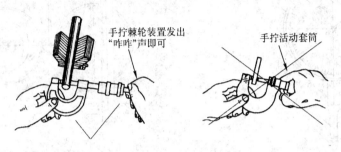

手拧棘轮装置发出"咋咋"声即可　　手拧活动套筒

图 6-9　外径千分尺的测量操作

③被测工件表面应擦拭干净并准确放在千分尺测量面上,不得偏斜,如图 6-10 所示。用后擦净,放入专用盒内,置于干燥处。

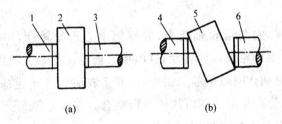

(a)　　　　　　(b)

图 6-10　外径千分尺正确测量

(a)正确;(b)不正确

1、4—测砧;2、5—工件;3、6—测微螺杆

内径千分尺、深度千分尺等刻线原理和读数方法与外径千分尺完全相同,只是所测工件的部位不同。

第 3 节　百　分　表

百分表是一种精度较高的机械式量表,如图 6-11 所示。因百分表只有一个活动测量头,所以它只能测出工件的相对数值。百分表主要用来测量工件的形状和位置误差(如圆度、平面度、垂直度和跳动等),也常用于工件的精确找正。百分表读数精度可达 0.01 mm。它具有外形尺寸小、质量轻、使用方便等特点。

一、百分表的工作原理

百分表的工作原理如图 6-12 所示。百分表利用齿轮齿条传动机构将测杆的直线移动转变为指针的转动,由指针指示出测杆的移动距离。

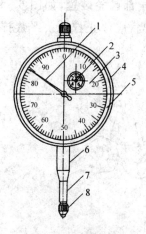

图 6-11　百分表

1—大指针;2—小指针;3—表盘;

4—表体;5—表圈;6—装夹套;

7—测杆;8—测头

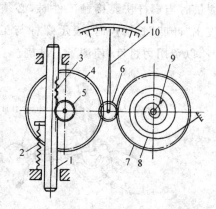

图 6-12　百分表工作原理

1—测杆;2—弹簧;3—齿条;4、7—齿轮;

5—齿轮轴;6—中心齿轮;8—游丝;9—小指针;

10—大指针;11—表盘

测杆与齿条为一体,它与齿轮轴啮合,并驱动中心齿轮转动,中心齿轮的轴上装有指针。当测杆移动时,使轴齿轮及齿轮转动,这时中心齿轮及其轴上的指针也随之转动。

为了消除由于齿轮啮合间隙引起的误差,齿轮 7 在游丝 8 产生的扭矩作用下与中心齿轮 6 啮合,使机构中齿轮副在正反转时均为单面啮合。在齿轮轴 5 上装有小指针,用以指出主指针的转动圈数。百分表的测量力由弹簧 2 产生。

测量时,当测杆向上或向下移动 1 mm,通过齿轮齿条副带动主指针转一圈,与此同时小指针转过一格。刻度盘圆周上有 100 等分的刻度线,每刻度的读数为 0.01 mm,小指针每刻度读数值为 1 mm。测量时大小指针读数之和即为被测工件尺寸变化总量,小指针处的刻度范围即为百分表的测量范围。测量前通过转动表盘进行调整,使主指针指向零位。

二、百分表的正确使用

百分表应固定在可靠的表架上。根据测量需要可选择带平台的表架或万能表架,如图 6-13所示。装百分表时夹紧力不宜过大,以免装夹套筒变形,卡住测杆。

测杆与被测工件表面必须垂直,否则会产生测量误差,如图 6-14 所示。

视被测工件表面的不同形状选用相应形状的测头。如用平测头测量球面工件,用球面测头测量圆柱形或平面工件,用尖测头或曲率半径很小的球面测头测量凹面或形状复杂的表面,如图 6-15 所示。

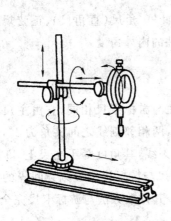

图 6 - 13 百分表架

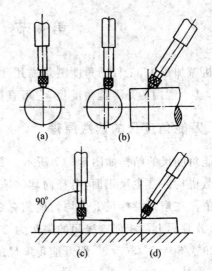

图 6 - 14 测杆与被测工件表面必须垂直

(a)正确;(b)不正确;(c)正确;(d)不正确

百分表主要用于测量工件尺寸的相对变化量,图 6 - 16 为常用的几种测量实例。

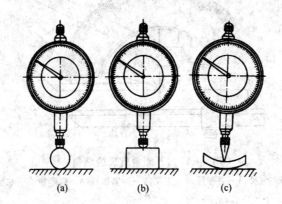

图 6 - 15 百分表测头应用

(a)平头测球面;(b)球头测平面;(c)锥头测凹面

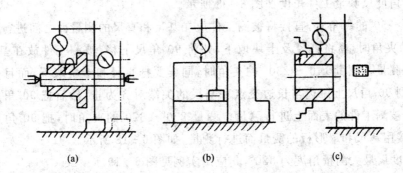

图 6 - 16 百分表应用举例

(a)测量外圆和端面对孔的圆跳动;(b)测量工件两平面的平行度;(c)工件在夹紧时找正外圆

103

第4节　万能角度尺

在机械加工中,工件的角度测量需用角度量具,如90°角尺(直角尺)、正弦规和万能角度尺等,其中常用的是万能角度尺,它可直接测量工件的内外角度。

一、万能角度尺的读数原理

万能角度尺的结构如图6-17所示。其读数原理与游标卡尺相同,它由主尺和游标尺组成读数机构。在主尺正面,沿径向均匀地布有刻线,两相邻刻线之间夹角为1°,这是主尺的刻度值。在扇形游标上也均匀地刻有30根径向刻线,其角度等于主尺上29根刻度线的角度,故游标上两相邻刻线间的夹角为29°/30。主尺与游标尺每一刻线间隔的角度差为$(30° - 29°)/30 = 1°/30 = 2'$,即万能角度尺的读数值。其读数方法与游标卡尺完全相同。

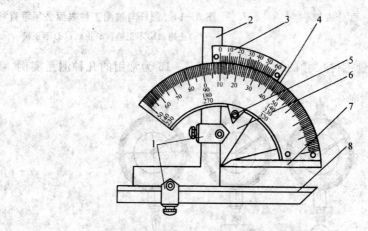

图6-17　万能角度尺的结构

1—卡块;2—90°角尺;3—游标尺;4—主尺;5—锁紧螺母;6—扇形板;7—基尺;8—直尺

二、万能角度尺的正确使用

用万能角度尺测量工件角度如图6-18所示。

测量0°~50°的夹角时,直接将被测工件放在基尺和直尺的测量面之间进行测量。测量50°~140°的夹角时,需将直尺及卡块取下,并将90°角尺下移,被测工件放在基尺和90°角尺之间进行测量。测量140°~230°的夹角时,同样要把直尺和卡块取下,而且还要把角尺往上推,直到90°角尺上短边与长边交点和基尺的尖端对齐为止,然后把90°角尺和基尺的测量面靠在被测工件的表面上进行测量。测量230°~320°的夹角时,把90°角尺和卡块全部取下,直接用基尺和扇形板的测量面进行测量,如图6-18所示。

万能角度尺最大测量角度为320°,其应用实例见图6-19。

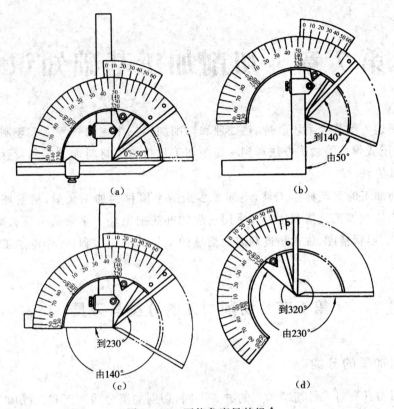

图 6-18　万能角度尺的组合

(a)测量 0°~50°;(b)测量 50°~140°;(c)测量 140°~230°;(d)测量 230°~320°

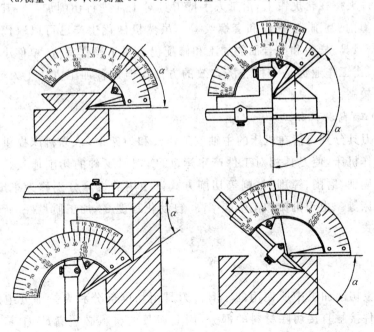

图 6-19　万能角度尺的应用

第7章 切削加工基础知识

零件的制造一般要经毛坯制造、热处理和切削加工三个主要过程。毛坯制造通常可以采用铸造、锻压或焊接等加工方法得到。切削加工是指将原材料加工成所设计产品而采用的生产设备及方法。

需要切削加工的毛坯称作工件,毛坯上多余的金属称为加工余量,从毛坯上切下的金属称为切屑。切削加工是指利用刀具采用切削的办法把毛坯上多余的金属去除,从而获得符合要求尺寸、形状精度、位置精度和表面质量的工件的加工过程,称作冷加工或传统切削加工方法。

第1节 切削加工的分类与刀具

一、切削加工的分类

根据所用刀具和对工件切削加工的方式不同,切削加工分为钳工和机械加工两类。

1. 钳工

通常将工件夹持在台虎钳上,由工人手持刀具对工件进行切削加工。其主要加工方式有锯削、锉削、錾削、刮削、攻螺纹和套螺纹等。虽然机械化生产已可以取代大部分钳工作业,但某些精密量具、样板和配合面的加工和修配仍要钳工操作完成,单件小批及缺乏设备条件的情况下,钳工作业仍是一种经济有效的方法。但这种加工方法工人劳动强度较大,要求技术水平较高。

2. 机械加工(简称机加工)

将工件和刀具分别夹持在机床的主轴或工作台和刀架上,依靠机床提供的动力和其内部传动关系操作机床,使刀具相对工件产生运动,实现对工件的切削加工。主要加工方式有车削、铣削、刨削、磨削、镗削、钻削等切削方式。使用的机床分别称为车床、铣床、刨床、磨床、镗床、钻床等。由于机械加工生产率高,自动化程度高,加工质量好,所以已成为切削加工的主要方式。

二、刀具

刀具是机械切削加工中所使用的工具。刀具由切削部分和夹持部分组成。切削部分是刀具上与工件接触直接切除材料的部分,因此刀具的材料必须满足:①其材料硬度要大于工件硬度,以便在切削过程中能"挤入"到工件材料中;②要有一定的强度和韧性,以承受切削力和振动;③要有较好的耐磨性,以抵抗切削过程中工件和切屑与刀具的摩擦,保持刀具的锋利;④要有较高的热硬性,抵抗切削过程中产生的高温,保持刀具的坚固;⑤要有良好的制造工艺性,便于加工制作、刃磨。夹持部分是将刀体安装固定在机床上的部分。

1. 常用的刀具材料

刀具材料是指切削部分的材料,目前常用的刀具材料有以下几种:

(1)普通工具钢

常用的工具钢有碳素工具钢和合金工具钢两种:碳素工具钢是含碳量较高的优质钢(含碳量 0.7%～1.2%,如 T10A),淬火后硬度高,但耐热性较差;合金工具钢是在碳素工具钢中加入少量 Cr、W、Mn、Si 等元素,可以减少热处理变形,提高耐热性。这两种材料常用来制造切削速度不高的手工刀具,如锉刀、锯条等。

(2)高速工具钢

高速钢是一种具有高硬度、高耐磨性和高耐热性的工具钢,又称高速工具钢,含碳量一般在 0.70%～1.65% 之间,含有较多的 W、Cr、V 等合金元素,在高速切削时仍能保持较高的硬度。高速钢虽然耐热性、硬度和耐磨性低于硬质合金,但强度、韧性和工艺性优于硬质合金,成本较低,因此一般用来制造复杂的薄刃和耐冲击的整体式切削刀具。

(3)硬质合金

硬质合金是以高硬度、高熔点的金属碳化物(如碳化钨、碳化钛等)作为基体材料,以金属钴、镍等作为粘结剂,使用粉末冶金工艺制成的一种合金材料。硬质合金硬度高、耐高温、耐磨性好,允许切削速度比高速钢高数倍,但强度、韧性和工艺性比高速钢差,因此常制成各种形式的刀片,夹固或焊接在刀体上使用。

2. 刀具的结构

常见的刀具结构形式有整体式、焊接式和机夹式,如图 7-1 所示。

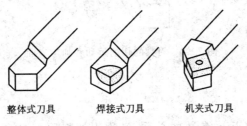

整体式刀具　　　焊接式刀具　　　机夹式刀具

图 7-1　常见的刀具结构形式

1)整体式刀具　刀具切削部分和夹持部分为同一材料,直接在刀体上刃磨出切削刃。

2)焊接式刀具　切削部分和夹持部分为不同材料,经焊接成为一体。这种刀具形式的结构刚性好,节省贵重材料,刀具角度可以根据需要刃磨调整,但焊接和刃磨时会产生的内应力和裂纹,使切削性能下降。

3)机夹式刀具　又可分为机夹重磨式刀具和机夹可转位式刀具两种。刀片和刀体通过夹紧器件紧固在一起。

第 2 节　切削运动与刀具角度

一、切削运动

在切削过程中,为完成工件表面的加工,需要刀具与工件有确定的相对运动关系,即切削运动。根据切削过程中的作用不同,切削运动包括主运动和进给运动。

主运动是切除金属的运动。其特点是主运动一般速度最高,消耗功率最大。进给运动是使切除金属的运动能连续进行的运动。

主运动和进给运动是靠机床内部的传动关系相互协调,实现对零件不同表面形状的切削加工。

工件在切削加工过程中,总会出现三个变化着的表面,分别是待加工表面、切削加工表面和已加工表面。待加工表面是指即将被切削去除材料的工件表面,切削加工表面是指正在被刀具进行切削的表面,而已加工表面是刀具切削完成后形成的新表面。如图 7 - 2 所示为车削加工中的切削运动及工件表面。

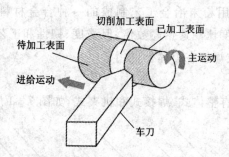

图 7 - 2　刀具的切削运动和加工表面

二、切削要素

切削要素是切削时各运动参数的总称,又称为切削用量,是调整机床加工参数的依据。切削要素一般包括切削速度、进给量和背吃刀量。图 7 - 3 为车削用量示意图。

1.切削速度

切削速度是指刀具切削刃上选定点相对于工件主运动方向上的瞬时速度,用 v 表示,单位为 m/s 或 m/min。

当主运动为旋转运动时,如车削、铣削和钻削等,则其切削速度为最大线速度,如式(7 - 1)所示,其中 d_w 为工件或刀具的直径,单位为 mm;n 为工件或刀具的转速,单位为 r/s 或 r/min。

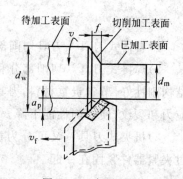

图 7 - 3　车削用量

$$v = \frac{\pi d_w n}{1\ 000} \qquad\qquad (7-1)$$

当主运动为往复运动时,如刨削、插削等,则其切削速度为平均速度,如式(7-2)所示,其中 L 为往复运动的行程长度,单位为 mm,n 为主运动单位时间内往复的次数。

$$v = \frac{2Ln}{1\ 000} \qquad\qquad (7-2)$$

2. 进给量

进给量是指刀具在进给运动方向上相对工件的位移量,常用 f 表示。对于单齿刀具(如车刀、刨刀等),进给量用刀具或工件每转或每行程内刀具在进给方向上的位移量来表示;对于多齿刀具(如钻头、铣刀等),进给量用刀具每转或每行程内每齿的进给量来表示。

3. 背吃刀量

背吃刀量是指工件已加工表面与待加工表面间的垂直距离,常用 a_p 表示。

三、刀具的切削角度

图 7-4 所示为车刀的组成的示意图,其刀具切削部分一般由三面两刃一尖构成。三面分别是前刀面、主后刀面和副后刀面,两刃分别是主切削刃和副切削刃,一尖是刀尖。

①前刀面(前面),即刀具上切屑流过的表面。

②主后刀面,即刀具上与切削加工表面相对的刀面。

③副后刀面,即刀具上与已加工表面相对的刀面。

④主切削刃,即前刀面与主后刀面的交线,它承担着主要的切削任务。

⑤副切削刃,即前刀面与副后刀面的交线,它承担着少量的切削任务。

⑥刀尖,即主切削刃与副切削刃连接处相当少的一部分切削刃,通常是一小段圆弧或过渡直线。

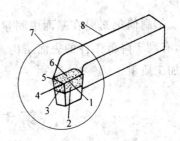

图 7-4 车刀的组成

主切削刃;2—主后刀面;3—副后刀面;4—刀尖;5—副切削刃;6—前刀面;7—刀头;8—刀柄

为确定刀具的角度,需要建立三个辅助平面:切削平面、基面和正交平面,如图 7-5 所示。

①切削平面,即过主切削刃上任意一点,且与加工表面相切的平面。

②基面,即过主切削刃上任意一点,且与该点的切削速度方向垂直的平面。

③正交平面,即过主切削刃上任意一点,且与主切削刃在基面的投影垂直的平面。

④前角 γ_0,在正交平面内测量,是刀具前面与基面的夹角。其作用是使刀刃锋利,便于切削。但前角也不能太大,否则会削弱刀刃的强度,容易磨损甚至崩坏。

⑤后角 a_0 在正交平面内测量,是主后面与切削平面间的夹角。其作用是减小主后刀面与工件的摩擦。粗加工时选较小值,精加工时选较大值。

⑥主偏角 κ_r 是在基面中测量的主切削刃与进给方向之间的夹角。减小主偏角,能使切

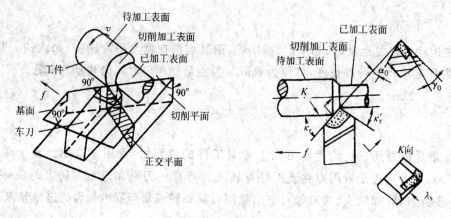

图 7-5 刀具的辅助平面和角度

屑的截面薄而宽,有利于分散刀刃上的负荷,改善散热条件,同时加强了刀尖的强度,故能提高刀具的使用寿命。但是,刀具对工件的径向切削力增大,容易使工件变形,影响加工精度。

⑦副偏角 κ_r' 是在基面中测量的副切削刃与进给方向的反方向之间的夹角。减小副偏角,有利于降低工件的表面结构参数值。但是副偏角太小,切削过程中会引起工件振动,影响加工质量。

第 3 节 机床的组成与传动

一、机床的组成

机床的类型很多,其外形与构造也不相同。归纳起来,机床都具有以下几个主要组成部分。以车床为例,主要由以下几部分组成。

①用来实现机床主运动的部件,如车床主轴箱;

②用来实现机床进给运动的部件,如车床的溜板箱;

③用来安装工件的装置,如车床用卡盘;

④用来安装刀具的装置,如车床刀架;

⑤用来支承和连接机床各零部件的支承件,如车床床身;

⑥用来为机床提供动力的动力源,如电动机。

二、机床的传动

机床通过传动系统将运动源(如电动机或其他动力机械)与执行件(工件和刀具)联系在一起,使工件与刀具产生工作运动(旋转运动或直线运动),从而进行切削加工。在机床的传动系统中,最常用的传动方式有机械传动、流体传动和电气传动。机械传动中用来传递运动和动力的装置称为传动副,机床上常用的传动副有以下几种。

1. 带传动

利用传动带与带轮间的摩擦力传递轴间的转矩,机床多用 V 形带传动。图 7-6 是皮带传动及传动简图。

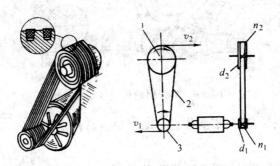

图 7-6　皮带传动及传动简图
1—从动轮;2—传动带;3—主动轮

d_1、d_2 分别为主动带轮和从动带轮的直径,n_1、n_2 分别为主动带轮和从动带轮的转速,i 为传动比,其计算公式为

$$i = \varepsilon n_2 / n_1 = \varepsilon d_1 / d_2 \tag{7-3}$$

式中　ε——滑动系数,约为 0.98。

带传动的优点是传动的两轴间中心距变化范围较大,传动平稳,结构简单,制造和维修方便。当机床超负荷时传动带能自动打滑,起到安全保护作用。但也因传动带打滑传递运动不准确,摩擦损失大,而传动效率低。

2. 齿轮传动

利用两齿轮轮齿间的啮合关系传递运动和动力。它是目前机床中应用最多的传动方式,传动形式和传动简图如图 7-7 所示。

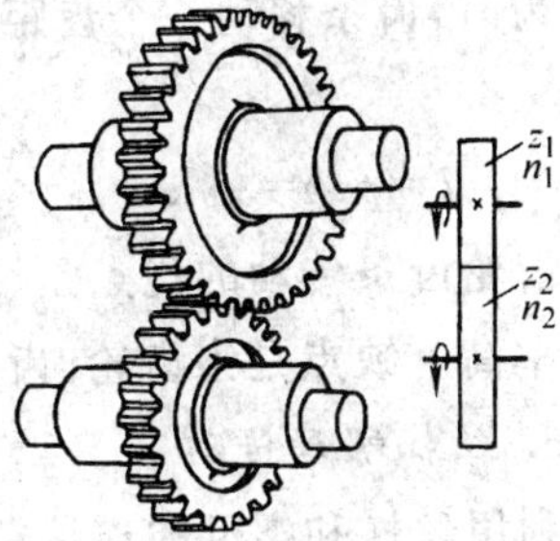

z_1、z_2 分别为主动齿轮和从动齿轮的齿数,n_1、n_2 分别为主动齿轮和从动齿轮的转速,i 为传动比,其计算公式为

$$i = n_2 / n_1 = z_1 / z_2 \tag{7-4}$$

图 7-7　齿轮传动形式及传动简图

齿轮传动的优点是结构紧凑,传动比准确,传递转矩大,寿命长。缺点是齿轮制造复杂,加工成本高。当齿轮精度较低时传动不够平稳,有噪声。

3. 蜗杆蜗轮传动

蜗杆蜗轮传动是齿轮传动的特殊形式,即齿轮传动中,其中一个齿轮轮齿的螺旋角接近 90°时变成螺纹形状的蜗杆,形成蜗杆蜗轮转动,图 7-8 是蜗杆蜗轮传动及传动简图。

设蜗杆的头数为 k,蜗轮的齿数为 z_2,蜗杆的转速为 n_1,蜗轮的转速为 n_2,则传动比为

$$i = n_2 / n_1 = k / z_2 \tag{7-5}$$

蜗杆蜗轮传动的优点是可获得较大的降速比,结构紧凑,传动平稳,噪声小,一般只能

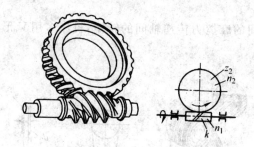

图 7-8　蜗杆蜗轮传动及传动简图

将蜗杆的转动传递给蜗轮,反向不能传递运动。缺点是传动效率低。

4. 齿轮齿条传动

它是齿轮传动的特殊形式,即齿轮传动中,其中一个齿轮基圆无穷大时变成齿条,形成齿轮齿条传动,图 7-9 是齿轮齿条传动及传动简图。

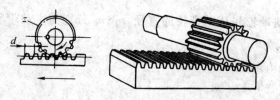

图 7-9　齿轮齿条传动及传动简图

当齿轮为主动时,可将旋转运动变成直线运动;当齿条为主动时,可将直线运动变成旋转运动。如果齿轮和齿条的模数为 m,则它们的齿距 $p=\pi m$。与齿轮传动一样,齿轮转过一个齿时,齿条移动一个齿距。若齿轮的齿数为 z,当齿轮旋转 n 转时,齿条移动的直线距离为

$$l = pzn = \pi mzn \tag{7-6}$$

齿轮齿条传动的优点是可将旋转运动变为直线运动,或将直线运动变为旋转运动,传动效率高。缺点是当齿轮、齿条制造精度不高时,传动平稳性较差。

5. 丝杠螺母传动

利用丝杠和螺母的连接关系传递运动和动力为丝杠螺母传动。丝杠螺母传动及传动简图如图 7-10 所示。

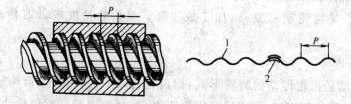

图 7-10　丝杠螺母传动及传动简图

1—丝杠;2—螺母

如果丝杠和螺母的导程为 P,当单线丝杠旋转 n 转时,与之配合的螺母轴向移动的距

离为

$$l = nP \qquad\qquad (7-7)$$

丝杠螺母传动的优点是传动平稳,传动精度高,可将一个旋转运动变成一个直线运动。缺点是传动效率较低。

第 4 节　切削力与切削热

在进行切削时,金属首先在刀具前刀面的挤压下发生弹性变形;随着刀具继续切削,金属内部的应力逐渐加大,超过材料的屈服强度后,金属产生塑性变形;刀具继续前进,应力超过了材料的强度极限致使金属被挤裂,并沿刀具表面流动形成切屑。因此在切削过程中会产生切削力和切削热,而切削力和切削热对加工质量、刀具及机床都有影响。

一、切削力

在切削过程中,刀具切入工件会遇到很大的阻力;同时,工件和切屑对刀具还产生一定的摩擦力,这两种力的合力称为切削力。切削力的大小与许多因素有关。一般工件材料的强度和硬度越高,切削用量越大,刀具越钝,切削加工时产生的切削力越大。

若切削力太大,会使机床、工件和刀具组成的工艺系统产生弹性变形,致使工件因变形而产生形状误差。切削力过大还可能造成刀具崩刃、机床"闷车"、顶跑工件、损坏机床等生产事故。因此一定要按实习工艺卡的要求选择切削用量,在实习操作时应避免此类事件的发生。

二、切削热

在切削过程中,切削力做功所消耗的能量几乎全部转变成热能,这种由于被切削材料层的变形、分离以及刀具与被切削材料间的摩擦而产生的热量称为切削热。

影响切削热的因素与影响切削力的因素基本相同。切削时产生的切削热大部分由切屑带走,其余部分传入工件和刀具。传入工件的切削热会使工件因热引起变形,从而产生尺寸误差和形状误差;传入刀具的切削热会使刀具切削部分的材料硬度下降,加速刀具的磨损,明显缩短刀具的使用寿命。所以在切削钢件时,一般都要使用切削液。切削液的作用是冷却、润滑,减少切削热对刀具和工件的不良影响。

常用切削液有水类(如乳化液等)和油类(如矿物油等)两种。水类切削液主要起冷却作用,粗加工时,产生的切削热较多,多用水类切削液来冷却;油类切削液主要起润滑作用,精加工时,为了提高工件的加工质量,多用油类切削液来润滑。

三、刀具的磨损

刀具在切削过程中,由于高温、摩擦和挤压的影响,切削刃会逐渐磨损变钝导致无法使用。刀具正常磨损中,按发生磨损的部位不同分为三种:前刀面磨损、后刀面磨损和前后刀面同时磨损,如图 7-11 所示。

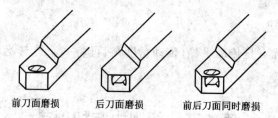

前刀面磨损　　　后刀面磨损　　　前后刀面同时磨损

图 7-11　刀具的磨损形式

第5节　切削加工质量评价

零件加工质量是由切削加工来保证的,包括加工精度和表面结构要求。

一、加工精度

加工精度是工件经切削加工后,实际尺寸、形状及位置参数与图纸上的理论几何参数相符合的程度。两者相符合的程度越高,工件的加工精度越高。两者之间的差值称为加工误差。加工误差越小,加工精度越高,通常加工成本也越高。

要使加工零件的几何参数与理论参数绝对一致是不可能的,也是没有必要的。为了满足使用要求和加工能力,零件的加工误差应予以限制。限制加工误差范围的数值称为公差。零件的精度是由公差来控制的。

加工精度包括尺寸精度、形状精度和位置精度。

1. 尺寸精度

尺寸精度的高低用尺寸公差等级来表示。国家标准 GB /T 1800.3—1998 规定,公差等级分为 20 级,即 IT01、IT0、IT1、IT2 至 IT18。IT 表示标准公差,数字表示公差等级。IT01 表示精度等级最高,IT18 精度等级最低。对同一基本尺寸,公差等级越高,公差值越小,精度越高。设计时,根据零件的功能要求,提出合理的公差标准。

2. 形状精度

形状精度是指零件上被测要素(零件上的点、线或面)加工后的实际形状与其理论形状相符合的程度。形状精度包括直线度、平面度、圆度、圆柱度、线轮廓度和面轮廓度。形状精度的项目和符号如表 7-1 所示。

表 7-1　形状精度的项目和符号

项目	直线度	平面度	圆度	圆柱度	线轮廓度	面轮廓度
符号	—	▱	○	⌀	⌒	⌓

3. 位置精度

位置精度是指零件上被测要素(点、线、面)的实际位置与其理论位置相符合的程度。位置精度包括位置定向精度(平行度、垂直度、倾斜度)、定位精度(同轴度、对称度、位置度)

114

和跳动(圆跳动、全跳动)。位置精度的项目和符号如表 7-2 所示。

表 7-2　位置精度的项目和符号

项目	定向精度			定位精度			跳动	
	平行度	垂直度	倾斜度	同轴度	对称度	位置度	圆跳动	全跳动
符号	//	⊥	∠	◎	=	⊕	↗	↗↗

二、表面结构要求

零件已加工表面质量,包括表面结构要求、表面加工硬化的程度和深度及表面残余应力的性质和大小。对于一般零件表面质量而言,主要考虑表面结构要求。

零件表面无论采用何种方法加工,加工后总会留下微观的凹凸不平的刀痕,这种微观不平度,即加工表面上微小间距和峰谷所组成的微观几何形状特性称为表面结构参数。

零件表面结构参数与零件装配后的产品性能和使用寿命等有着密切的关系,所以对零件表面结构参数也应加以限制。国家标准 GB 131-2006 规定了表面结构的评定参数及其数值。当要求表述表面结构特征获得方法时,其完整图形符号如图 7-12 所示。

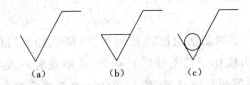

图 7-12　表述工件表面结构特征的完整图形符号

(a)允许任何工艺获得材料表面结构参数;

(b)用去除材料工艺获得材料表面结构参数;

(c)不用去除材料获得材料表面结构参数

图 7-13　补充要求

及表面结构参数注写位置

表面结构参数数值越大,零件表面也就越粗糙。为了明确表示结构要求,除了标注表面结构参数和数值外,必要时还应标注补充要求。补充要求包括:取样长度、加工工艺、表面纹理和方向、加工余量等。图 7-13 所示为用去除材料工艺获得的材料表面结构参数和补充要求符号的位置和含义。图中 a 表示取样长度,单位 mm;b 表示表面结构参数,由表面结构参数代号和数值构成,单位 μm;c 表示加工方法、表面处理、涂层和其他加工工艺要求等,用中文注写;d 表示加工纹理和方向,用规定符号标注;e 表示注写表面结构要求;f 表示注写加工余量,单位 mm。

第 6 节　切削加工的一般步骤

零件切削加工工作步骤安排是否合理,对零件加工质量、生产率及加工成本影响很大,零件的材料、批量、形状、尺寸大小、加工精度及表面结构要求不同,切削加工工序也不同,通常按照以下工作步骤进行。

1. 阅读零件图

只有通过阅读零件图,才能了解工件的材料、加工精度以及表面结构要求,才能进行工艺分析,确定加工方案,做好加工技术准备,最终加工出合格的零件。

2. 设计加工工序

要高效率、高质量、低成本地完成工件上具有不同加工要求的各表面的切削加工,就要合理安排加工顺序和划分加工阶段,一般需要考虑以下方面:

(1)预加工

加工前进行毛坯质量检查,某些毛坯必要时需要进行划线以确定加工余量、加工位置界线和加工余量,某些工件还需要进行必要的预加工,如钻中心孔、做工艺基准等。

(2)精基准优先原则

首先加工精基准,再以精基准为基准加工其他表面。精基准是指工件上经过机械加工的用以确定其他点、线、面位置所依据的那些点、线、面。生产中常将工件上较大的平面作为精基准。

(3)先主后次原则

首先加工零件上的工作表面、装配基面等主要表面;在此类工序之后或穿插其间安排加工次要表面,如非工作面、键槽、螺柱孔、螺纹孔等。

(4)先粗后精加工

首先使用较大的切削深度和进给量、较小的切削速度进行粗加工,降低加工时间并提高生产率,同时切除尽可能大的加工余量,为精加工打下良好的基础,还能及时发现毛坯缺陷,及时报废和修补。然后再用较小的切削深度和进给量、较大的切削速度进行精加工,降低切削力和切削热,保证工件最终的加工精度和表面结构要求。

(5)光整加工

某些加工质量要求较高的工件表面,在精加工后还要通过研磨、珩磨和抛光等方法进行光整加工,进一步提高工件加工精度和表面质量。

3. 选择加工设备

根据工件材料、毛坯尺寸和技术要求,选择合适类型的机床、刀具和相应夹具,保证最终加工精度和表面质量。

4. 安装及加工工件

工件在切削加工前必须牢固地安装在夹具上,并使其相对机床和刀具有正确的位置,以保证工件加工质量及生产率,工件的安装一般可采用直接安装或专用夹具安装。

5. 工件检测

切削加工后的零件是否符合加工要求,要由检测结果来判断,根据零件外形及精度的不同选用合适的测量工具,正确并熟练使用测量工具的情况下,测量结果才具有较大的可信度。按照测量工具的结构和精度,可以将其分为以下几类:

①结构简单、测量精度较低的称为量具,如钢尺、游标卡尺、千分尺、百分表等;

②结构复杂、测量精度较高的称为量仪,如测长仪、光学显微镜等;

　　③仅能定性判断工件尺寸是否合格,而不能定量测量的称为量规,分塞规(检验零件孔的尺寸)和卡规(检验零件轴的尺寸)两类,每一类又分为通规和止规两种。检验时通规通过而止规不能通过时,工件方能视为合格工件,反之为废品。

　　工件的检测分为加工过程中的在线检测和工件完工后的最终检测。加工过程中的在线检测多用量具由加工人员完成,检测的目的是测量加工的工件与零件图要求范围的差距,并根据测量结果合理调整加工参数,直至完成加工。工件完工后的最终检测多用量规由专职检验人员完成,检测的目的是测量工件质量是否在零件图要求的范围内。

第8章 车 削

第1节 车削实习的目的和要求

一、车削实习课程内容

主要讲解普通车床的组成、运动及传动系统，了解车床型号、常用附件的结构和用途；讲解常用车刀的组成和结构、车刀的主要角度及其作用，了解刀具材料性能的要求。

二、车削实习的目的和作用

车削加工是机加工的主要方法之一，训练学生的动手及动脑能力，学生通过掌握车外圆、车端面、钻孔和镗孔的实际操作方法，了解切断、切槽、车锥面、车成形表面、车螺纹及滚花的方法。掌握车床的操作技能，能按零件的加工要求正确使用刀具、夹具、量具，独立完成简单零件的加工，并能进行工艺分析。通过对车削的认识，从中体会更多的机加工知识。

三、车削实习具体要求

了解车削生产的工艺过程、特点和应用。知道车削时常用的刀具类型和设备名称及其作用，了解车刀的主要角度及其作用，了解对刀具材料性能的要求。掌握车外圆、车端面、钻孔和滚花的方法，学习车削生产安全技术及简单经济分析。

四、车削实习安全事项

必须穿戴好工作服、帽、鞋等防护用品。车床的维护保养和安全操作规程如下：
①开车前必须检查各手柄位置是否正确，旋转部分及车床周围有无障碍物；
②开车前必须按指定加油孔进行机床润滑（冬天应使主轴低速空转 $1\sim2$ min）；
③不允许在卡盘上、床身导轨上敲击和校正工件，床面上不许放工具和工件；
④主轴变速时必须先停车，变换进给箱手柄位置要在主轴低速转动情况下进行；
⑤不得任意拆卸电器设备，工作中出现不正常情况，立即关闭电源，并向指导老师反映情况；
⑥清理机床时，先用刷子清除机床上切屑，再用棉纱擦净各部位油污，并将大刀架摇至车尾一端，关闭电源；
⑦工作时要穿工作服，扎紧袖口，女同学必须戴帽子，并把头发塞入帽内；
⑧工作时必须精神集中，不允许擅自离开机床，确需离开时必须关闭电源；
⑨工作时头不能离工件太近，手和身体不能靠近正在旋转的机件；

⑩应用专用钩子清除切屑,决不允许用手去清除;

⑪工件和刀具必须装夹牢固,否则会飞出伤人,工件装夹后,卡盘扳手必须随时取下,棒料不许伸出主轴后端;

⑫车床开动时,不允许用手去摸工件和测量工件,不准用手去刹住转动的卡盘,卡盘必须装有保险装置。

第 2 节　概　述

车削加工是机械加工中最基本最常用的加工方法。在车床上使用车刀对工件进行切削加工的过程称为车削加工。通常,在机械加工车间,车床占机床总数的 30%~50%,所以它在机械加工中占有重要的地位。

一、车削加工的特点和应用

①车削加工特别适于各种回转体表面的加工,包括车外圆、车端面、切断及切槽、钻孔、镗孔、铰孔、车锥面、车成形表面、车螺纹及滚花等,如图 8-1 所示;

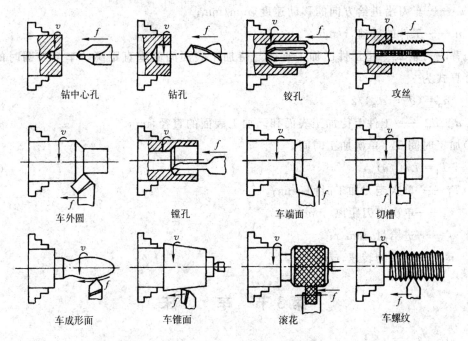

钻中心孔　　钻孔　　铰孔　　攻丝

车外圆　　镗孔　　车端面　　切槽

车成形面　　车锥面　　滚花　　车螺纹

图 8-1　车削加工典型零件类型

②车削适应性强,应用广泛,适用于加工不同材质、不同精度的各种各样的零件;

③车削所用的刀具结构简单,制造、刃磨和安装都较方便;

④车削加工一般是连续切削,切削力变化小,切削过程平稳,生产率也较高;

⑤车削加工尺寸精度可达 IT10~IT7,表面结构参数 R_a 为 6.3~1.6 μm。

二、车削运动和车削用量

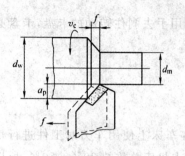

图 8-2　车削用量

车削运动的主运动是主轴带动工件的旋转运动,刀具的直线移动为进给运动。车削用量如图 8-2 所示。

1)切削速度 v　切削刃上与待加工表面相交点相对于工件在主运动方向上的瞬时速度。它是描述主运动的参数。车削外圆时,切削速度的计算式为

$$v = \pi d_w n / 1\,000 \tag{8-1}$$

式中　v——切削速度,m/min;

　　　d_w——待加工表面直径 mm;

　　　n——工件转速,r/min。

2)进给量 f　工件每转一转车刀在进给运动方向上相对工件的位移量。它是描述进给运动的参数。车削外圆时进给量的计算式为

$$f = v_f / n \tag{8-2}$$

式中　f——进给量,mm/r;

　　　v_f——车刀沿进给方向的移动速度,mm/min;

　　　n——工件的转速,r/min。

3)背吃刀量 a_p　指工件已加工表面与待加工表面间的垂直距离。车削外圆时的切削深度计算式为

$$a_p = (d_w - d_m)/2 \tag{8-3}$$

式中　d_w、d_m——工件上待加工表面和已加工表面的直径,mm。

4)加工时间 T　单次加工时间

$$T_1 = L/(fn) \tag{8-4}$$

式中　T_1——单次走刀加工时间,min;

　　　L——单次走刀距离,mm;

　　　f——进给量,mm/r;

　　　n——工件的转速,r/min。

第 3 节　车　　床

机床型号是用以表达机床类别、通用性能、结构特性和主要技术规格的编码。机床型号的编制是采用汉语拼音和阿拉伯数字按一定规律组合排列的。在现代机器制造中,车床是各种金属切削机床中应用最多的一种。其种类很多,最常用的为卧式车床。例如 C6136 车床表示为

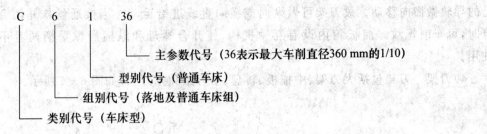

主参数代号 (36表示最大车削直径360 mm的1/10)

型别代号 (普通车床)

组别代号 (落地及普通车床组)

类别代号 (车床型)

一、C6136 型卧式车床的组成

图 8-3 为 C6136 型卧式车床外形图,车床是由三箱(床头箱、进给箱、溜板箱),二架(刀架、尾架),三杠(丝杠、光杠、操纵杠)和一身(床身)组成。

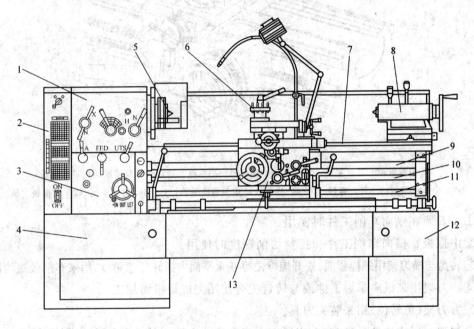

图 8-3 C6136 卧式车床外形图

1—主轴箱;2—挂轮箱;3—进给箱;4—左床腿;5—主轴;6—刀架;

7—床身;8—尾架;9—丝杠;10—光杠;11—操纵杠;12—右床腿;13—溜板箱

1)床头箱 用以支撑主轴并使之按不同转速旋转,形成主运动。主轴为空心结构,前部有外锥面安装附件(如卡盘)来夹持工件,内锥面用来安装顶尖。通孔可穿入长棒料。为了使主轴获得多级不同的转速,主轴箱内安装了变速机构。通过变速手柄可在变速箱中变换不同转速,以满足不同材料的加工。

2)进给箱 用来传递进给运动。进给箱内有多组齿轮变速机构,通过手柄改变变速齿轮的位置,可使光杠和丝杠获得不同的转速,以得到加工所需的进给量或螺距。

3)溜板箱 溜板箱是进给运动的操纵机构,它使光杠或丝杠旋转运动,通过齿轮和齿条或丝杠和开合螺母推动车刀做进给运动。溜板箱上有三层滑板,当接通光杠时,可使床鞍带动中拖板、小拖板及刀架沿床身导轨做纵向移动;中拖板可带动小拖板及刀架沿床鞍上的导轨做横向移动。故刀架可做纵向或横向直线进给运动。当接通丝杠并闭合开合螺母时,可车削螺纹。溜板箱内设有互锁机构,使开合螺母和纵横操纵手柄两者不能同时使用。

4)刀架　刀架包括大刀架、中拖板、转盘、小刀架和方刀架,如图8-4所示。

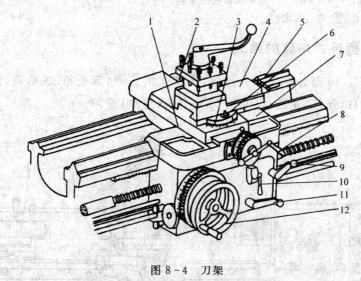

图8-4　刀架

1—中拖板;2—方刀架;3—转盘;4—小拖盘;5—小拖板手柄;6—转盘紧固螺钉;7—床鞍;

8—中拖板手柄;9—开合螺母;10—纵、横向自动走刀切换手柄;11—自动走刀手柄;12—大拖板手柄

①大刀架在纵向车削工件时使用。

②中拖板在横向车削工件和控制切削深度时使用。

③转盘与横刀架用螺栓紧固,松开螺母便可在水平面内扳转任意角度,用来车削较短的锥面。

④小刀架用来纵向车短工件或与转盘配合使用完成短锥面加工。

⑤方刀架(可转位)用来装夹刀具。

5)尾架　尾座体装在底座上,当尾座在床身导轨上移到某一所需位置后,便可通过压板和固定螺钉将其固定在床身上。可以安装钻头和铰刀进行孔加工,松开套筒锁紧手柄,转动手轮带动丝杠,能使螺母及与它相连的套筒相对尾座体移动一定距离。如将套筒退缩到最后位置,即可自行卸出顶尖或钻头等工具。也可安装顶尖支撑工件,松开固定螺钉,用调节螺钉调整顶尖的横向位置,完成较长锥度工件的加工。尾架结构如图8-5所示。

6)光杠　把进给箱运动传给溜板箱。

7)丝杠　与溜板箱上的开合螺母配合用来车削螺纹。

8)操纵杠　与操纵手柄一起用来控制机床主轴正、反转与停车的装置。

9)床身　床身是车床上一切固定件(如主轴箱、进给箱)的支承体和一切移动件(如溜板箱、尾架)的承导体。床身上面有两组精确的导轨,分别用来承放溜板箱和尾架。溜板箱和尾架座可以沿着各自的导轨移动,尾座能在所需的位置上固定。床身安装在床脚上。床脚内分别安装变速箱、电气箱和冷却系统。床脚用地脚螺钉固定在地基上。变速箱用来完成主轴的变速。

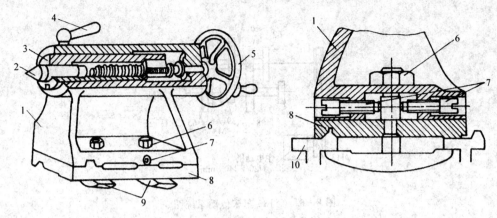

图 8-5　尾架

1—底座体；2—顶尖；3—套筒；4—套筒锁紧手柄；5—手轮；6—锁紧螺母；

7—调节螺钉；8—底座；9—压板；10—床身导轨

二、C6136 卧式车床的传动系统

为简化机床传动系统图，常用一些符号来表示，如表 8-1 所示。

表 8-1　传动系统图的简图符号

名　称	简图符号	名　称	简图符号
轴	——	丝杠与螺母	∽∽∽
滑动轴承		滚动轴承	
空套齿轮		固定齿轮	
滑移齿轮		离合器	M

　　C6136 卧式车床传动系统如图 8-6 所示。C6136 卧式车床主传动路线从电动机至主轴，可实现主运动。

　　电动机为双速电动机，可实现两种速度（720 r/min 和 1440 r/min）。经主轴箱变速后可实现 6 种速度。因此电动机与主轴箱配合可使主轴有 12 种不同的转速，其传动路线表达式如下：

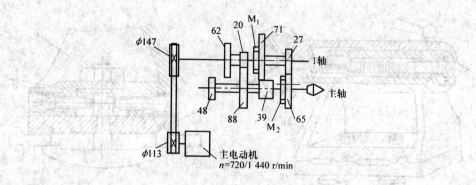

图 8-6　C6136 车床传动系统图

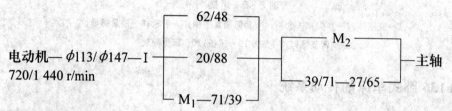

主轴的最高转速

　　$N_{max} = 1\,440 \times 113/147 \times 1 \times 71/39 \times 1 = 2\,015\ r/min$（标牌标注 2 000 r/min）

主轴的最低转速

　　$N_{min} = 720 \times 113/147 \times 20/88 \times 39/71 \times 27/65 = 29\ r/min$（标牌标注 32 r/min）

三、其他车床

　　在生产中,除卧式车床外,常用的还有转塔车床、立式车床、自动车床等,以满足不同尺寸、形状的零件加工及提高生产率。

　　1. 立式车床

　　立式车床的外形如图 8-7 所示。立式车床的主轴回转轴线是垂直于水平面的,立式车床装夹工件用的工作台绕垂直轴线旋转。在工作台的后侧面有立柱,立柱上有横梁和一个侧刀架,它们都能沿着立柱的导轨上下移动。垂直刀架溜板可沿横梁左右移动。溜板上有转台,可使刀具倾斜成不同角度,此时垂直刀架可做垂直方向或斜向进给。垂直刀架的转塔上有 5 个孔,可放置不同的刀具,旋转转塔,即可准确而迅速地更换刀具。侧刀架上的四方刀台夹持刀具,可做水平方向往复移动。

　　在立式车床上,可加工内、外圆柱面、圆锥面、端面等,适用于加工短而直径大的重型工件,如大型带轮、轮圈、大型电机零件、大型绞车的零件等。

　　2. 转塔车床

　　转塔车床又称六角车床,用于成批加工外形复杂或具有孔及螺纹的中小型工件,如图 8-8 所示。转塔六角刀架可同时安装钻头、铰刀、板牙以及装在特殊刀夹中的各种车刀。在加工一个工件的过程中,只要依次使刀架转位,便可迅速变换刀具,并可与四方刀架上的刀具同时进行加工。这种机床还备有定程装置,以控制尺寸,从而节省了测量工件的时间。

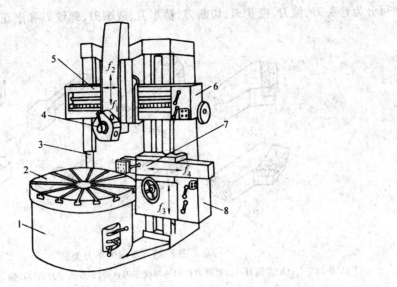

图 8-7 立式车床

1—底座;2—工作台;3—立柱;4—垂直刀架;

5—横梁;6—垂直进给箱;7—侧刀架;8—侧刀架进给箱

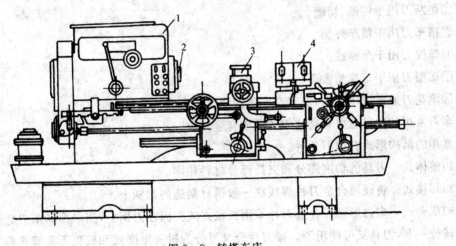

图 8-8 转塔车床

1—主轴箱;2—主轴;3—四方刀架;4—六角刀架

第 4 节　车刀及其安装

一、车刀的组成和种类

车刀由刀头(或刀片)和刀杆两部分组成。刀头是车刀的切削部分,刀杆是车刀的夹持部分。

由于车削加工的内容不同,所以必须采用不同种类的车刀。车刀按其用途和结构的不同,可分为弯头刀、偏刀、镗孔刀、切断刀、精车刀、成型刀、螺纹刀和滚花刀等,如图8-9所示。

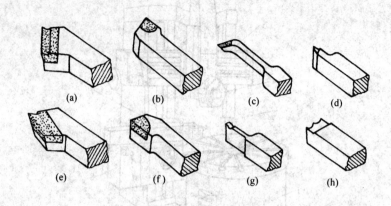

图8-9 常用的车刀类型

45°外圆车刀;(b)左偏刀;(c)镗孔刀;(d)外螺纹车刀;(e)75°外圆车刀;(f)右偏刀;(g)切断刀;(h)成型车刀

①弯头刀用于车外圆、端面、倒角。

②偏刀分左、右偏刀,用于车外圆、端面、台阶等。

③镗孔刀用于车内孔。

④切断刀用于切断、切槽。

⑤精车刀用于精车外圆。

⑥螺纹刀用于车螺纹。

⑦成型刀用于车成型表面。

⑧滚花刀通过挤压工件,使其产生塑性变形而形成花纹。

车刀常用的材料主要有高速钢和硬质合金两种。

常用的结构形式有以下几种。

1)整体式　刀具的切削部分和夹持部分材料相同。

2)焊接式　将硬质合金刀片焊接在一般钢材制造的刀柄上。

3)机夹式　多边形硬质合金刀片采用机械方式夹固在刀柄上,当一个切削刃磨钝时,可将刀片转位一下,刀具又可使用了。按刀片分又可分为机夹重磨式和机夹不重磨式两类。

二、车刀的刃磨

当车刀用钝后,一般需要重新刃磨,以恢复其原来的形状和角度。车刀通常是在砂轮机上刃磨。磨高速钢刀具要用氧化铝砂轮(一般为白色),而磨硬质合金刀具则要用碳化硅砂轮(一般为绿色)。车刀在砂轮机上刃磨后,还要用油石加机油将各面磨光,以提高车刀耐用度和被加工零件的表面质量。

刃磨车刀时的注意事项如下。

①刃磨时,双手拿稳车刀,使刀杆靠于支架,并让受磨面轻贴砂轮。倾斜角度要合适,用力应均匀,以免挤碎砂轮,造成事故。

②将刃磨的车刀在砂轮圆周面上左右移动,使砂轮磨耗均匀,不出沟槽,切勿在砂轮两侧

面用力粗磨车刀,以免砂轮受力偏摆、跳动,甚至破碎。

③刃磨高速钢车刀,刀头磨热时,应放入水中冷却,以免刀具因温升过高而软化;刃磨硬质合金车刀,刀头磨热后应将刀杆置于水内冷却,切勿刀头过热沾水急冷,这将产生裂纹。

④不要站在砂轮的正面,以防砂轮破碎使操作者受伤。

三、车刀的安装

安装车刀的基本要求如下:

①车刀刀杆应与工件的轴线垂直,其底面应平放在方刀架上;

②刀尖应与车床主轴轴线等高,装刀时只要使刀尖与尾座顶尖对齐即可;

③刀头伸出刀架的距离一般不超过刀杆厚度的两倍,如果伸出太长,刀杆刚性减弱,切削时容易产生振动,影响加工质量;

④刀杆下面的垫片应平整,且片数不宜太多(少于 3 片);

⑤车刀位置装正后,应用刀架螺钉压紧,至少用两个螺钉并交替拧紧。

第 5 节　工件安装及车床附件

工件形状、大小和加工批量不同,安装工件的方法及所用附件也不同。工件安装的主要要求是定位准确,装夹牢固,以保证加工质量和生产率。在普通车床上常用三爪卡盘、四爪卡盘、顶尖、心轴、花盘及弯板等附件安装工件。

一、三爪卡盘

三爪卡盘是车床最常用的通用夹具,一般由专业厂家生产,作为车床附件配套供应,如图 8-10 所示。三爪卡盘的特点是在夹紧或松开工件时三个卡爪同时移动,所以装夹工件能自动定心、装夹方便,可省去许多校正工作。三爪卡盘夹紧力较小,仅适于夹持表面光滑的圆柱形或六角形工件,而不适于单独安装较沉重或形状复杂的工件。反三爪卡盘用以支持直径较大的工件。

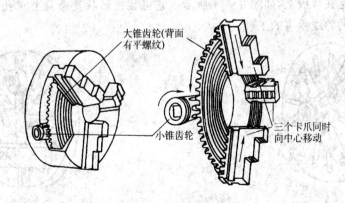

大锥齿轮(背面有平螺纹)

小锥齿轮

三个卡爪同时向中心移动

图 8-10　三爪卡盘

二、四爪卡盘

四爪卡盘也是常见的通用夹具,如图 8-11 所示。其特点是卡紧力大,用途广泛。它虽不能自动定心,但通过校正后,安装精度较高。

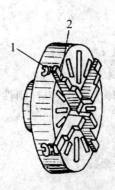

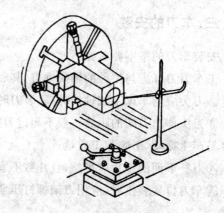

图 8-11　四爪卡盘
1—夹紧螺杆;2—卡爪

图 8-12　四爪卡盘找正

四爪卡盘不但适于装夹圆形工件,还可装夹方形、长方形、椭圆或其他形状不规则的工件,在圆盘上车偏心孔也常用四爪卡盘安装。由于四爪卡盘的四个卡爪是独立移动的,互不相连,不能自动定心,因此在安装工件时调整时间长,要求技术水平高。所以四爪卡盘只适用于单件小批量生产。使用四爪卡盘时,工件找正一般是用划针盘或百分表按工件外圆表面或内孔表面进行,也常按预先在工件上的划线找正,如图 8-12 所示。找正精度可达 0.02~0.05 mm。

三、花盘和弯板

花盘的结构如图 8-13 所示。加工复杂形状工件时,可用螺钉、压板、垫铁和弯板等将工件固定在花盘上。花盘端面上的 T 形槽用来放置压紧螺栓。

弯板多为 90°铁块,两平面上开有槽形孔用于穿紧固螺钉。弯板用螺钉固定在花盘上,再将工件用螺钉固定在弯板上,如图 8-14 所示。它可装夹形状复杂且要求孔的轴线与安装面平行或要求两孔的轴线垂直的工件。

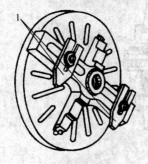

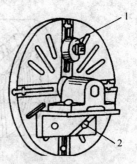

图 8-13　花盘
1—压板

图 8-14　花盘与弯板
1—配重块;2—弯板

用花盘或花盘加弯板安装工件时,应在重心偏置的对应部位加平衡件进行平衡,以防加工时因工件的重心偏离旋转中心而引起振动和冲击。

四、顶尖安装

常用的顶尖有活顶尖和死顶尖两种,如图 8 - 15 所示。活顶尖结构复杂,旋转精度较低,多用于粗车和半精车。

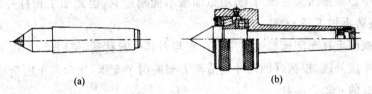

(a)   (b)

图 8 - 15 顶尖

(a)死顶尖;(b)活顶尖

当加工较长或加工工序较多的轴类工件时,要先车平工件端面,用中心钻在两端面上加工出中心孔,常采用两顶尖安装,如图 8 - 16 所示。工件装夹在前、后顶尖之间,由卡箍、拨盘带动旋转。前顶尖装在主轴上,和主轴一起旋转,后顶尖装在尾架上固定不转。

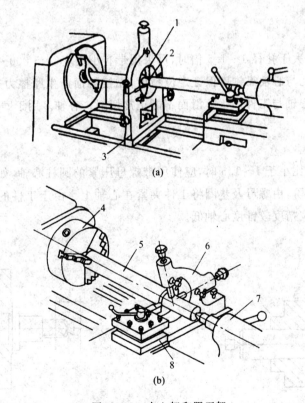

(a)

(b)

图 8 - 16 中心架和跟刀架

(a)中心架;(b)跟刀架

1—可调节支撑爪;2—预先车出外圆面;3—中心架;4—三爪卡盘;5—工件;6—跟刀架;7—尾架;8—刀架

五、中心架和跟刀架的应用

车细长轴(长度与直径之比大于 10)时,由于工件本身的刚性不足,为防止工件在切削力作用下产生弯曲变形而影响加工精度,常用附加的辅助支承——中心架或跟刀架,参见图 8-16。

中心架固定在车床导轨上,以其互成 120°的三个支承爪支承在工件预先加工的外圆面上进行加工。但中心架被压紧在床身上,所以溜板不能越过它,因此加工长杆件时,需先加工一端,然后调头安装再加工另一端。

跟刀架是被固定在车床床鞍上使用的。它与刀具一起移动,使用时,先在工件上靠后顶尖的一端车出一小段外圆,根据外圆尺寸调节跟刀架的两个支承,然后再车出全轴长。跟刀架主要用于车削细长的光轴。

六、用心轴安装工件

形状复杂或同轴度要求较高的盘套类零件,常用心轴安装加工,以保证零件外圆与内孔的同轴度及端面与内孔轴线的垂直度。在加工时先对工件上的孔进行精加工,并以其为基准,利用心轴与顶尖配合,再对其外圆等进行加工。常用的心轴有圆锥度心轴、圆柱心轴、胀力心轴和伞形心轴。

1. 圆锥度心轴

当工件孔的长度大于孔径 1～1.5 倍时,可采用带有小锥度(1/5 000～1/2 000)的心轴,如图8-17所示。工件孔与心轴靠锥度保证定位精度,靠接触面产生摩擦力来夹紧工件,故切削深度不能太大,以免心轴与工件产生打滑而不能正常切削。心轴多用于磨削或精车,但没有轴向定位。

2. 圆柱心轴

当工件孔的长径比小于 1～1.5 时,应使用带螺母压紧的圆柱心轴,如图 8-18 所示。工件左端靠紧心轴的台阶,由螺母及垫圈将工件夹紧在心轴上。由于工件的孔与心轴之间的配合存在间隙,所以定位精度较锥度心轴低。

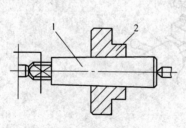

图 8-17　锥度心轴装夹工件

1—锥度心轴;2—工件

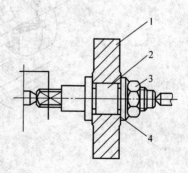

图 8-18　圆柱心轴装夹工件

1—工件;2—定位圆柱;3—紧固螺母;4—垫片

3. 胀力心轴

它是通过调整锥形螺杆使心轴一端做微量的扩张,以将工件孔胀紧的一种快速装拆的心轴,适用于中小型工件的批量生产。

4. 伞形心轴

它适于安装以毛坯孔为基准车削外圆的带有锥孔或阶梯孔的工件。其特点是装拆迅速,装夹牢固,能装夹一定尺寸范围内不同孔径的工件。

第 6 节　车 床 操 作

一、刻度盘及其手柄的使用

在车削工件时,要准确、迅速地调整背吃刀量,必须熟练地使用中滑板和小滑板的刻度盘。

中滑板的刻度盘紧固在丝杠轴头上,中滑板和丝杠螺母紧固在一起。当中滑板手柄带着刻度盘转一周时,丝杠也转一周,这时螺母带着中滑板移动一个螺距。C6136 车床中滑板丝杠螺距为 5 mm,中滑板的刻度盘等分为 250 格,故每转一格对应滑板移动的距离为 0.02 mm。也就是背吃刀量增加(减少)0.02 mm,由于工件是旋转的,所以工件上被切除部分刚好是滑板移动量的 2 倍。

加工时,应慢慢转动刻度盘手柄,使刻线转到所需要的格数。若多转过几格,那么绝不能简单地退回几格,由于丝杠与螺母之间存在间隙,会产生空行程(即刻度盘转动而溜板并未移动)。此时一定要向相反方向全部退回,以消除空行程,然后再转到所需要的格数。

小滑板刻度盘的原理及其使用和中滑板相同。小滑板刻度盘主要用于控制刀具沿小滑板导轨移动的距离。

二、车削步骤

在正确安装工件和刀具之后,通常按以下步骤进行车削。

1. 试切

为了控制切削深度,保证工件径向的尺寸精度,开始车削时,应先进行试切。试切的方法与步骤如下:

①开车,转动中拖板手柄缓慢进刀,使刀尖与工件表面轻微接触,记下中滑板刻度盘上的数值,然后转动大拖板手柄将大拖板摇出工件;

②按进给量或工件直径的要求计算切削深度,转动中拖板手柄,根据中滑板刻度盘上的数值进刀,并手动纵向进给切进工件 1～3 mm,然后再次将大拖板摇出工件;

③进行测量,如果尺寸合格,就按该切深纵向进给将整个表面加工完,如果尺寸不合格,就要按照步骤②重新调整,进行试切,直到尺寸合格。

2. 切削

在试切的基础上,获得合格尺寸后,就可以扳动自动走刀手柄使之自动走刀。每当车刀纵向进给至距末端 3～5 mm 时,可改自动进给为手动进给,以避免走刀超长或车刀切削卡盘爪。

当全部加工完成后应先停止走刀,然后退出车刀,最后停车。

3. 检验

完工零件要进行测量检验,以确保零件的质量。

三、粗车与精车

为了提高生产率,保证加工质量,常把车削划分为粗车和精车。

粗车是一种以切除大部分加工余量为主要目的的切削加工,精车是一种以达到预定的精度和表面质量的切削加工。

第 7 节   车削基本工艺

一、车外圆和台阶面

根据工件的结构和形状,可采用不同的车刀加工,如图 8-19 所示。直头车刀可用来加工无台阶的光滑轴和盘套类的外圆。弯头车刀不仅可用来车削外圆,且可车端面和倒角。偏刀可用于加工有台阶的外圆和细长轴。此外直头和弯头车刀的刀头部分强度好,一般用于粗加工和半精加工,而 90°偏刀常用于精加工。

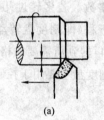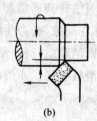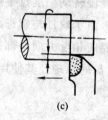

(a)   (b)   (c)

图 8-19   车削外圆

(a)直头刀车外圆;(b)弯头刀车外圆;(c)90°偏刀车外圆

二、车端面

车刀的选择与安装如图 8-20 所示。车削端面时可以采用右偏刀由外向中心车端面,但车到中心时,凸台突然车掉,因此刀头易损坏,切削深度大时,易扎刀;也可采用左偏刀由外向中心车端面,切削条件有所改善;或用弯头车刀由外向中心车端面,凸台逐渐车掉,切削条件较好,加工质量较高;精车端面时,还可用右偏刀由中心向外进给,切削条件好,能提高端面的加工质量。关键是车削时刀尖必须与机床主轴旋转中心线等高,否则易造成崩刀。

三、钻孔与镗孔

车床上可用钻头、扩孔钻、铰刀、镗刀分别进行钻孔、扩孔、铰孔和镗孔。

1. 钻孔

钻孔是在实体工件上加工出孔的工艺过程。在车床上钻孔大都用麻花钻头装在尾架套筒

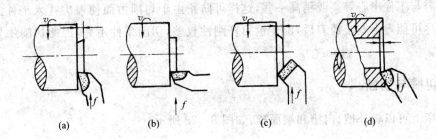

图 8-20　车削端面

(a)右偏刀由外向中心车端面；(b)左偏刀由外向中心车端面；

(c)弯头刀由外向中心车端面；(d)右偏刀由中心向外车端面

锥孔中进行。钻削时,工件旋转为主运动,钻头只做纵向进给运动。加工精度为 IT10 以下,表面结构参数 R_a 为 6.3 μm。

钻孔操作时应先车平端面,以便于钻头定中心,防止钻偏,或先将工件端面中心钻出一中心孔,然后将锥柄钻头直接装在尾座套筒锥孔中,或将直柄钻头用钻夹头夹持后装在尾座套筒锥孔中。调整尾架位置,使钻头能达到所需长度,然后固定尾架。钻削时,切削速度不宜过大,以免钻头剧烈磨损,钻削过程中,应经常退出钻头排屑。钻削碳素钢时,应加切削液。孔将钻通时,应降低进给速度,以防折断钻头。孔钻通后,先退出钻头,然后停车。

2. 扩孔和铰孔

扩孔是使用扩孔钻对已钻出的孔进行半精加工的工艺。加工精度为 IT10~IT9,表面结构参数为 6.3~3.2 μm。

铰孔是使用铰刀对已钻出的孔进行精加工的工艺。加工精度为 IT8~IT7,表面结构参数为 1.6~0.8 μm。

操作方法与钻削大体相同。

3. 镗孔

镗孔是对铸孔、锻孔或已有的孔进行再加工的工艺,加工范围很广。镗孔的精度可达 IT7~IT6,表面结构参数达 3.2~1.6 μm,精细镗削可达 0.8 μm。镗削最大的特点是能较好地纠正原来孔的歪斜。

镗通孔、阶梯孔和盲孔所用镗刀如图 8-21 所示。安装通孔镗刀时,主偏角可小于 90°；安装不通孔镗刀或镗阶梯孔时,主偏角需大于 90°,否则内孔底平面不可能车平。

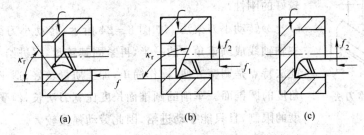

图 8-21　镗孔

(a)镗通孔；(b)镗阶梯孔；(c)镗盲孔

刀尖需与工件中心等高或稍高一些,这样可防止由于切削力而使刀尖扎入工件。镗刀伸出长度应尽可能短。安装镗刀后,由于镗刀杆刚性较差,切削条件不好,因此切削用量应比车外圆时小。

四、切槽与切断

在车床上可以切外槽、内槽和端面槽,如图 8-22 所示。

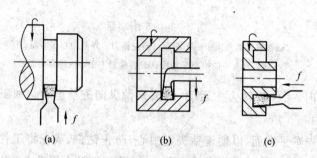

图 8-22　切槽
(a)切外槽;(b)切内槽;(c)切端面槽

切槽刀前端为主切削刃,两侧为副切削刃。切窄槽时,主切削刃宽度等于槽宽,在横向进刀中一次切出。切槽时要分几次切削才能完成。切断刀的刀头形状与切槽刀相似,但其主切削刃较窄,刀头较长,切槽与切断都是以横向进刀为主。

安装切槽刀时要注意主切削刃平行于工件轴线,两副偏角相等,刀尖与工件轴线等高。安装切断刀时刀尖必须严格对准工件中心,若刀尖装得过高或过低,切断处均将剩有凸起部分,容易造成刀头折断或由于凸起顶住刀具后刀面不易切削。选择切削速度应低些,主轴和刀架各部分配合间隙要小,手动进给要均匀。快切断时,应放慢进给速度,以防刀头折断。

五、车削锥面

车削圆锥面的方法有 4 种:宽刀法、转动小刀架法、偏移尾座法和靠模法。

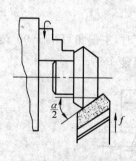

图 8-23　宽刀法

1)宽刀法　用宽刀法加工圆锥面如图 8-23 所示。这种方法仅适用于车削较短的内外圆锥面。特点是加工迅速,能车削任意角度的圆锥面。但不能车削太长的圆锥面,并要求机床与工件系统有较好的刚性。

2)转动小刀架法　如图 8-24 所示,转动小刀架,使其导轨与主轴轴线成圆锥角 α 的一半,再紧固其转盘,摇进给手柄车出锥面。此法特点是调整方便,操作简单,加工质量较好,适于车削内外任意角度的圆锥面。车削的圆锥面长度比宽刀法长,但受小刀架行程长度的限制,且只能手动进给,因此劳动强度较大。

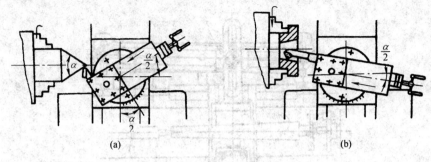

图 8-24　转动小刀架法

(a)车外锥面;(b)镗内锥孔

3)偏移尾座法　如图 8-25 所示,将工件置于前、后顶尖之间,调整尾座横向位置 $s=L \cdot \tan(\alpha/2)$,使工件轴线与纵向走刀方向成 α 角,自动纵向走刀便可车出圆锥面。这种方法能自动进给车削较长的圆锥面,但不能加工锥孔和锥角大的圆锥面(一般 $\alpha < 8°$),且精确调整尾座偏移量较费时。

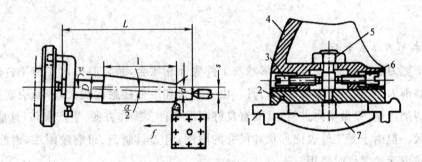

图 8-25　偏移尾座法

1—床身;2—底座;3—调节螺钉;4—尾架;5—紧固螺母;6—调节螺钉;7—压板

4)靠模法　对于某些较长的内外圆锥面,当其精度要求较高且批量较大时常采用靠模法。如图 8-26 所示,靠模板装置的底座固定在床身的后面,底座上装有锥度靠模板,它可绕中心轴旋转到与工件轴线成 α 角,靠模板上装有可自由滑动的滑板。车削圆锥面时,首先须将中滑板上的丝杠与螺母脱开,把小刀架转过 90°,调整切削深度,并把中滑板与滑板用固定螺钉连接在一起。然后调整靠模板的角度,使其与工件锥面的斜角 α 相同。当床鞍板做纵向自动进给时,滑板就沿着靠模板滑动,从而使车刀的运动平行于靠模板,车出所需的圆锥面。该方法加工质量好,适于锥面较长工件的批量生产,但 α 角一般小于 12°。

六、车成形面

在车床上加工成形面一般有 3 种方法。

1. 手控走刀法

操作者用双手操纵大拖板和中拖板或中拖板和小拖板手柄,使刀刃(尖)的运动轨迹与回转成形面的母线相符。此法加工成形面需要较高的技艺,工件成形后,还需进行锉修,生产率

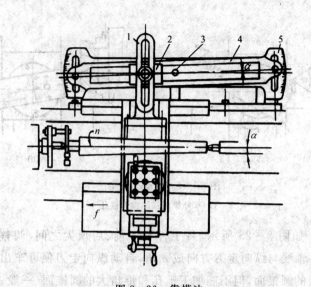

图 8-26 靠模法
1—连接板；2—滑头；3—销钉；4—靠模板；5—底座

较低。

2. 用成形刀车成形面

类似于宽刀法车锥面，要求刀刃形状与工件表面相吻合，装刀时刃口要与工件轴线等高，刃磨时只磨前刀面，加工精度取决于刀具。由于车刀和工件接触面积大，容易引起振动，因此需采用小切削用量，只做横向进给，且要有良好润滑条件。操作方便，生产率高，且能获得精确的表面形状。但由于受工件表面形状和尺寸的限制，且刀具制造、刃磨较困难，因此只在成批生产较短成形面的零件时采用。

3. 用靠模车成形面

车削成形面的原理和靠模法车削圆锥面相同。加工时，只要把滑板换成滚柱，把锥度靠模板换成带有所需曲线的靠模板即可，如图 8-26 所示。此法加工工件尺寸较大，可采用机动进给，生产率较高，加工精度较高，广泛用于批量生产中。

七、车削螺纹

螺纹按牙型可分为三角螺纹、梯形螺纹、方牙螺纹等。车削螺纹时必须保证牙型角、螺距和中径三个基本参数符合要求。

车削螺纹时，车刀的刀尖角必须与螺纹牙型角 α（公制螺纹 $\alpha=60°$）相等，在车床上车削单头螺纹的实质就是使车刀的进给量等于工件的螺距。为保证螺距的精度，应使用丝杠与开合螺母的传动来完成刀架的进给运动。通过进给箱可实现车削右旋或左旋螺纹以及螺纹螺距的调整。

车螺纹要经过多次走刀才能完成。在多次走刀过程中，必须保证车刀每次都落入已切出的螺纹槽内，否则就会发生"乱扣"。多次走刀和退刀时，均不能打开开合螺母，否则将发生"乱扣"。

车削螺纹操作时,螺纹车刀刀尖必须与工件中心等高,用对刀样板对刀,保证刀尖角的等分线严格地垂直于工件的轴线。按进给箱标牌调整螺距。开车,使车刀与工件轻微接触,记下刻度盘读数,向右退出车刀;合上开合螺母,在工件表面上车出一条螺旋线,横向退出车刀,停车;反向开车,使车刀退到工件右端,停车,用钢直尺检查螺距和中径是否正确;螺纹中径是靠多次进刀的总切削深度实现的,如图 8-27 所示。

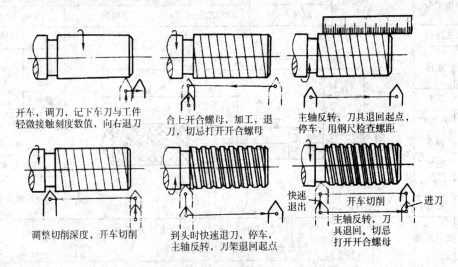

开车,调刀,记下车刀与工件轻微接触刻度数值,向右退刀　　合上开合螺母,加工,退刀,切忌打开开合螺母　　主轴反转,刀具退回起点,停车,用钢尺检查螺距

调整切削深度,开车切削　　到头时快速退刀,停车,主轴反转,刀架退回起点　　快速退出　开车切削　进刀　　主轴反转,刀具退回。切忌打开开合螺母

图 8-27　车削螺纹的操作步骤

八、滚花

滚花是使用特制滚花刀挤压工件,使其表面产生塑性变形而形成花纹,如图 8-28 所示。

花纹一般有直纹和网纹两种。滚花刀也分直纹滚花刀和网纹滚花刀。滚花前,应将滚花部分的直径车得比工件所要求尺寸小 0.15~0.8 mm,然后将滚花刀的表面与工件平行接触,且使滚花刀中心与工件中心等高。在滚花开始吃刀时,需用较大压力,待吃刀一定深度后,再纵向自动进给,这样往复滚压 1~2 次,直到滚好为止。此外,滚花时工件转速要低,通常还需充分供给冷却液。

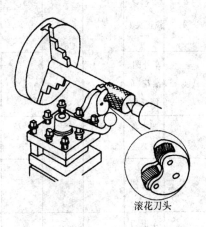

滚花刀头

图 8-28　滚花

第8节　车削工艺举例

普通车床加工工序卡

工程训练中心	普通车床加工工艺卡	产品型号	零件号	零件名称	件数	第1页
		训练产品	CGXL—1	手锤柄	1件	共1页
零件加工路线					零件规格	
车间 D-3	工序				材料	45钢 φ18圆棒
库房	下料				质量	0.251 kg
车工	去毛刺				毛坯料尺寸：	
车工	粗车				φ18×205	
车工	精车				零件技术要求	
车工	去毛刺					
检验室	检验				表面无毛刺	
1	找正夹紧	普通车床	C6136	三爪卡盘、卡盘、刀架扳手等	夹持毛坯外圆伸出 3 mm 找正夹紧	3 min	
2	车端面			45°弯头刀	车端面	4 min	
3	钻中心孔			尾架、钻卡头、2.5 mm 中心钻	钻端面中心孔	3 min	
4	找正夹紧			三爪卡盘、卡盘、刀架扳手等	夹持毛坯外圆伸出 60 mm 找正夹紧	5 min	
5	车外圆、滚花、车圆弧面			90°外圆车刀、滚花刀	车外圆 φ16 至长 50，滚花至长 50，车端部 R10 圆弧面	10 min	装夹带中心孔端
6	调头找正装夹			三爪卡盘、顶尖、卡盘扳手等	调头用卡盘装夹滚花部位，用顶尖顶住 2.5 mm 中心孔	5 min	
7	车外圆			90°外圆车刀	车 M10×1.5 螺纹外圆至长度，车 φ12 外圆至长度，车长 40 mm 锥度 1：10 的锥面	20 min	
8	车退刀槽、倒角			切槽刀、45°弯头刀	切 3 mm 宽退刀槽至深度，车 2.5×60°倒角	5 min	
9	检验			0～150 mm 游标卡尺、0～25 mm 千分尺等		5 min	
编制		审核		批准	会签	编制日期	

第9章 铣 削

第1节 铣削实习的目的和要求

一、铣削实习课程内容

主要讲解铣床的组成、运动及传动系统，了解铣床的种类，掌握所用卧式铣床或立式铣床的型号、主要组成部分及加工范围。熟悉铣刀的种类、常用铣刀材料以及安装方法和圆柱形螺旋齿铣刀结构特点。掌握分度头的结构、用途、简单分度原理及方法，工件在分度头上的安装方法，万能立铣头和回转工作台的应用。

二、铣削实习的目的和作用

铣削加工是机加工的主要方法之一，通过对铣床的实际操作掌握平面、沟槽及分度表面的铣削方法、铣削加工特点、铣削所能达到的尺寸精度和表面结构；能够正确地调整主轴转速和进给量；能完成平面加工，包括选择刀具、附件、安装刀具、工件找正等；能用简单分度方法加工分度表面，包括安装工件、调整分度头、选择铣刀等；能安排简单零件的加工顺序，并能进行工艺分析。

三、铣削实习具体要求

了解铣削生产的工艺过程、特点和应用。知道铣削加工常用的工具和设备名称及其作用。掌握卧式铣床的基本安全操作技能，了解立式铣床的方法、特点及应用。学习使用万能分度头和转盘，并能掌握顺铣和逆铣的工艺特点和应用，了解铣削生产安全技术及简单经济分析。

四、铣削实习安全事项

①进厂实习要穿工作服，袖口要扎紧。女同学要戴安全帽，不穿高跟鞋，不穿裙子。

②铣工操作不许戴手套，不准用手触摸旋转部位。

③离开机床要停车要报告，出现事故要停机请示辅导教师，不得擅自处理。

④开车前要检查各手柄位置，每日实习完毕要擦拭机床清理铁屑，并进行润滑保养。

⑤主轴转动时不准测量工件，不准用棉纱擦拭工件，不要用手去摸工件表面。

⑥铣削中可用冷却液喷管或刷子向工件和刀具之间加注冷却液。

⑦爱护工具和量具，要维护其清洁，摆放要整齐，养成文明生产的好习惯。

第2节 概　　述

一、铣削加工的特点和应用

在铣床上用铣刀对工件进行切削加工的过程称为铣削，是金属切削加工中常用的方法之一。铣削可用来加工各种平面、沟槽和成形表面，还可以进行分度工作，更换相应刀具还可以进行钻孔和镗孔加工。常见的铣削加工工艺如图9-1所示。铣削加工的尺寸公差等级一般

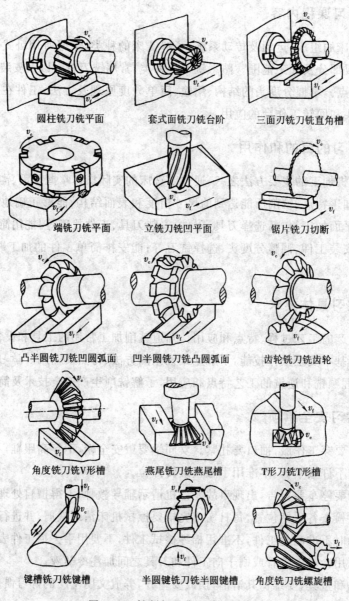

<table>
<tr><td>圆柱铣刀铣平面</td><td>套式面铣刀铣台阶</td><td>三面刃铣刀铣直角槽</td></tr>
<tr><td>端铣刀铣平面</td><td>立铣刀铣凹平面</td><td>锯片铣刀切断</td></tr>
<tr><td>凸半圆铣刀铣凹圆弧面</td><td>凹半圆铣刀铣凸圆弧面</td><td>齿轮铣刀铣齿轮</td></tr>
<tr><td>角度铣刀铣V形槽</td><td>燕尾铣刀铣燕尾槽</td><td>T形刀铣T形槽</td></tr>
<tr><td>键槽铣刀铣键槽</td><td>半圆键铣刀铣半圆键槽</td><td>角度铣刀铣螺旋槽</td></tr>
</table>

图9-1　铣削加工典型零件类型

可达 IT10—IT8,表面结构参数值一般为 $R_a 6.3 \sim 1.6 \ \mu m$。铣刀是多齿旋转刀具,铣削过程中,每个刀齿间歇地进行切削,刀刃的散热条件好,相对于车刀有更长的刀具寿命,由于参加工作的刀刃较多,可以采用较大的切削用量,因此其生产率较高。但由于铣刀刀齿不断切入切出,使铣削力不断变化,因而容易产生振动。另外,铣刀制造也比较困难。

二、铣削运动和铣削用量

在铣床上铣平面,主运动是铣刀的旋转运动,工件的缓慢移动为进给运动。工件随工作台缓慢的直线移动为进给运动,进给运动可分为横向进给、纵向进给和垂直进给运动,以及当加工螺旋面或圆柱面时的圆周进给运动。铣削用量由铣削速度、进给量、背吃刀量和侧吃刀量四个要素组成。铣削用量如图 9-2 所示。

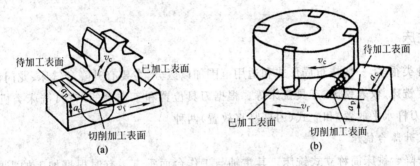

图 9-2　铣削用量
(a)周铣;(b)端铣

1. 铣削速度 v

铣削速度即为铣刀最大直径处的线速度,可用下式计算:

$$v = \pi d n / 1 \ 000 \tag{9-1}$$

式中　v——铣削速度,m/min;

　　　d——铣刀直径,mm;

　　　n——铣刀转速,r/min。

2. 进给量

铣削进给量是指刀具在进给运动方向上相对工件的位移量。可用每齿进给量 f_z(mm/z)、每转进给量 f(mm/r)或每分钟进给量 v_f(mm/min)表示,这三者的关系为:

$$v_f = f \cdot n = f_z n z \tag{9-2}$$

式中　z——铣刀齿数;

　　　n——铣刀转速。

3. 背吃刀量

背吃刀量 a_p 为沿铣刀轴线方向上测量的切削层尺寸。切削层是指工件上正被刀刃切削着的那层金属或者是已加工表面到待加工表面之间的距离。

4. 侧吃刀量 a_c

侧吃刀量 a_c 为垂直于铣刀轴线方向上测量的切削层尺寸。

5. 加工时间 T

单次加工时间 $T_1 = L/v_f = L/(f_n n) = L/(f_z n z)$ (9-3)

式中　T_1——单次走刀加工时间，min；

　　L——单次走刀距离，mm；

　　v_f——每分钟进给量，mm/r；

　　f_n——每转进给量，mm/r；

　　f_z——每齿进给量，mm/z；

　　n——工件的转速，r/min。

第 3 节　铣床、铣刀及常用附件

一、铣床

铣床种类很多，一般按布局形式和适用范围加以区分，主要有升降台铣床、龙门铣床、单柱铣床和单臂铣床、仪表铣床、工具铣床等。根据刀具位置和工作台的结构，铣床类机床一般可分为卧式（刀杆水平放置）和立式（刀杆竖直放置）两种。

1. 立式升降台铣床

立式升降台铣床简称立式铣床。其主轴与工作台面垂直。有时根据加工的需要，可以将立铣头（主轴）偏转一定的角度。X5032 中 X 表示铣床类代号，5 为立式铣床，50 表示立式升降台铣床；32 表示主参数，为工作台面宽度的 1/10，即工作台宽度为 320 mm。

X5032 立式升降台铣床外形如图 9-3 所示，主要由床身、立铣头、主轴、工作台、升降台、底座组成。

1）床身　固定和支承铣床各部件。

2）立铣头　支承主轴，可左右倾斜一定角度。

3）主轴　主轴为空心轴，前端为精密锥孔，用于安装铣刀并带动铣刀旋转。

4）工作台　承载、装夹工件，可纵向和横向移动，还可水平转动。

5）升降台　通过升降丝杠支承工作台，可以使工作台垂直移动。

6）变速机构　主轴变速机构在床身内，使主轴有 18 种转速，进给变速机构在升降台内，可提供 18 种进给速度。

7）底座　支承床身和升降台，底部可存储切削液。

立式铣床利用立铣刀或端面铣刀加工平面、台阶、斜面和键槽，还可加工内外圆弧、T 形槽及凸轮等。

2. 卧式万能升降台铣床

X6132 万能卧式铣床是一种常见的卧式铣床。编号中 X 表示铣床类，6 表示卧式铣床，1 表示万能升降台铣床，32 表示工作台宽度的 1/10，即此型号铣床工作台宽度为 320 mm。如图 9-4 所示，X6132 卧式铣床主要由床身、主轴、横梁、纵向工作台、转台、横向工作台和升降合等部分组成。

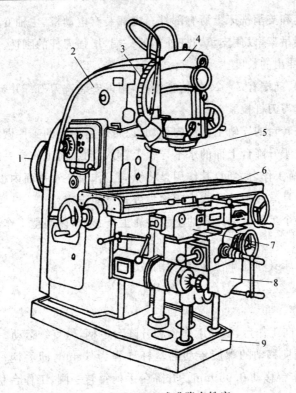

图 9 - 3 X5032 立式升降台铣床

1—电动机;2—床身;3—主轴转盘;4—立铣头;5—主轴;6—工作台;7—横向工作台;8—升降台;9—底座

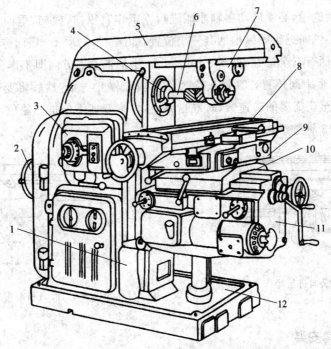

图 9 - 4 X6132 卧式万能升降台铣床

1—床身;2—电动机;3—主轴变速机构;4—主轴;5—横梁;6—刀杆;

7—刀杆吊架;8—工作台;9—转台;10—纵向工作台;11—升降台;12—底座

①床身用来固定和支承铣床上所有部件。内部装有电动机、主轴变速机构和主轴等。

②横梁用于安装吊架,以便支承刀杆外伸的一端,增强刀杆的刚性。横梁可沿床身的水平导轨移动,以调整其伸出的长度。

③主轴是空心轴,前端有 7∶24 的精密锥孔,用以安装铣刀刀杆并带动铣刀旋转。主轴空心孔可穿过拉杆将铣刀刀杆拉紧。

④纵向工作台在转台的导轨上做纵向移动,以带动台面上的工件做纵向进给。

⑤横向工作台位于升降台上面的水平导轨上,可带动纵向工作台一起做横向进给。

⑥转台位于纵、横工作台之间,其作用是将纵向工作台在水平面内扳转一个角度($\pm 45°$),以便铣削螺旋槽等。具有转台的卧式铣床称为卧式万能铣床。

⑦升降台可使整个工作台沿床身的垂直导轨上下移动,以调整工作台面到铣刀的距离,实现垂直进给。

⑧底座用来支承床身和升降台,内装切削液。

3.铣床操作

(1)手动进给操作

用手分别摇动纵向工作台、横向工作台和升降台手柄,做直线运动。控制纵向螺旋传动的丝杆导程为 4 mm,横向移动的螺旋传动的丝杆导程为 6 mm,即手柄每转一圈,工作台移动 6 mm,每转一格,工作台移动 0.05 mm。升降台手柄每转一圈,工作台移动 2 mm,每转一格,工作台移动 0.05 mm。

(2)自动进给操作

工作台的自动进给,必须启动主轴才能进行。工作台纵向、横向、垂向的自动进给操纵手柄均为复式手柄。纵向进给操纵手柄有三个位置,如图 9-5 所示。横向进给和垂直进给由同一手柄操纵,该手柄有五个位置,如图 9-6 所示。手柄推动的方向即工作台移动的方向,停止进给时,把手柄推至中间位置。变换进给速度时应先停止进给,然后将变速手柄向外拉并转动,带动转速盘转至所需要的转速数,对准指针后,再将变速手柄推回原位。转速盘上有 23.5 ~1180 r/min 共 18 种进给速度。

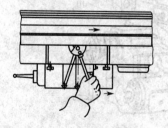

图 9-5 纵向进给操作手柄

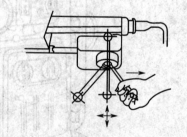

图 9-6 横向和垂直进给操作手柄

二、铣刀及其安装

1.铣刀

铣刀实质上是一种由几把单刃刀具组成的多刃刀具,其刀齿分布在圆柱铣刀的外圆柱表面或端铣刀的端面上。常用的铣刀刀齿材料有高速钢和硬质合金两种。铣刀的种类很多,按其安装方法可分为带柄铣刀和带孔铣刀两大类。

1)带柄铣刀 常用的带柄铣刀分镶齿端铣刀和整体铣刀,如图9-7所示。其共同特点是均有供夹持用的刀柄。立铣刀有直柄和锥柄两种,一般直径较小的铣刀为直柄;直径较大的铣刀为锥柄。多用于加工沟槽、小平面、台阶面等。键槽铣刀用于加工封闭式键槽。T形槽铣刀用于加工T形槽。镶齿端铣刀用于加工较大的平面。

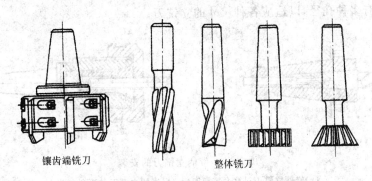

镶齿端铣刀　　　　　整体铣刀

图9-7 带柄铣刀

2)带孔铣刀 常用的带孔铣刀有圆柱铣刀、三面刃铣刀、锯片铣刀、角度铣刀和圆弧铣刀,如图9-8所示,圆柱铣刀的刀齿分布在圆柱表面上,通常分为直齿和斜齿两种,主要用于铣削平面。由于斜齿圆柱铣刀的每个刀齿是逐渐切入和切离工件的,故工作较平稳,加工表面结构参数值小,但有轴向切削力产生。圆盘铣刀主要用于加工不同宽度的沟槽及水平面、台阶面等,锯片铣刀用于铣窄槽和切断材料,角度铣刀具有各种不同的角度,用于加工各种角度的沟槽及斜面等,成型铣刀用于加工与刀刃形状对应的成型面。

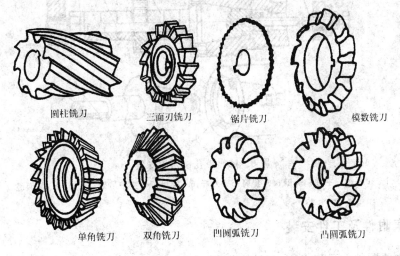

圆柱铣刀　　　　三面刃铣刀　　　　锯片铣刀　　　　模数铣刀

单角铣刀　　　　双角铣刀　　　　凹圆弧铣刀　　　　凸圆弧铣刀

图9-8 带孔铣刀

2. 铣刀的安装

（1）带柄铣刀的安装

根据铣刀锥柄的大小，锥柄立铣刀的安装应选择合适的变锥套，将配合表面擦净，然后用拉杆把铣刀及变锥套一起拉紧在主轴上，如图 9-9（a）所示。直柄立铣刀多为小直径铣刀，一般多用弹簧卡头安装，如图 9-9（b）所示。铣刀的柄插入弹簧套的孔中，用螺母压弹簧套的端面，使弹簧套的外锥面受压而缩小孔径，即可将铣刀夹紧。弹簧套上有三个开口，故受力时能收缩。弹簧套有多种孔径，以适应各种尺寸的立铣刀。

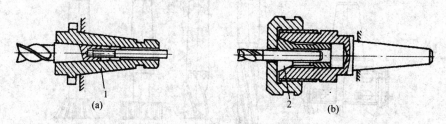

图 9-9　带柄立铣刀的安装

（a）锥柄立铣刀过渡套拉杆安装；（b）直柄立铣刀弹簧套安装

1—过渡锥套；2—弹簧套

（2）带孔铣刀的安装

带孔铣刀中的圆柱形、圆盘形铣刀多用长刀杆安装，如图 9-10 所示。长刀杆一端有7∶24 锥度与铣床主轴孔配合，根据刀孔的大小安装刀具的刀杆部分，常用的刀杆直径有 $\phi16$、$\phi22$、$\phi27$、$\phi32$ 等几种。带孔端铣刀多用短刀杆安装。

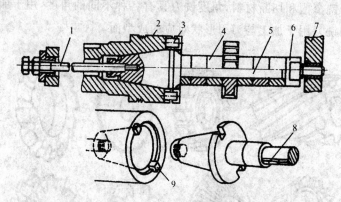

图 9-10　带孔铣刀的安装

1—拉杆；2—主轴；3—键；4—套筒；5—刀杆；6—螺母；7—主轴吊架；8—键；9—端面键

三、铣床附件及工件安装

铣床的主要附件有平口虎钳、回转工作台、分度头和万能铣头等。其中前三种附件用于安装工件，万能铣头用于安装刀具。

1. 平口虎钳

平口虎钳是铣床常用附件之一，如图 9-11 所示，它有固定钳口和活动钳口，通过丝杠、螺母传动调整钳口间距离,以装夹不同宽度的工件。

2. 回转工作台

回转工作台,又称转盘或圆工作台,如图 9-12 所示。其内部有蜗轮蜗杆机构。转动手轮通过蜗杆轴直接带动与转台相连接的蜗轮转动。转台周围有刻度,可用来确定转台位置。拧紧螺钉,转台即被固定。转台中央有一主轴孔,用它可方便地确定工件的回转中心。当底座上的槽和铣床工作台上的 T 形槽对齐后,即可用螺栓把回转工作台固定在铣床工作台上。

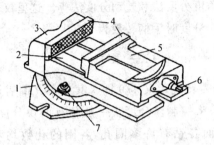

图 9-11 平口虎钳

1—底座;2—钳身;3—固定钳口;4—钳铁口;

5—活动钳口;6—螺杆;7—紧固螺钉

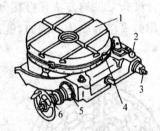

图 9-12 回转工作台

1—转台;2—离合器手柄;3—传动轴;

4—挡铁;5—偏心套;6—手轮

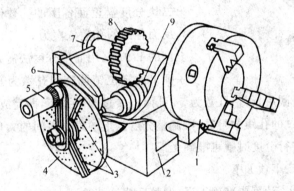

图 9-13 万能分度头

1—三爪卡盘;2—底座;3—扇形夹;4—分度盘;5—分度手柄;

6—转动体;7—主轴;8—蜗轮;9—蜗杆

3. 分度头

在铣削加工中,常遇到铣多边形、齿轮、花键和刻线等工作,此时常用到万能分度头,如图 9-13 所示。这时,工件每铣过一个面或一个槽之后,需要转过一个等分的角度,再铣削第二个面或槽,这种方法称为分度。分度头就是能对工件在水平、垂直和倾斜位置进行分度的附件。

万能分度头的底座上装有回转体,分度头的主轴可随回转体在垂直平面内转动。主轴前端常装有三爪自定心卡盘或顶尖,用于装夹工件。分度时可转动分度手柄。分度头中蜗杆和蜗轮的传动比为 1:40,即当手柄通过一对直齿轮(传动比为 1:1)带动蜗杆转动一周时,蜗轮只能带动主轴转过 1/40 圈。

若工件在整个圆周上的分度数目 z 为已知时,则每分一个等份就要求分度头主轴转过

$1/z$ 圈。这时,分度手柄所需转的圈数 n 即可由下列关系推得:

$$1 : 40 = (1/z) : n \qquad (9-4)$$

得　　　　$n = 40/z$

式中　n——手柄转数;

　　　40——分度头定数;

　　　z——工件等分数。

分度头分度的方法有直接分度法、简单分度法、角度分度法和差动分度法等。这里仅介绍最常用的简单分度法。例如,铣齿数 $z=36$ 的轮,每次分度时手柄转数为

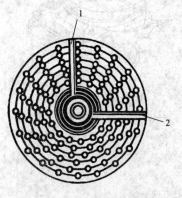

$$n = 40/z = 40/36 = 1\frac{1}{9}(\text{圈})$$

即每分一齿,手柄需转过 1 又 1/9 圈。其中 1/9 圈需通过分度盘(图 9-14)来控制。分度头一般备有两块分度盘。每块分度盘的两面各钻有许多圈孔,各圈的孔数均不相同。然而同一圈上各孔的孔距是相等的。

第一块分度盘正面各圈的孔数依次为 24、25、28、30、34、37,反面各圈的孔数依次为 38、39、41、42、43。

第二块分度盘正面各圈的孔数依次为 46、47、49、51、53、54,反面各圈的孔数依次为 57、58、59、62、66。

上例的 1/9 圈,用简单分度法需先将分度盘固定,再将分度手柄上的定位销调整到孔数为 9 的倍数(如 54)的孔

图 9-14　分度盘
1、2—扇形夹

圈上,此时手柄转过一圈后,再沿孔数为 54 孔圈上转过 6 个孔距,即完成一次分度。

为了确保手柄转过的孔距数可靠,可调整分度盘上的扇形叉间的夹角,使之正好等于分子的孔距数,这样依次进行分度时就可准确无误。

使用分度头的注意事项如下:

①要精心调整校正,计算要准确无误,调整后要试切验证;

②操作前应将分度手柄空摇几周,目的在于消除蜗杆与蜗轮的啮合间隙,空摇的方向为加工时分度手柄转动的方向;

③分度手柄只应向一个方向转动,不得反方向转动;

④如果分度手柄不慎转多了孔距数,应将手柄退回 1/3 圈以上,以消除传动件之间的间隙,再重新转到正确的孔位上;

⑤除加工螺旋表面或槽外,其余分度加工都应在分度后不要忘记旋上紧固手柄,切削后不要忘记松开紧固手柄。

4. 万能铣头

万能铣头的壳体可绕铣床主轴轴线偏转任意角度。铣头主轴的壳体还能相对壳体偏转任意角度。因此,铣头主轴就能在空间偏转成所需要的任意角度,从而扩大了卧式铣床的加工范围。图 9-15 所示为万能铣头。其底座用四个螺栓固定在铣床的垂直导轨上。铣床主轴的运动通过铣头内的两对齿数相同的锥齿轮传到铣头主轴上,因此铣头主轴的转数级数与铣床的

转数级数相同。

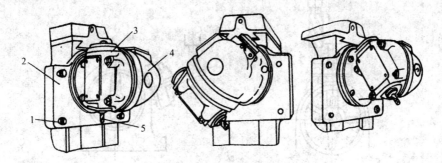

图 9-15 万能铣头

1—紧固螺钉；2—底座；3—铣头主轴壳体；4—壳体；5—铣刀

5.工件的安装

铣床上常用的工件安装方法如下：

①用平口虎钳安装工件时，应使铣削力方向趋向固定钳口方向，如图 9-16 所示；

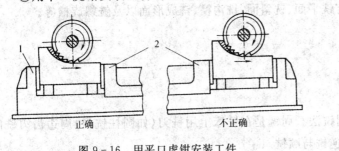

正确   不正确

图 9-16 用平口虎钳安装工件

1—固定钳口；2—活动钳口

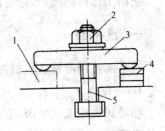

图 9-17 用压板、螺栓安装工件

1—工件；2—螺母；3—压板；

4—垫铁；5—螺栓

②用压板、螺栓安装工件如图 9-17 所示；

③用分度头安装工件一般用在等分工件中，它既可用分度头卡盘（或顶尖）与尾座顶尖一起安装轴类工件（图 9-18），也可只用分度头卡盘安装工件（图 9-19）。

当生产批量较大时，可采用专用夹具或组合夹具安装工件，这样既能提高生产率，又能保证工件的加工质量。

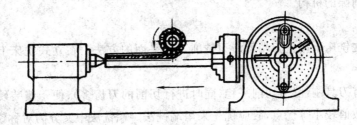

图 9-18 用分度头卡盘与尾座顶尖一起安装轴类工件

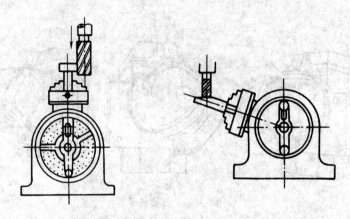

图 9-19　用分度头卡盘安装工件

第 4 节　铣削基本工艺

铣削工作范围很广,常见的有铣平面、铣斜面、铣沟槽、铣成形面以及铣螺旋槽等。

一、铣平面

铣平面可用周铣法或端铣法。

1. 周铣法

在卧式铣床上铣平面,常用周铣法。周铣是在铣床上用铣刀(如圆柱铣刀)周边齿刃铣削工件平面的方法。周铣法又分为逆铣与顺铣。

1)逆铣　在铣刀与工件已加工面的切点处,铣刀切削速度方向与工件进给方向相反的铣削,如图 9-20(a)所示。逆铣的优点是铣削过程较平稳;缺点是每个刀齿开始切入时与已加工表面都有一小段滑行挤压过程,从而加速了刀具的磨损,增加了已加工表面的硬化程度。逆铣是常用的铣削方式。

2)顺铣　在铣刀与工件已加工面的切点处,铣刀切削速度方向与工件进给方向相同的铣削,如图 9-20(b)所示。顺铣克服了逆铣存在每个刀齿开始切入时都有一小段滑行挤压过程的缺点,但顺铣时的水平分力可引起工作台在进给运动中产生窜动,因此采用顺铣时机床应有消除丝杠螺母间隙的机构。

2. 端铣法

端铣法是在铣床上用铣刀端面齿刃铣削工件平面的方法。在立式铣床上铣平面,常用端铣法。

端铣法具有刀具刚性好、切削平稳(同时进行切削的刀齿多)、便于镶装硬质合金刀片、加工表面结构参数值较小等优点,故应优先采用端铣法。端铣法中又分为对称铣削、非对称逆铣和非对称顺铣,如图 9-21 所示,特点与周铣法的逆铣与顺铣类似。

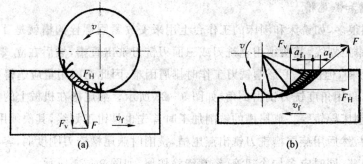

图 9-20　周铣法的逆铣与顺铣

(a)顺铣；(b)逆铣

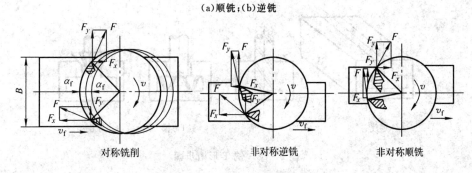

对称铣削　　　　非对称逆铣　　　　非对称顺铣

图 9-21　端铣法的逆铣与顺铣

二、铣斜面、铣 T 形槽、铣燕尾槽和铣成形面

1.铣斜面

铣斜面可采用使工件倾斜所需要的角度，或将铣刀倾斜所需要的角度，或使用角度铣刀，或使用分度头等几种方法，可视实际情况选用，如图 9-22 所示。

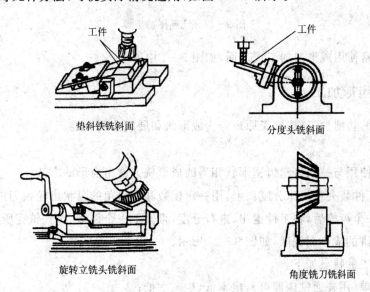

垫斜铁铣斜面　　　　　　　　　　分度头铣斜面

旋转立铣头铣斜面　　　　　　　　角度铣刀铣斜面

图 9-22　铣斜面的几种方法

2.铣 T 形槽和燕尾槽

T 形槽应用很多,如铣床和刨床的工作台上用来安放紧固螺栓的槽就是 T 形槽。要加工 T 形槽,首先用钳工划线,其次须用立铣刀或三面刃铣刀铣出直槽,然后在立式铣床上用 T 形槽铣刀铣削 T 形槽,但由于 T 形槽铣刀工作时排屑困难,因此切削用量应选得小些,同时应多加冷却液,最后,再用角度铣刀铣出倒角,如图 9-23 所示。燕尾槽在机械上的使用也较多,如车床导轨、牛头刨床导轨等。燕尾槽的铣削加工时首先也是钳工划线,其次须用立铣刀或三面刃铣刀铣出直槽,然后用燕尾槽铣刀铣出燕尾槽,铣削时燕尾槽铣刀刚度弱,容易折断,因此切削用量应选得小些,同时应多加冷却液,经常清除切屑,如图 9-24 所示。

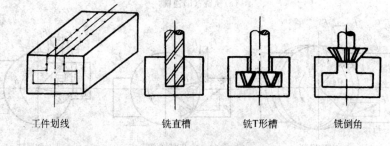

| 工件划线 | 铣直槽 | 铣 T 形槽 | 铣倒角 |

图 9-23 铣 T 形槽步骤

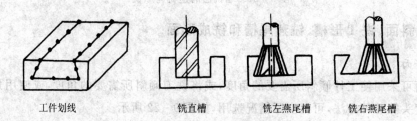

| 工件划线 | 铣直槽 | 铣左燕尾槽 | 铣右燕尾槽 |

图 9-24 铣燕尾槽步骤

铣成形面常使用成形刀加工成形面,如图 9-1 中所示。

三、齿轮齿形加工

齿轮齿形的切削加工,按加工原理分为成形法和展成法两大类。

1.成形法

成形法是使用与被切齿轮齿槽形状相当的成形铣刀铣出齿形的方法。

铣削时,工件装夹在机床分度头上,用一定模数和压力角的盘状齿轮铣刀或指状齿轮铣刀铣削,当铣完一个齿槽后,将工件退出,进行分度,再铣下一个齿槽,直到铣完所有的齿槽为止,类似于上节所讲的成形面铣削,如图 9-25 所示。

成形法加工的特点如下:

①设备简单(用普通铣床即可),成本低,生产率低;

②加工的齿轮精度较低,只能达到 IT 11～IT 9,齿面结构参数 R_a 为 6.3～3.2 μm。

这是因为齿轮齿槽的形状与模数和齿数有关,故要铣出准确齿形,需对同一模数的每一种

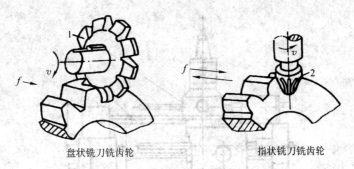

盘状铣刀铣齿轮 指状铣刀铣齿轮

图 9-25 成形法加工原理图
1—盘状铣刀;2—指状铣刀

齿数的齿轮制造一把铣刀,这样十分不经济。为方便刀具制造和管理,一般将铣削模数相同而齿数不同的齿轮所用的铣刀制成一组(8 把),分为 8 个刀号,每号铣刀加工一定齿数范围的齿轮,而每号铣刀的刀齿轮廓是按该号数范围内的最少齿数齿轮齿槽的理论轮廓来制造的,号数范围内其他齿数的齿轮只能获得近似齿形。

根据以上特点,成形法铣齿轮多用于修配或单件制造某些转速低、精度要求不高的齿轮。

2.展成法

展成法是建立在齿轮与齿轮或齿条与齿轮的相互啮合原理基础上的齿形加工方法。插齿加工和滚齿加工均属展成法加工齿形。

(1)插齿加工

插齿加工是在插齿机上进行的,如图 9-26 所示。插齿加工的过程相当于一对齿轮啮合。插齿刀的形状类似一个齿轮,材料为高速钢,在轮齿上磨出前角、后角,从而使它具有锋利的刀刃。一种模数的插齿刀可以切出模数相同而齿数不同的各种齿轮。

插齿时,插齿刀做上下往复切削运动,同时强制地要求插齿刀和被加工齿坯间严格保持着一对渐开线齿轮的啮合关系。这样插齿刀就能把工件上齿间的金属切除而形成渐开线齿形(图 9-27)。

插齿加工中,插齿机有以下 5 种运动。

1)主运动 插齿刀上下往复直线运动(切削运动)。

2)分齿运动 插齿刀与被切齿坯之间强制地保持着一对齿轮传动的啮合关系的运动。

3)径向进给运动 为逐渐切至齿的全深,插齿刀向齿坯中心的切入运动。

4)圆周进给运动 插齿刀每往复一次在分度圆周上所转过的弧长的毫米数。

5)让刀运动 插齿刀上下往复运动中,向下是切削行程,向上是退回行程。在插齿刀回程时,为避免插齿刀后刀面与工件表面摩擦,划伤已加工表面,工作台带着工件让开插齿刀,而在插齿时工作台又需恢复原位,工作台的这个运动称为让刀运动。

插齿机一般用于加工内外直齿圆柱齿轮、双联齿轮和多联齿轮;配备附件,还可加工齿条、斜齿圆柱齿轮、人字齿轮等。

插齿机的加工精度为 IT8~IT7 级,齿面结构参数 R_a 为 1.6 μm。

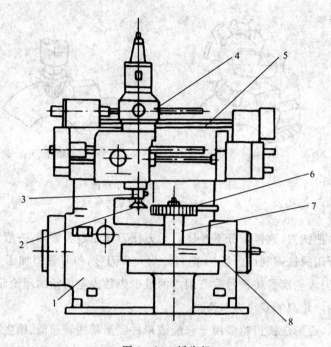

图 9-26 插齿机

1—床身；2—插齿刀；3—主轴；4—刀架；5—横梁；6—工件；7—心轴；8—工作台

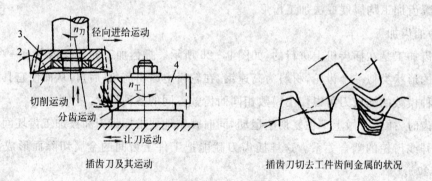

插齿刀及其运动　　　　　　插齿刀切去工件齿间金属的状况

图 9-27 插齿工作原理

1—前角；2—后角；3—插齿刀；4—齿轮毛坯

（2）滚齿加工

滚齿加工是在滚齿机上进行的，如图 9-28 所示。滚齿机由安装滚刀刀轴和刀具的刀架、支撑和安装刀架的立柱、安装工件心轴的工作台和支撑架、连接机床各部的床身组成。滚刀和工件相当于一对相互啮合的蜗杆和蜗轮，两者之间的无间隙啮合运动切出齿轮的齿形。一把滚刀可以加工出所对应的同一模数的不同齿数的齿轮。为完成滚齿加工直齿轮，滚齿机需有以下 3 种运动（图 9-29）。

1）主运动　滚刀的旋转运动（切削运动）。

2）分齿运动　保证滚刀的转速与被切齿轮的转速之间啮合关系的运动。

3）垂直进给运动　滚刀沿齿轮轴向的垂直向下进给，以保证切出整个齿宽所需的运动。

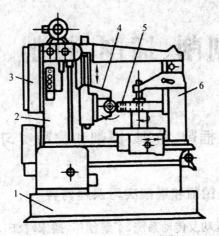

图 9-28 滚齿机外形图

1—床身;2—立柱;3—电器柜;4—刀架;

5—工件;6—支撑架

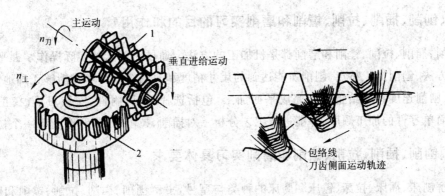

图 9-29 滚齿机加工运动原理图

1—滚刀;2—齿轮毛坯

当加工斜齿轮时需要增加一个差动运动。

滚齿加工精度一般为 IT8~IT7 级,齿面结构参数 R_a 为 1.6 μm。

插齿和滚齿均适宜批量生产。此外,为提高齿形精度和降低齿面结构参数值,齿轮的精加工工艺还有剃齿、珩齿和磨齿加工。

第 10 章 刨削、插削、拉削、镗削和磨削

第 1 节 刨削、插削、拉削、镗削和磨削实习的目的和要求

一、刨削、插削、拉削、镗削和磨削实习课程内容

主要讲解刨床的组成、运动及传动系统，了解刨床、插床、拉床、镗床和磨床的种类，主要组成部分及加工范围。熟悉牛头刨床结构、操作与调整方法，了解棘轮棘爪机构和摇臂机构等典型传动机构。了解插床、拉床、镗床和磨床的工作原理、简单结构和加工特点，了解拉刀结构特点，了解砂轮特征。

二、刨削、插削、拉削、镗削和磨削实习的目的和作用

刨削、插削、拉削、镗削和磨削都是机加工的方法。通过对刨床的实际操作掌握平面、沟槽的刨削方法、刨削加工特点、刨削所能达到的尺寸精度和表面结构要求。能够正确地调整滑枕的行程、刨削速度和进给量。能完成平面加工，包括选择刀具、附件、安装刀具、找正工件等。能安排简单零件的加工顺序，并能进行工艺分析。对插削、拉削、镗削和磨削有一个初步认识。

三、刨削、插削、拉削、镗削和磨削实习具体要求

了解刨床、插床、拉床、镗床和磨床的种类与型号，了解刨削、插削、拉削、镗削和磨削生产的工艺过程、特点和应用范围；知道刨削、插削、拉削、镗削和磨削加工常用的工具和设备名称及其作用；了解刨床的维护保养及安全操作规程，了解刨削生产安全技术及简单经济分析。

四、刨削、插削、拉削、镗削和磨削实习安全事项

刨削时应检查工件不得高于滑枕，工件夹紧后方可对刀，手柄用后取下。二人以上操作时要相互配合，操作者站在机床两侧，但不能远离机床。开机时不得测量工件、不得用手触摸工件，变速或调整机床时必须停机。管理好工具、量具，做到文明生产，工件摆放整齐，不得损坏，下班后清扫机床关掉电源。掌握刨削、插削、拉削、镗削和磨削的基本安全操作技能。

第 2 节 刨 削

刨削是利用刨刀在刨床上对工件进行切削加工，是加工平面的主要方法之一。刨削主要用于加工各种平面（水平面、垂直面和斜面）、各种沟槽（直槽、T 形槽、燕尾槽等）和成形面等，如图 10-1 所示。常用的刨床有牛头刨床、单臂刨床和龙门刨床等。

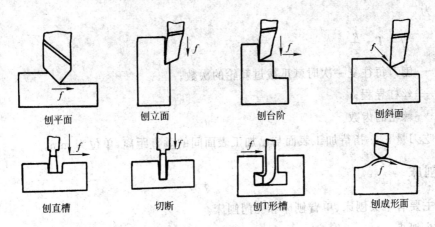

刨平面　　　　刨立面　　　　刨台阶　　　　刨斜面

刨直槽　　　　切断　　　　刨T形槽　　　　刨成形面

图 10-1　刨削的应用范围

一、刨削的特点与应用

刨削特点如下。

①刨削是断续切削过程,刨刀返回行程时不进行工作。刀具切入、切出时切削力有突变,将引起冲击和振动,故限制了刨削速度的提高。此外,由于采用单刀加工,所以刨削加工生产率一般较低;但对于狭长表面(如导轨面)的加工,以及在龙门刨床上进行多刀、多件加工,其生产率有所提高。

②刨削加工通用性好、适应性强。刨床结构简单,调整和操作方便;刨刀形状简单,刃磨和安装方便;切削时不需加切削液。刨削在单件、小批量生产和修配工作中得到广泛应用。

③刨削加工精度可达 IT9～IT7,表面结构参数 R_a 值为 12.5～3.2 μm,用宽刀精刨时,R_a 值可达 1.6 μm。此外,刨削加工还可保证一定的相互位置精度,如面对面的平行度和垂直度等。

二、刨削运动与刨削用量

刨削加工在牛头刨床或龙门刨床上进行。在牛头刨床上刨削时,主运动是刨刀的往复直线运动,进给运动为工件的间歇直线移动。在龙门刨床上刨削时,主运动是工件随工作台一起的往复直线运动,进给运动则是刀具的间歇直线移动。

刨削用量如图 10-2 所示。

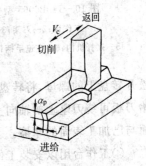

图 10-2　刨削用量

1)切削速度 v_c　指刨刀工作行程的平均速度,计算式为

$$v = 2nL/1\,000 \tag{10-1}$$

式中　v_c——切削速度,m/min;

　　　L——刨刀往复直线运动行程长度,mm;

　　　n——刨刀每分钟往复次数。

一般 $v_c = 17 \sim 50$ m/min。

2)进给量 f　指刨刀每往复一次工件在进给方向上所移动的距离,单位为 mm。进给量

的计算式为

$$f = T \cdot \frac{k}{z} \tag{10-2}$$

式中　k——刨刀每往复一次时棘爪拨过棘轮的次数；

　　　T——丝杠导程；

　　　z——棘轮的齿数。

3）背吃刀量 a_p　指待加工表面与已加工表面间的垂直距离，单位为 mm。

三、刨床

刨床主要有牛头刨床、单臂刨床和龙门刨床。

1. 牛头刨床

B6065 是一种常用的加工中小型工件的牛头刨床。B 为刨床类代号，60 为牛头刨床的组系代号，65 为最大刨削长度的 1/10，即最大刨削长度为 650 mm。

B6065 型牛头刨床的外形如图 10-3 所示。它主要由床身、滑枕、刀架、工作台等组成。

①床身用以支持和连接刨床的各部件。其顶面水平导轨供滑枕带动刀架进行往复直线运动，侧面垂直导轨供横梁带动工作台升降用。床身内部有主运动变速齿轮和滑块摇臂机构。

②滑枕用以带动刀架沿床身水平导轨做往复直线运动，其前端安装有刀架。

③刀架用以夹持刨刀。它主要由转盘、滑板、刀座、抬刀板和刀夹等组成，如图 10-4 所示。转动刀架手柄时，丝杠和螺母带动滑板及刨刀沿转盘上的导轨上下移动，以调整切削深度，或在加工垂直面时做进给运动。

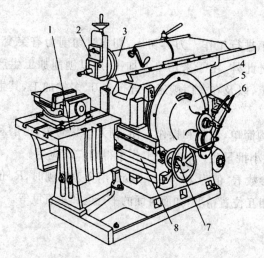

图 10-3　B6065 型牛头刨床外形图

1—工作台；2—刀架；3—滑枕；4—床身；
5—摆杆机构；6—变速手柄；7—进刀机构；8—横梁

松开转盘上的螺母，将转盘扳转一定角度，可使刀架斜向进给，以加工斜面。刀座装在滑板上。抬刀板可绕刀座上的轴向上抬起，以使刨刀在返回行程时离开工件已加工表面，减少刀具后刀面与已加工表面的摩擦。

④工作台用以安装工件，可随横梁做上下调整，在进给机构驱动下也可沿横梁导轨做水平移动或间歇进给运动。

B6065 型牛头刨床的传动系统如图 10-5 所示。牛头刨床的传动机构中最有特色的是滑块摇臂机构和棘轮棘爪机构。

滑块摇臂机构的作用是将电动机传来的旋转运动变为滑枕的直线往复运动。摇臂机构的结构如图 10-6 所示。主要由摇臂齿轮、摇臂、滑块等组成。摇臂上端与滑枕内的螺母相连，

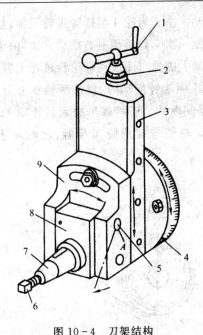

图 10 - 4 刀架结构

1—滑板进给手柄；2—刻度盘；3—滑板；4—转盘；

5—抬刀轴；6—紧固螺钉；7—刀夹；8—抬刀板；9—刀座

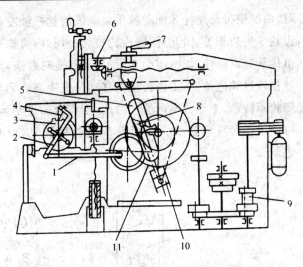

图 10 - 5 B6065 型牛头刨床的传动系统图

1—连杆；2—摇杆；3—棘轮；4—棘爪；5—摆杆；

6—行程位置调整方榫；7—滑枕锁紧手柄；8—滑块；

9—变速机构；10—摆杆下支点；11—摆杆机构

下端与支架相连。摇臂齿轮上的滑块与摇臂上的导槽相连。当摇臂齿轮由小齿轮带动旋转时，滑块就在摇臂的导槽内上下滑动，迫使摇臂绕下支点左右摆动，于是摇臂上端带动滑枕做直线往复运动。摇臂齿轮转动一周，滑枕带动刨刀往复运动一次。滑枕向前运动时，摇臂齿轮转角为 α，滑枕向后运动摇臂齿轮转角为 β。由于摇臂齿轮转速一定，且 $\alpha > \beta$，所以滑枕向前移动的速度就慢，而向后移动的速度就快。通过改变摇臂齿轮上滑块的偏心距离（也就是滑块中心到摇臂齿轮中心的距离），实现滑枕行程长短的变化。偏心的距离越大，滑枕的行程也就越大。滑枕行程起止位置的调整可通过松开滑枕锁紧手柄，用扳手转动行程位置调整方榫，经锥齿轮传动使丝杠旋转，从而使滑枕移到合适的位置，最后将滑枕锁紧手柄拧紧。

棘轮机构的作用是使工作台实现间歇的自动进给运动。棘轮机构的结构如图 10 - 7 所示。棘爪架空套在横梁丝杠轴上，棘轮用键与丝杠轴相连。齿轮固定于摇臂齿轮轴上，与摇臂齿轮组成同轴固定齿轮。当齿轮 4 带动齿轮 5 旋转

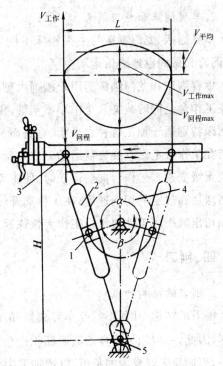

图 10 - 6 滑块摇臂机构示意图

1—滑块；2—摆杆；3—上支点；4—大齿轮；5—下支点

159

时,曲柄销带动连杆3推动棘爪架绕进给丝杠轴左右摆动。由于齿轮4与摇臂齿轮同轴,且与齿轮5齿数相等,因此,摇臂齿轮每转一周(即滑枕每往复一次),棘爪架左右摆动一次,由于棘爪传动有方向性,如图10-7所示,当其逆时针摆动时,其上的垂直面拨动棘轮转过若干齿,使丝杠转过相应角度,工作台横向移动一定距离。而当棘爪顺时针摆动时,仅从棘轮罩上滑过,棘轮不转动,工作台不进给。因此,工作台的进给运动是间歇的。若将棘爪提起后转动180°,可使工作台反向进给。当把棘爪提起后转动90°时,棘轮便与棘爪脱离接触,此时可手动进给。

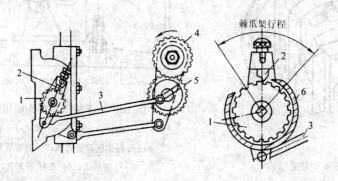

图 10-7　棘轮棘爪机构

1—棘轮;2—棘爪;3—连杆;4—齿轮;5—齿轮;6—棘轮护罩

2.单臂刨床和龙门刨床

单臂刨床、龙门刨床与牛头刨床不同,其主要特点是加工时主运动为工件的直线往复运动,而刀具做间歇地进给运动。

单臂刨床和龙门刨床适用于刨削大型工件,工件长度可达几米、十几米、甚至几十米。也可在工作台上同时装夹几个中小型工件,用几把刀具同时加工,故生产率较高。单臂刨床和龙门刨床特别适于加工各种水平面、垂直面及各种平面组合的导轨面、T形槽等。刨削时,工件安装在工作台上做直线往复运动。靠一套复杂的电气设备和线路系统实现工作台的运动,可实现无级变速。工作台向前运动时,使工件低速接近刨刀;刨刀切入工件后,工作台运动速度逐渐增加到规定的切削速度;在工件离开刨刀前,工作台运动速度减低,以防止切入时撞击刨刀和切出时损坏工件边缘。工作台快速返回时,由电磁机构将刨刀抬起。

四、刨刀

1.刨刀的结构特点

刨刀的结构、几何形状与车刀相似,但由于刨削加工不连续和有冲击现象,所以刀具容易损坏,因此,一般刨刀刀杆的截面面积比车刀大些,通常大1.25~1.5倍。刨刀的前角γ_0比车刀小,刃倾角λ取较大的负值,以增加刀尖强度。此外,刨刀的刀头往往做成弯头,其目的是为了当刀具碰到工件表面上的硬点时,刀头能绕O点转动,使刀刃离开工件表面,以免扎入工件表面或损坏刀具,这是刨刀的一个显著特点。图10-8所示为弯头和直头刨刀变形时扎入工件表面比较的示意图。

2.刨刀的种类及其应用

刨刀的形状和种类依加工表面形状不同而有所不同。常用刨刀及其应用如图 10-9 所示。平面刨刀用于加工水平面,偏刀用于加工垂直面或斜面,角度偏刀用于加工角度和燕尾槽,切刀用于切断或刨沟槽,内孔刀用于加工内孔表面(如内键槽),弯切刀用于加工 T 形槽及侧面上的槽,成形刀用于加工成形面。

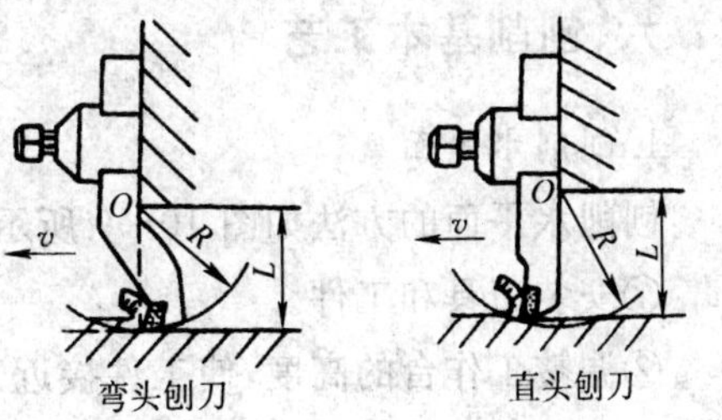

安装刨刀时刀头不要伸出太长,以免产生振动

图 10-8　弯头和直头刨刀变形时扎入
工件表面比较的示意图

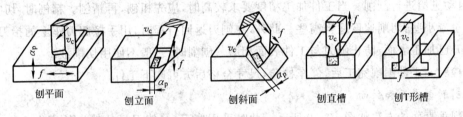

图 10-9　刨刀及其应用

和折断。直头刨刀伸出长度一般为刀杆厚度的 1.5 倍,弯头刨刀伸出长度可稍长,以弯曲部分不碰刀座为宜。装刀或卸刀时,必须一只手扶住刨刀,另一只手使用扳手,用力方向自上而下,否则容易将抬刀板掀起,碰伤或夹伤手指。

五、工件的安装

在刨床上安装工件的方法视工件形状和尺寸而定。常用的有平口钳安装、压板螺栓安装和专用夹具安装等。

1.平口钳安装

平口钳安装使用方便,应用广泛。平口钳是一种通用夹具,用于安装小型工件。将平口钳固定在工作台上,再把工件安装在平口钳上卡紧。

2.压板螺栓安装

对于尺寸较大或形状特殊的工件,可视其具体情况采用压板螺栓装夹并将工件固定在工作台上。安装时应先进行工件找正,用压板固定工件时,为防止工件变形或移动,压板不应歪斜和悬伸太长,各压紧螺母应分几次交错拧紧,在工件前端加挡铁,防止工件在加工过程中产生滑动。

3.专用夹具安装

专用夹具是根据工件某一工序的具体加工要求而设计和制造的夹具。利用专用夹具加工工件时,安装迅速、准确,既可保证加工精度,又可提高生产率。但设计和制造专用夹具的费用较高,故其主要用于成批大量生产。

六、刨削基本工艺

1.刨削水平面

刨削水平面的方法如图 10-9 所示。刨削水平面的顺序如下。

①安装刀具和工件。

②调整工作台的高度,使工件接近刀具。

③调整滑枕的行程长度和起始位置。

④根据工件材料、形状、尺寸等要求,合理选择切削用量。

⑤试切,先用手动试切。进给 0.5~1 mm 后停车,测量尺寸,根据测得结果调整切削深度,再自动进给进行刨削。当工件加工精度要求较高时,应先粗刨,再精刨。精刨时,切削深度和进给量应小些,切削速度适当高些。此外,在刨刀返回行程时,用手掀起刀座上的抬刀板,使刀具离开已加工表面,防止刨刀与工件表面相磨。刨削时,一般不使用切削液。

⑥检验。工件刨削完工后,停车检验,尺寸合格后方可卸下工件。

2.刨削垂直面和斜面

刨削垂直面的方法如图 10-9 所示。此时采用偏刀,并使刀具的伸出长度大于整个刨削面的高度。刀架转盘应对准零线,以使刨刀沿垂直方向移动。刀座必须偏转一定角度,以使刨刀在返回行程时离开工件表面,减少刀具的磨损,避免工件已加工表面被划伤。

刨斜面与刨垂直面基本相同,只是刀架须扳转一定角度,以使刨刀沿斜面方向移动,如图 10-9 所示。

3.刨削沟槽

刨直槽时,用切槽刀以垂直进给完成,如图 10-9 所示。

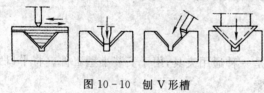

图 10-10　刨 V 形槽

刨 V 形槽的方法如图 10-10 所示。先按刨平面的方法把 V 形槽粗刨出大致形状;然后用切槽刀刨 V 形槽底的直角槽,再按刨斜面的方法用偏刀刨 V 形槽的两斜面;最后用样板刀进行精刨至图样要求的尺寸精度和表面结构要求。

刨 T 形槽时,先用切槽刀以垂直进给方式刨出直槽,然后用左、右两把弯刀分别刨出两侧凹槽,最后用 45°刨刀倒角,如图 10-9 所示。

刨燕尾槽与刨 T 形槽相似,但刨侧面时须用角度偏刀,刀架转盘要扳转一定角度,如图 10-11 所示。

刨削成形面时是先在工件的侧面划线,然后根据划线分别移动刨刀做垂直进给和移动工作台做水平进给,从而加工出成形面。也可用成形刨刀加工,使刨刀刃口的形状与工件表面一致,一次成形,但加工宽度不宜过宽,如图 10-12 所示。

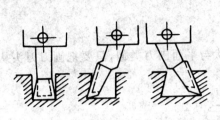

图 10-11 刨燕尾槽

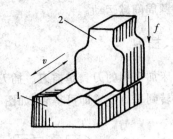

图 10-12 刨成形面

1—工件；2—成形刨刀

第 3 节 插 削

一、插床

插床的结构原理与牛头刨床类似，实际是一种立式刨床，只是在结构形式上略有区别。图 10-13 所示为 B5032 型插床的外形图。型号 B5032 中，B 表示刨床类代号，50 表示插床代号，32 表示最大插削长度的 1/10，即最大插削长度为 320 mm。

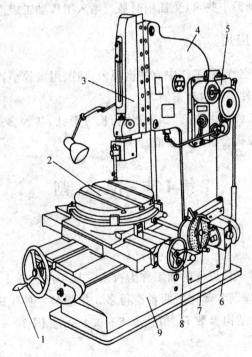

图 10-13 B5032 型插床外形图

1—工作台纵向移动手柄；2—工作台；3—滑枕；4—床身；
5—变速箱；6—进给箱；7—分度盘；8—工作台横向进给手柄；9—底座

插床的主运动是滑枕带动刀架在垂直方向上做往复直线运动，进给运动有工作台的横向、

163

纵向和圆周间歇运动。

二、插刀

插床加工用的刀具是插刀。插刀的几何形状与平面刨刀类似,只要把刨刀刀头从水平切削位置转到垂直位置即可得到,如图 10-14 所示。

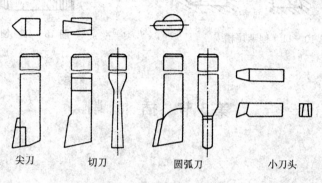

| 尖刀 | 切刀 | 圆弧刀 | 小刀头 |

图 10-14　插刀的几何形状

插削时,为避免插刀与工件相碰,插刀的刀刃应突出于刀杆之外。为增加插刀的刚性,在制造插刀时,应尽量增大刀杆的横截面面积;安装插刀时,应尽量缩短刀头的悬伸长度。此外,插刀的前角和后角应比刨刀小些,以免插削时插刀啃入工件加工表面。

三、插削的特点及应用

插削是单刃切削,有空行程,工作中有冲击现象,切削用量较小,故生产率较低。插削一般用于工具车间、修配及单件小批生产车间。

插削主要用于加工工件的内表面,如方形孔、长方形孔、各种多边形孔、键槽和花键孔等。特别适于加工盲孔和有障碍台阶的内表面。

第4节　拉　　削

一、拉床

在拉床上使用拉刀对工件进行的加工称为拉削。从切削性质上看,拉削与刨削和插削近似,但其加工精度和生产率前者却比后两者高得多。拉削是一种先进的精加工方法。其加工精度可达 IT8～IT7,表面结构参数 R_a 值达 $0.8～0.4\ \mu m$。图 10-15 所示为卧式拉床的外形图。

拉床结构简单,一般均采用液压传动,其主参数用额定拉力表示。如 L6120 型号中,L 表示拉床,6 表示卧式拉床,1 表示内拉床,20 表示额定拉力为 20 t。拉削的刀具为拉刀,拉刀是一种多齿刀具。拉削时的主运动是拉刀的直线移动,进给运动由拉刀的切削刀齿齿升量来完成,如图 10-16 所示。

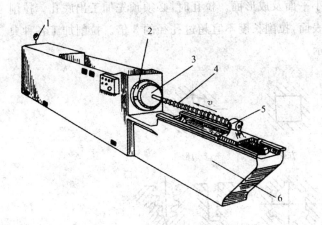

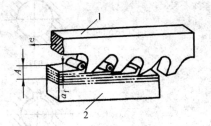

图 10-15　卧式拉床的外形图

1—压力表；2—支撑面；3—工件；4—拉刀；

5—随动刀架；6—床身

图 10-16　拉削原理图

1—拉刀；2—工件

二、拉刀

图 10-17 所示为圆孔拉刀的结构，其主要组成部分如下。

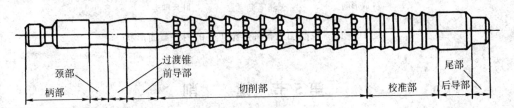

图 10-17　圆孔拉刀的结构

①柄部为拉刀的夹持部分，用以传递动力。

②颈部为柄部与过渡锥间的连接部分，用以打标记。

③过渡锥是使拉刀容易进入工件孔内，起对准中心作用。

④前导部起引导方向作用，防止拉刀歪斜。

⑤切削部担负切去全部余量工作，由粗切齿和精切齿组成。

⑥校准部与刀齿等高，起修光、校正作用，以提高工件的加工精度和减小表面结构参数值。

⑦后导部是用以保持拉刀即将离开工件时的正确位置，防止因工件下垂而刮伤已加工表面或损坏刀齿。

⑧尾部对长而重的拉刀起支承作用，防止其下垂。对于一般拉刀，则不需要此结构。

三、拉削的特点及应用

拉削过程中，拉刀的每一刀齿依次切去很薄的一层金属，一次行程后，粗、精加工全部完成，因此拉削加工的加工精度和生产率很高。但拉刀属于定尺寸刀具，且结构复杂，制造困难，价格昂贵，故拉削仅适于成批大量生产。

拉削适于加工各种截面形状的孔、小平面及成形面。拉孔时,必须预先加工出底孔。拉削不能加工盲孔,不宜加工有障碍台阶的表面,拉削长度不宜超过孔径的3倍。拉削加工各种典型工件的内外截面形状如图10-18所示。

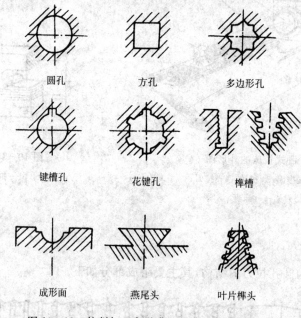

圆孔　　　　　　方孔　　　　　多边形孔

键槽孔　　　　　花键孔　　　　　榫槽

成形面　　　　　燕尾头　　　　　叶片榫头

图10-18　拉削加工各种典型工件的内外截面形状

第5节　镗　　削

一、镗床

镗床的结构简单,适用性好,既可用于粗加工,也可用于半精加工和精加工。其加工精度可达IT8~IT6,表面结构参数R_a为16~0.4 μm。

镗床通常用于加工尺寸较大且精度要求较高的孔,特别是分布在不同表面上、孔距和位置精度(平行度、垂直度和同轴度等)要求很高的孔系,如各种箱体、汽车发动机缸体等零件上的孔系加工。

镗床的主运动为主轴的旋转运动,根据加工情况,镗刀可装在主轴或平旋盘上,进给运动为镗刀杆的轴向移动或镗刀在平旋盘上的径向运动。如TPX6111B型镗床,T表示镗床,P表示平旋盘,X表示数显型,61表示卧式,11表示主轴径为110 mm,B表示第二次重大改型。卧式镗床的运动和结构如图10-19所示。卧式镗床的立柱固定在床身上,主轴箱可沿立柱的导轨上下移动,主轴箱中装有主轴、平旋盘、主运动和进给运动的变速传动机构和操纵机构。装在尾座上的镗杆轴承也可以沿尾座导轨与主轴箱同步升降,用于支撑长度较大的镗杆的悬伸端,以增加镗杆的刚性。工作台可以做横向和纵向移动以及绕其下的圆导轨在水平面内旋转至所需的角度。

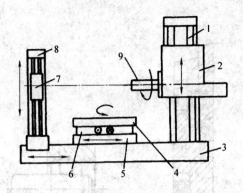

图 10 - 19　卧式镗床的运动和结构示意图

1—立柱；2—主轴箱；3—床身；4—工作台；5—下拖板；

6—上拖板；7—尾座轴承；8—尾座立柱；9—主轴

二、镗刀

镗床上常用的镗刀有单刃镗刀和浮动镗刀。单刃镗刀的外形像一把内孔车刀，安装时根据孔的尺寸可垂直或按一定角度安装在镗刀杆上。用单刃镗刀镗孔时，由于只有一个刀头工作，所以生产率较低。单刃镗刀的结构如图 10 - 20 所示。

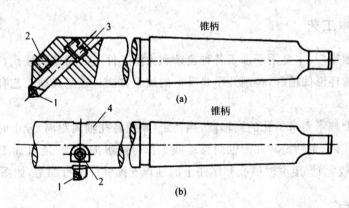

图 10 - 20　单刃镗刀的结构

(a)盲孔镗刀；(b)通孔镗刀

1—镗刀头；2—锁紧螺钉；3—调节螺钉；4—镗刀杆

为提高镗孔效率和加工质量，可使用多刃镗刀或浮动镗刀，如图 10 - 21 所示。浮动镗刀由两个刀片组成，两个刀片的切削刃反向对称安装，两切削刃间的距离可由调节螺钉及带斜面的垫板进行调整，然后由夹紧螺钉将刀片固定。镗孔时，镗刀片不是固定在镗杆上，而是插在镗杆的方孔中，并能在垂直于镗杆轴线的方向上自由移动，故称为浮动镗刀，由两切削刃产生的切削力自动保持平衡，从而补偿了由于镗刀安装误差或镗杆径向跳动引起的加工误差，这种镗刀适用于孔的精加工，但浮动刀片不能校正原有孔的轴线歪斜或位置误差。浮动镗刀工作情况如图 10 - 22 所示。

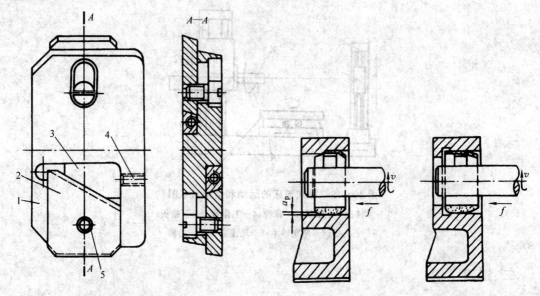

图 10-21 装配式浮动镗刀块结构

1—刀体；2—刀片；3—斜面垫板；
4—调节螺钉；5—刀片夹紧螺钉

图 10-22 浮动镗刀工作情况示意图

三、镗削基本工艺

镗削加工范围很广，主要用于加工各种复杂和大型工件上的精密圆柱孔，对直径较大的孔内成形表面或孔内环形凹槽等，镗削几乎是唯一的加工方法。镗削典型工艺有以下几种。

1. 镗削同轴孔

同轴孔的主要技术要求是孔的同轴度，当孔距（箱壁各孔轴向距离）较小时，可用较短的镗刀杆插在主轴锥孔内，主轴旋转并沿轴向移动或工作台沿纵向移动，便可加工完成，如图 10-23 所示。当孔距较大时，用主轴锥孔和尾座上的轴承支撑镗杆进行加工，如图 10-24 所示。

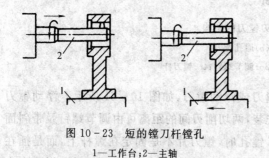

图 10-23 短的镗刀杆镗孔

1—工作台；2—主轴

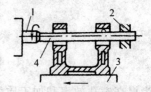

图 10-24 用主轴锥孔和尾座上的轴承支撑镗杆镗孔

1—主轴；2—镗杆轴承；3—工作台；4—镗杆

2. 镗削垂直孔

在镗床上加工轴线相互垂直的孔时，可先加工一个孔，然后将工作台旋转 90°，再加工另一个孔，利用工作台的回转精度可保证两孔轴线间的垂直度。

3. 镗削平行孔

轴线相互平行的孔的主要技术要求是多孔轴线的平行度和孔轴线间距离精度等。镗削平行孔多采用坐标法加工,即在一次安装中,利用量块和百分表以及机床上自带的标尺等工具控制机床工作台纵向、横向、转动、主轴箱垂直移动及主轴轴线移动量,以保证孔的相互位置精度的加工方法。另外也可采用靠模法或找正法加工。

第 6 节　磨　　削

磨削是在磨床上使用砂轮作为切削刀具,对工件表面进行切削加工,是机械零件精密加工的主要方法之一。

一、磨削加工的特点

由于砂轮硬度极高,故磨削不仅可加工一般金属材料,如碳钢、铸铁及一些有色金属,还可加工硬度很高的材料,如淬火钢、各种切削刀具及硬质合金等。这些材料用金属刀具是很难加工甚至不能加工的。这是磨削加工的一个显著特点。

磨削过程中,由于切削速度很高,产生大量切削热,温度可达 1 000 ℃以上。同时,高温的磨屑在空气中发生氧化作用,产生火花。在如此高温下,将会使工件材料性能改变而影响质量。因此,为减少摩擦和迅速散热,降低磨削温度,及时冲走屑末,保证工件表面质量,磨削时需使用大量切削液。

磨削加工的尺寸精度和表面结构要求都很高。尺寸精度可达 IT6～IT5,表面结构参数 R_a 值不大于 0.8～0.2 μm。高精度磨削时,尺寸精度可超过 IT5,表面结构参数 R_a 值不大于 0.012 μm。这是磨削加工的又一显著特点。

由于磨削加工切削深度小,所以在工件磨削之前应完成半精加工,以提高生产率。

二、磨削加工的应用

磨削加工的方式很多,可用不同类型的磨床,分别加工内外圆柱面、内外圆锥面、平面、成形表面(如花键、齿轮、螺纹等)及刃磨各种刀具等。常见的磨削加工形式如图 10-25 所示。

三、磨削运动与磨削用量

磨削时,砂轮的旋转运动为主运动,进给运动一般有三个。如外圆磨削时的进给运动有砂轮沿径向切入工件的横向进给运动,工件旋转的圆周进给运动,工件做轴向移动的纵向进给运动。因此磨削用量是指磨削速度、工件速度、纵向进给量和横向进给量。外圆磨削时,磨削速度 v(m/s)是砂轮外圆的线速度。工件速度 v_w(m/s)(又称圆周进给量)是工件外圆的线速度。纵向进给量 f_a(mm/r)是工件每转一圈相对于砂轮沿轴线方向移动的距离,其值小于砂轮宽度 B。横向进给量(也称径向进给量)f_r(mm/d·str)是工作台每双行程内砂轮相对工件横向(或称径向)移动的距离,或称磨削背吃刀量。

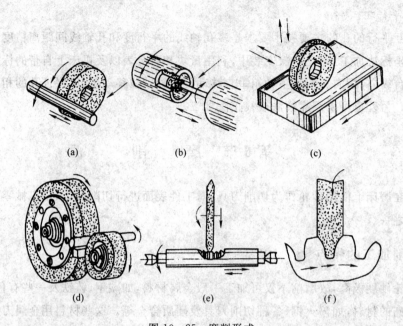

图 10-25　磨削形式

(a)外圆磨削;(b)内圆磨削;(c)平面磨削;(d)无心磨削;(e)螺纹磨削;(f)齿轮磨削

四、磨床

磨削加工使用的机床为磨床。磨床种类很多,常用的有外圆磨床、内圆磨床、平面磨床、无心磨床和工具磨床等。

1. 外圆磨床

常用的外圆磨床分为普通外圆磨床和万能外圆磨床。在普通外圆磨床上可磨削工件的外圆柱面和外圆锥面;在万能外圆磨床上除可磨削外圆柱面和外圆锥面外,还可磨削内圆柱面、内圆锥面及端平面。M1432A 型万能外圆磨床型号中,M 表示磨床类代号;14 表示万能外圆磨床;32 表示最大磨削直径的 1/10,即最大磨削直径 320 mm;A 表示在性能和结构上做过一次重大改进。

M1432A 万能外圆磨床的外形如图 10-26 所示,它由床身、工作台、头架、尾架、砂轮架和内圆磨头等部分组成。

1)床身　用来安装各部件,上部装有工作台和砂轮架,内部装有液压传动系统。床身上的纵向导轨供工作台移动,横向导轨供砂轮架移动。

2)工作台　由液压传动沿床身上纵向导轨做直线往复运动,使工件实现纵向进给。在工作台前侧面的 T 形槽内,装有两个行程换向挡块,用以操纵工作台自动换向。工作台也可手动。工作台分上下两层,上层工作台能相对下层工作台做一定角度(±8°)的回转调整,以便磨削圆锥面。

3)头架　头架上有主轴,主轴端部可安装顶尖、拨盘或卡盘,以便装夹工件并带动其旋转。主轴由单独电动机通过带传动的变速机构带动旋转,使工件可获得不同的转动速度。头架可

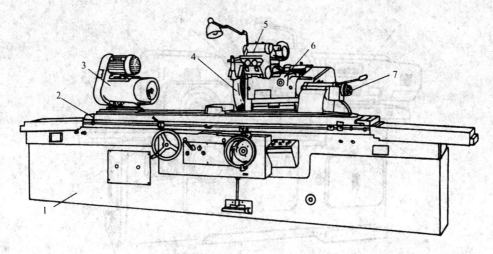

图 10-26　M1432A 万能外圆磨床外形图

1—床身；2—工作台；3—头架；4—砂轮；5—内圆磨头；6—砂轮架；7—尾架

在水平面内偏转一定角度。

4）尾架　尾架的套筒内有顶尖，用来支承工件的另一端。尾架在工作台上的位置可根据工件的不同长度调整。尾架可在工作台上纵向移动，扳动尾架上的杠杆，顶尖套筒可伸出或缩进，以便装卸工件。

5）砂轮架　用来安装砂轮，由单独电动机通过带传动带动砂轮高速旋转。砂轮架既可在床身后部的导轨上做横向移动，移动方式既可做自动间歇进给，也可手动进给，或快速进给和退出。砂轮架还可绕垂直轴旋转某一角度。

6）内圆磨头　内圆磨头用于磨削内圆表面。其主轴可安装内圆磨削砂轮，由另一电动机带动。内圆磨头可绕支架旋转，用时翻下，不用时翻向砂轮架上方。

2. 内圆磨床

内圆磨床主要用于磨削内圆柱面、内圆锥面、端面等。

内圆磨床由床身、工作台、床头、磨具架、砂轮修整器、砂轮及操纵手轮等部分组成，如图 10-27 所示。内圆磨床亦用液压传动，其传动原理与外圆磨床相似。

加工时，工件安装在卡盘内，砂轮与工件按相反方向旋转，同时砂轮沿轴线方向做直线往复运动。砂轮每往复一次，做横向切深进给一次。

3. 平面磨床

平面磨床主要用于磨削工件上的平面。

平面磨床主要由床身、工作台、立柱、磨头及砂轮修整器等部分组成，如图 10-28 所示。长方形工作台装在床身的导轨上，由液压驱动做往复运动，也可用手轮操纵，以进行必要的调整。工作台上装有电磁吸盘或其他夹具用来装夹工件。

磨削时，磨头沿拖板的水平导轨做横向进给运动，也可由液压驱动或由手轮操纵。拖板可沿立柱的导轨垂直移动，以调整磨头的高低位置及完成垂直进给运动，该运动也可通过操纵手轮实现。工作台的纵向进给由液压系统完成。砂轮由装在磨头壳体的电动机直接驱动旋转。

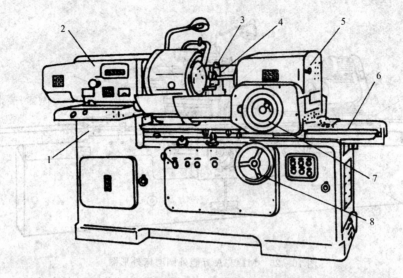

图 10-27 内圆磨床

1—床身；2—床头；3—砂轮修整器；4—砂轮；5—磨具架；6—工作台；7—磨具架手轮；8—纵向进给手轮

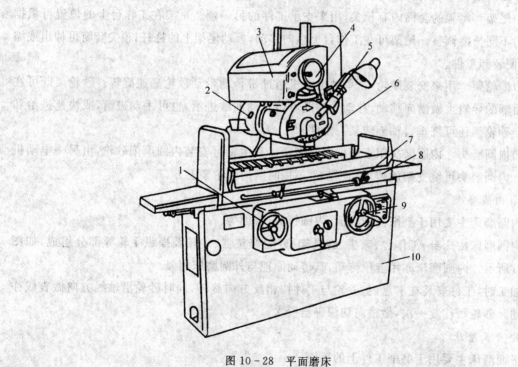

图 10-28 平面磨床

1—工作台纵向移动手轮；2—磨头；3—拖板；4—横向进给手轮；5—砂轮修整器；6—立柱；

7—行程挡块；8—工作台；9—垂直进给手轮；10—床身

五、砂轮

磨削用的砂轮是用磨粒由结合剂黏合而成的疏松多孔体。将砂轮表面放大，可见其上布满杂乱的很多尖角形多角颗粒,即磨粒,如图 10-29 所示。磨粒、结合剂和空隙是构成砂轮的三要素。这些锋利的磨粒就像铣刀的刀刃,磨削就是依靠这些无规则排列的磨粒,当砂轮高速旋转时,每个砂粒就如同一把刀具,因此磨削过程就是一种多刀多刃的超高速切削过程。在磨削过程中,一些凸起的、锋利的砂粒切入工件表面,对工件表面进行切削,一些凸起较小的砂粒在工件表面上一划而过,切除不掉材料,只是在工件表面上留下一条划痕,还有一些钝头砂粒会在工件表面上压过去。故磨削的实质是砂轮砂粒对工件的切削、刻线和划擦三个过程综合作用的结果。

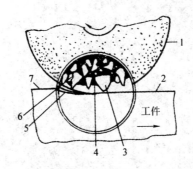

图 10-29　磨削原理
1—砂轮;2—已加工表面;3—磨粒;4—结合剂;
5—切削表面;6—空隙;7—待加工表面

砂轮特性主要包括磨料、粒度、硬度、结合剂、形状和尺寸等。

磨料直接担负切削工作,必须锋利和坚韧。常用磨料有刚玉类和碳化硅类。刚玉类磨料按颜色又可分为棕褐色的棕刚玉(适于加工碳钢、合金钢、可锻铸铁、硬青铜)和白色的白刚玉(适于加工淬火钢、高速钢、高碳钢)。碳化硅类磨料按颜色分黑碳化硅磨料(适于加工铸铁、黄铜、耐火材料、非金属材料)和绿碳化硅磨料(适于加工硬质合金、宝石、陶瓷、玻璃等)。

磨料颗粒的大小用粒度表示。粒度号数愈大,颗粒尺寸愈小。粗颗粒(粒度号数小)用于粗加工及磨软料;细颗粒(粒度号数大)则用于精加工。

结合剂是砂轮中黏结分散的磨粒使之成型的材料。砂轮能否耐腐蚀、耐冲击,保证高速旋转而不破裂,主要取决于结合剂。常用的结合剂有陶瓷结合剂(代号 V)、树脂结合剂(代号 B)、橡胶结合剂(代号 R),其中最常用的是陶瓷结合剂。

硬度是指砂轮上磨料在外力作用下脱落的难易程度。磨粒易脱落,表明砂轮硬度低,反之则表明砂轮硬度高。磨削过程中,磨粒的棱角磨钝后,因切削力的作用,往往自行破碎或脱落而露出新的锋利磨粒,这种自动推陈出新现象称为砂轮的自锐性。砂轮硬度应视加工条件合理选择。砂轮太软,磨粒尚未磨钝就脱落下来,使砂轮损耗快,寿命短,易失去正确形状,且生产率低;砂轮太硬,磨粒已钝或砂轮表面被切屑堵塞,磨削力增大仍不脱落,将使砂轮切削能力下降,生产率降低,且因摩擦力增加使工件表面发热产生烧伤现象甚至引起振动,影响工件精度及表面结构要求。

根据机床结构与磨削加工的需要,砂轮可制成各种形状和尺寸。

为方便选用,在砂轮的非工作表面上印有磨料、粒度、硬度、结合剂、形状的代号及外径、厚度、孔径等尺寸。

由于砂轮是在高速旋转状态下工作,安装前需经外观检查,不应有裂纹,并应经过平衡试验。

由于砂轮硬度不均匀及磨粒工作条件不同,使砂轮工作表面磨损不匀,其正确的几何形状被破坏。这时可采用金刚石专用刀具对砂轮工作表面进行修整,将砂轮表面一层变钝的磨粒切去,以恢复砂轮的切削能力和正确的几何形状。

第11章 电火花加工与先进制造技术

第1节 电火花加工与先进制造技术实习的目的和要求

一、电火花加工与先进制造技术实习课程内容

主要讲述线切割机床的组成及工作过程,线切割机床加工的基本原理和加工范围,坐标系设定,线切割加工的编程方法,数控线切割的加工操作及工作原理和数控线切割机床的加工特点;描述数控车床的组成及工作过程,数控车床加工的基本原理和加工范围,数控车床坐标系设定,数控车床加工的编程方法,数控车床的加工操作及工作原理和数控车床的加工特点;分析数控铣床的组成及工作过程,数控铣床加工的基本原理和加工范围,数控铣床坐标系设定,数控铣床加工的编程方法,数控铣床的加工操作及工作原理和数控铣床的加工特点;介绍加工中心、激光雕刻机和3D打印机的工作原理。

二、电火花加工与先进制造技术实习的目的和作用

数控线切割属于特种加工,是数控实习中一个主要环节,通过实习可增进学生对数控线切割加工及相关知识的理解,并在指导教师的帮助下模拟简单零件的手工编程。

通过实习可增进学生对数控加工及相关知识的理解,并在指导教师的帮助下完成简单零件的加工,能够独立完成一般零件加工的手工编程。

通过实习可增进学生对数控加工及相关知识的理解,并在指导教师的帮助下模拟完成简单零件的加工,能够独立完成一般零件加工的手工编程。

三、电火花加工与先进制造技术实习的具体要求

电火花加工与先进制造技术实习是金工实习的重要内容,也是学生学习和实践现代制造技术的重要环节。通过实习掌握特种加工与数控机床加工的基本原理和加工范围、坐标系的设定方法、数控手工的编程方法,能在实习指导人员指导下独立完成简单零件的编程与加工工作,培养学生的实际操作能力和创新能力。

四、电火花加工与先进制造技术实习安全事项

①进厂实习要穿工作服,袖口要扎紧,女同学要戴安全帽,不准穿高跟鞋和裙子。
②特种加工与数控机床实习操作不许戴手套,不准用手触摸旋转部位。
③离开机床要停车并报告,出现事故要停机请示辅导教师,不得擅自处理。
④开车前要检查各手柄位置,每日实习完毕要擦拭机床,清理铁屑,并进行润滑保养。

⑤开车时不准测量工件,不准用棉纱擦拭工件,也不准用手去摸工件表面。

⑥爱护工具和量具,要维护其清洁,摆放要整齐,养成文明生产的好习惯。

第2节 电火花加工

近年来科学技术发展迅速,尤其是新型汽车技术、航空航天技术、新型装备制造技术的发展,使得人们对产品的机械结构及加工精度要求越来越高,表面结构参数数值越来越低,各种新结构、新材料的精密零件层出不穷,对传统的加工技术形成了巨大的挑战。在传统加工技术无法满足新型精密工件加工要求的情况下,特种加工技术这种新的加工工艺随之产生并迅速发展壮大起来。

特种加工是指利用电能、热能、声能、光能、化学能、电化学能及特殊机械能等能量形式,将其中一种或多种复合施加在被加工工件上,实现材料的去除、变形、分离、镀覆的加工方法。特种加工主要用来加工普通机械设备难加工或者加工不了的材料(如:耐火钢、耐磨钢、硬质合金等),也可以加工形状复杂或有特殊要求的工件。与普通的机械加工相比,特种加工主要有以下特点:

①特种加工主要利用电、化学、声、光、热等能量去除材料,加工过程中机床和工件没有明显的机械切削力;

②由于工具与工件没有直接接触,所以被加工工件的硬度可以大于工具的硬度;

③特种加工机床只需要简单的进给运动就可以加工复杂的三维型面;

④由于没有明显的加工应力,故表面缺陷及毛刺比机械加工少,表面结构参数低。

本节主要介绍特种加工当中的电火花成形加工、电火花线切割加工。

一、电火花成形加工

电火花成形加工是利用电腐蚀原理将电极按照被加工工件的形状和尺寸加工成形,通过控制电极和工件在绝缘液体中的相对位置形成脉冲放电,将电能转化为热能去除工件多余材料的加工方法。

1. 加工原理

电火花加工原理示意图如图11-1所示。电火花加工的过程可分为以下四个连续的阶段:①极间介质的电离、击穿,形成放电通道;②介质热分解、电极材料熔化、气化热膨胀;③电极材料和工件材料的抛出;④极间介质的消电离。电火花放电时火花通道中瞬时产生大量的热,达到很高的温度,足以使任何金属材料局部熔化、气化而被蚀除掉,形成放电凹坑。放电结束后,电压消失,工作液恢复到绝缘状态,伺服电机驱动工具电极向指定方向移动,同时下一次脉冲电压又加到工件和工具电极上,继续对工件进行加工。这样经过多次的脉冲放电就可以将工具电极的形状复制在工件上。

2. 机床的基本组成及其作用

电火花成形机床按控制方式可以分为三种:普通手动、双轴数控、多轴数控等形式,电火花加工机床主要由机床本体、电气控制柜、主轴头、工作液箱等组成(见图11-2)。

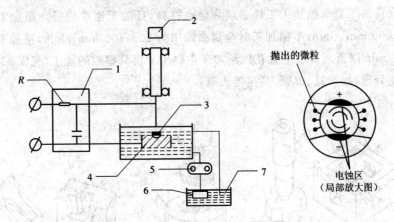

图 11-1　电火花成形加工原理图

1—脉冲电源；2—自动进给调节装置；3—工具；4—工件；5—工作液泵；6—过滤器；7—工作液

1）机床本体　由床身、立柱和工作台构成。床身及立柱是机床的基础支撑部分，主要用来保证电极和工作台、工件的相对位置。工作台则主要用来支撑和装夹工件，普通的电火花成形机床的工作台是叠放在一起的双层工作台，既可以做单一方向的直线运动，也可以在 XY 平面上做复杂的平面曲线运动。

2）电气控制柜　里面装有主机和电气控制电路，主机负责处理和运算不同的控制程序，提供各种波形的脉冲电源；电气控制电路和机床上的位置传感器、步进电机、冷却液泵、照明设备等电气元件相连接，使机床能够按照给定的程序自动加工工件。

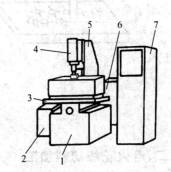

图 11-2　电火花加工机床

1—床身；2—液压油箱；3—工作台；4—主轴头；5—立柱；6—工作液箱；7—电源控制柜

3）主轴头　主要用来装卡工具电极，可以实现在 Z 轴向的上下移动，目前主轴头的驱动都是采用高性能伺服电机驱动，主轴头的运动精度直接影响加工质量，所以必须有很好的刚度和稳定性，满足响应速度快、分辨率高、无爬行等要求。

4）工作液箱　主要用来盛放有一定绝缘性能的液体，有利于工件在接触的间隙产生脉冲火花放电，并带走多余的热量和切屑。工作液箱里面有工作液泵和过滤装置，工作液泵将工作液泵入工作液槽内，保证工件浸没在工作液面以下。过滤装置则可以滤除切屑，保证工作液可以循环使用。

3. 电火花加工的特点及应用

①电火花成形加工是一种新型的加工方式，主要用来加工普通机械加工加工不了的材料，如淬火钢、硬质合金、耐热合金等。

②在解决复杂结构加工，如特小孔、深孔、窄缝和特殊工艺要求的工件方面，电火花成形加工也具有很大的优势。

③工件变形小，加工精度高。

④易于实现加工过程的自动化。

但是电火花加工要求被加工工件必须为导电材料,且加工速度较慢。粗加工时金属去除率为 200～1 000 mm³/min;半精加工时金属去除率为 20～100 mm³/min,精加工时金属去除率为 10 mm³/min 以下。目前电火花成形加工主要用于模具型腔的加工(见图 11-3),以及金属表面的强化处理,如渗氮、渗碳、高速淬火等。

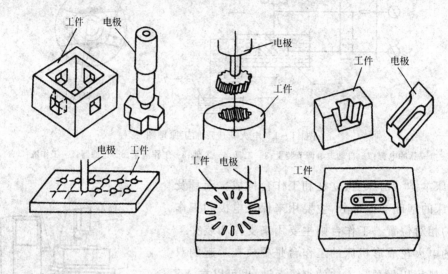

图 11-3　电火花加工应用

二、电火花线切割加工

电火花线切割加工也简称为线切割,是在电火花加工基础上发展起来的,它利用线状钼丝或铜丝作为电极,通过火花放电对工件进行切割加工。

电火花线切割机床按照电极丝运行速度的不同可以分为高速走丝线切割机床和低速走丝线切割机床两种。两种线切割机床的对比如表 11-1 所示。

表 11-1　高速走丝线切割机床和低速走丝线切割机床的对比表

项　目	高速走丝线切割	低速走丝线切割
走丝速度	7～11 m/s	0.2～15 m/min
走丝方式	循环往复	单向
工作液	线切割乳化液	去离子水、煤油
电极丝材料	钼、钨钼合金	黄铜、镀锌黄铜、钼
电极丝使用次数	重复使用	一次性使用
重复精度	±0.01 mm	±0.002 mm
最大切割厚度	800 mm	400 mm

1. 加工原理

电火花线切割是利用移动的细金属导线作为电极对工件进行脉冲火花放电、切割成形的加工方法,如图 11-4 所示。储丝筒驱动金属丝对工件进行切割,脉冲电源经导轮将电传给金属丝,在金属丝与工件之间浇注工作液介质,工件在工作台的带动下在水平方向按要求移动,保证金属丝与工件之间的放电间隙,完成工件的切割加工。

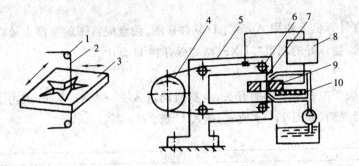

图 11-4　电火花线切割加工原理图

1、6—导轮;2、7—金属丝;3、9—工件;4—储丝筒;5—丝架;8—电源;9—工件;10—工作台

2. 机床组成

电火花线切割机床通常由机床本体、脉冲电源、工作液箱及控制系统等组成,如图 11-5 所示。

1)机床本体　由床身、坐标工作台、走丝机构、丝架和夹具构成。床身是坐标工作台、走丝装置、丝架的支承和固定基础,内部常放置工作液循环系统和电源。坐标工作台可实现两个相互垂直方向的独立运动,合成平面图形曲线轨迹。走丝装置与丝架使金属丝以一定的速度和张力运动,丝架不仅保证提供金属丝电源,还可使金属丝与工作台垂直或倾斜一定角度。

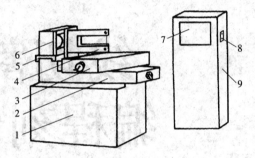

图 11-5　数控线切割机床

1—机床本体;2—十字滑台;3—工作台;4—丝架;
5—储丝筒溜板;6—储丝筒;7—操作面板与显示屏;
8—机床总开关;9—控制柜

2)脉冲电源　与电火花成形加工所用电源原理基本相同。

3)工作液箱　箱内装有一定绝缘性能的工作液,使放电通道局限在很小的半径范围内。工作液循环系统对加工质量影响较大。工作液应具有良好的洗涤性能和冷却性能,达到良好排屑和防止金属丝烧断及工件表面局部退火。加工过程中,充分地、连续地向切割区内提供足够的、清洁的工作液,排出电蚀物,冷却工件和金属丝,控制放电通道稳定,是保证线切割顺利进行的关键。

4)控制系统　是进行线切割加工的重要环节,按控制方式可分为手动、靠模仿型、光电跟踪和数字程序控制等几种。

数字程序控制线切割的原理是把图样上零件的形状、尺寸等参数按一定要求和加工顺序编写成程序指令,通过键盘或纸带、磁盘等介质输入计算机,计算机根据指令控制伺服电机驱动工作台移动,使工件相对金属丝做要求的轨迹运动,从而切割出所要求的工件形状。

数字程序控制线切割的原理是把图样上零件的形状、尺寸等参数按一定要求和加工顺序编写成程序指令,通过键盘或纸带、磁盘等介质输入计算机,计算机根据指令控制伺服电机驱动工作台移动,使工件相对金属丝作要求的轨迹运动,从而切割出所要求的工件形状。

【操作举例】

(1)存盘

图形设计可在计算机上使用 AutoCAD 软件作图,注意应将图的基准点放在坐标原点上,且将非切割线删除,把作好的图以".DXF"格式保存在 U 盘中。

(2)信息输入

①合上电闸,按下控制柜右侧的开关,电脑启动进入 Windows 界面;点击 HFGD 文件进入线切割自动编程界面,如图 11-6 所示,插入 U 盘。

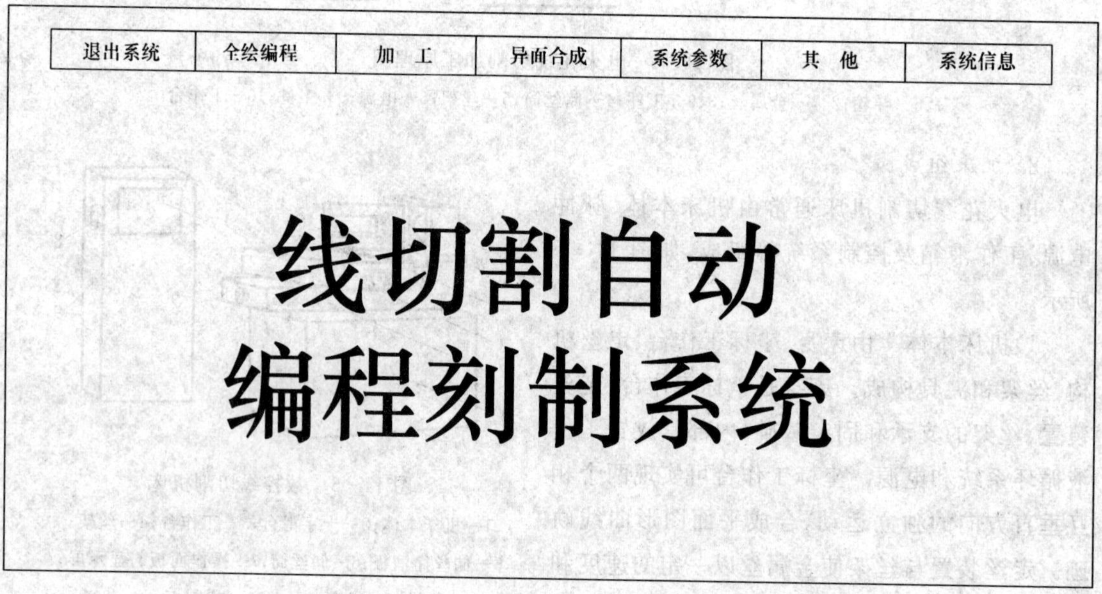

退出系统	全绘编程	加　工	异面合成	系统参数	其　他	系统信息

线切割自动
编程刻制系统

图 11-6　线切割自动编程系统界面

②点击 全绘编程 ,屏幕显示见图 11-7。点击 调图 ,再点击 (3)调 DXF 文件 ,回车,点击底行 另选盘号 ,键盘输入"F",用鼠标点击预存的 DXF 文件名称,键盘输入"2",回车,点击 回车…退出 。

③点击窗口下方的 满屏 ,可以使图形布满整个屏幕。

④点击 引入线和引出线 ,用 作引线(端点法) 作出引入线的起点和终点(引出线与引入线重合);点击鼠标右键进行切割方向的选择,点击鼠标左键选择切割方向,用鼠标右键确定,点击 退…出 ;在图 11-7"加工图形显示区"处显示所要加工的图形和引入与引出线切割轨迹,完成切割图形的输入工作。

(3)加工参数的设定

①进行一次切割,点 执行 1 ,输入钼丝及放电间隙补偿值 $f=0.1$,回车;点 后置 ,点击

(5)切割次数，再点击切割次数(1—7)，键盘输入切割次数"1"，回车，然后点击确定；点击(1)生成平面 G 代码加工单，再点击(3)代码加工单存盘，键盘输入文件名(如 001)，回车；点击(0)返回，再点击(0)返回主菜单，回到图 11-6 系统界面。

②点击加工，进入加工界面，单击读盘，点击读 G 代码程序，选择预存好的 G 代码文件(如 001)，如图 11-8 所示。

③点击检查，可以进行模拟加工路径，再点击模拟轨迹，回车两次，屏幕上显示切割加工轨迹图，而工作台不动，若图形符合要求，点击退出，屏幕回到图 11-8 加工界面。

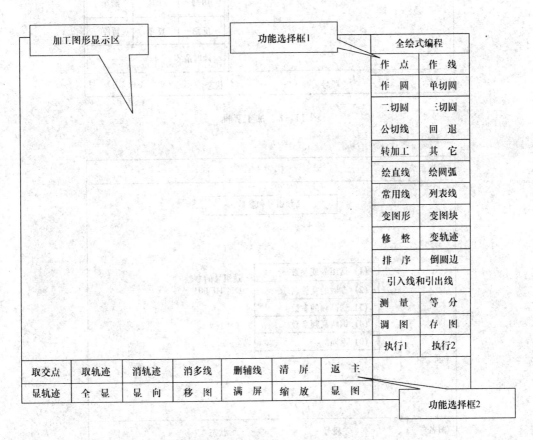

图 11-7　全绘式编程

④点击参数，可进行参数设定。进入对应界面，选择点击D其他参数，点击8高频组号和参数(多次切割用)，屏幕显示如图 11-9 所示界面，选择(2)参数的文件名，用鼠标选择高频组号文件(如 HF\001)，点(3)送高频参数，输入"0"，回车。若操作正确，此时操作面板显示屏右侧电压表上电并指示电压数值，点击(0)返回；完成加工参数设置，屏幕回到图 11-8 所示的加工界面。

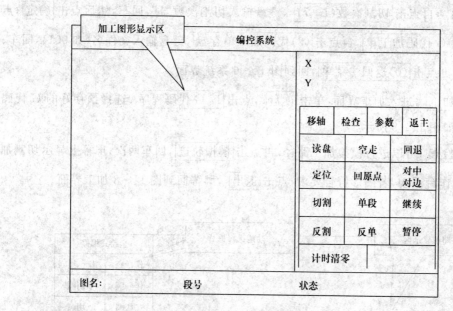

图 11-8 加工界面

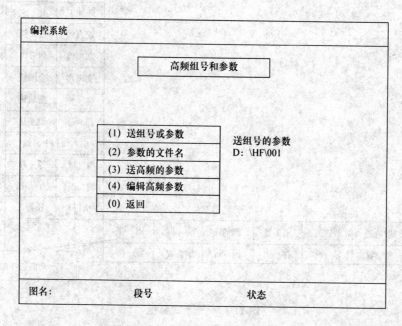

图 11-9 高频组号和参数设置界面

(4)加工

①装夹好工件,按下控制面板上的 ON 丝筒 ,丝筒转动,点击 对中/对边 ,再选择对中/对边方式,系统自动驱动工作台移动,使钼丝与工件接触。调整好钼丝相对工件的垂直度;按下控制面板上的 ON 水泵 ,工作液喷出。

②一切准备就绪,点击 切割 ,即可进行切割加工。

（5）结束

①在控制面板上先按下 丝筒 OFF，再按下 水泵 OFF，取下工件，点击 返主，屏幕回到图 10 - 6 系统界面，点击 退出系统，关闭计算机，按下控制柜右侧的红色开关，切断机床电源。

②清理机床工作台，再清理场地和工具。

3. 线切割加工的特点及应用

电火花线切割加工与电火花加工相比具有不需特定形状的电极、电极丝损耗小、切削力与热变形小、易实现加工过程自动化等特点，目前主要用于模具的型腔加工、异型孔的加工等。

第 3 节　激光加工

激光加工属于高能及高能粒子加工，它是利用被聚集到加工部位上的高能密度射束去除工件上多余的材料，是微细加工的重要手段，有着极为广泛的应用前景，是机械制造工艺的发展方向。

一、激光加工的基本原理

激光是一种亮度高、方向性好、单色性好的相干光。由于激光发散角小和单色性好，通过一系列的光学系统，理论上可以聚焦到尺寸与光的波长相近的小斑点，加上亮度高，其焦点处的功率可达 $10^8 \sim 10^{10}\,\mathrm{W/cm^2}$，温度可高达一万摄氏度以上。在此高温下，任何坚硬的材料都将瞬时急剧熔化和气化，并产生很强烈的冲击波使熔化物质爆炸式地喷射去除。激光加工就是利用这种原理进行打孔、切割的。图 11 - 10 是采用固体激光器的加工原理示意图。

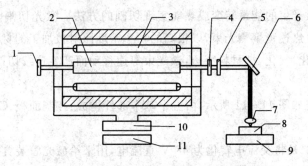

图 11 - 10　固体激光器的加工原理图

1—全反射镜；2—工作物质；3—光泵；4—部分反射镜；
阐；6—分色镜；7—透镜；8—工件；9—工作台；10—电源控制部分；11—控制盒

二、激光加工的特点及适用范围

激光加工几乎对所有的金属材料和非金属材料都可以加工；加工速度快，易于实现自动化生产，同时热变形很小；加工时不存在机械加工变形。激光加工通常可完成以下几种工艺。

1. 激光打孔

激光打孔是利用激光焦点处的高温,使材料瞬时熔化、气化,气化物以超音速射出来后,它的反冲击力在工件内部形成一个向后的冲击波,将熔化物质喷射出去而成孔。激光打孔生产率高,特别适合对高强度、高硬度难加工材料(如金刚石、宝石等)进行打孔。目前多用于金刚石拉丝模、钟表宝石轴承、化纤喷丝头等零件的小孔加工。

2. 激光切割

激光切割与打孔的原理相同。激光可以切割各种硬和软的金属或非金属材料,如陶瓷、玻璃、有机玻璃、布、纸、橡胶、木材等材料。切割效率高且切缝很窄,若与数控机床配合,可十分方便地切割出各种曲线形状。激光切割目前广泛用于各种形状复杂的零件、窄缝、栅网等,在大规模集成电路制作中,可用激光切片。

3. 激光焊接

激光焊接是在极短时间内使焊接部位达到熔点后,而使金属熔融在一起。激光焊接无需焊条且操作简单,焊缝窄,熔池深,热影响区小,强度高。由于焊接时间短工件变形量少,特别适于焊接薄壁零件。

4. 热处理

激光热处理是用激光对金属工件表面进行扫描,使工件表面在极短的时间内被加热到相变温度,且加热后冷却速度极快,使零件表面形成若干超级淬火区,其表层不易被一般腐蚀剂侵蚀。激光热处理可使铸铁、中碳钢硬度达 60HRC 以上,可使高速钢硬度达 70HRC 以上。

三、激光切割的原理

1. 激光切割原理

激光切割是将激光束的能量转变成热能实现切割的方法。激光切割时,把激光器作为光源,通过反射导光,聚焦透镜聚焦光束,以很高的功率密度照射被加工的材料,材料吸收光能转变为热能,使材料熔化、气化,把材料穿透,激光束等速移动而产生连续切口。

2. 激光雕刻机

激光雕刻机系统如图 11-11 所示,由五个基本部件构成:控制面板、CPU、直流电源、激光管装置和运行系统。

①DC(直流)电源是将交流电转化为 48 V 直流电,用来给激光管装置和 CPU 供电。

②CPU 是系统的大脑,控制系统内所有部分。CPU 从计算机和控制面板那里获得数据,输出精确的时控信号,同步点燃激光束和启动运行系统。

③控制面板是由触感按钮和一个液晶显示器组成。通过这个面板,操作者可能将运动系统定位,在液晶显示板上的菜单系统中移动,并运行激光系统。

④激光管是将电能转化为具有能量可控的光能发生器。

⑤运行系统如图 11-12 所示,由轨道、发动机、支架、皮带、镜片、一个透镜和其他构件组成,系统运行有两个方向,左右运动称为"X"方向,前后运动称为"Y"方向。

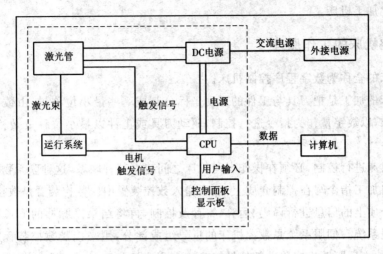

图 11-11　激光雕刻机系统组成

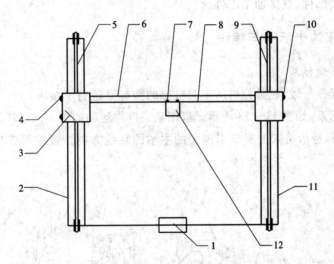

图 11-12　激光系统机械运行系统图

1—Y 轴电机;2—Y 轴导轨;3—♯2 反射镜;4—Y 轴滚轮;5—Y 轴皮带;
6—X 轴导轨;7—X 轴滚轮;8—X 轴皮带;9—Y 轴皮带;10—Y 轴滚轮;
11—Y 轴导轨;12—♯3 反射镜和对焦透镜

第 4 节　数控加工

　　数控加工是指在数控机床上进行零件加工的一种工艺方法。数控机床是一种装有数字程序控制系统的加工机床,该系统可逻辑地处理用规定的字符所编写的加工指令程序,并驱动机床加工出符合程序要求的机械零件。这与传统的机械加工有很大的区别,传统的机械加工是操作者根据图样要求,在加工过程中不断改变切削刀具与工件之间的相对运动参数和位置,最终得到所需的合格零件,而数控加工则是由操作者根据图样要求编写加工零件的程序并输入机床的数控系统中,由数控系统驱动刀具移动加工得到工件。数控机床是现代机械制造中最常用的自动化加工机床。

一、数控机床的工作原理

数控机床的全称为数字程序控制机床。

数控机床的加工是把刀具与工件的运动坐标分割成一些最小位移量,由数控系统按照零件程序的要求,以数字量作为指令进行控制,驱动刀具或工件以最小位移量做相对运动,完成工件的加工。

对数控机床进行控制,必须在操作者与机床之间建立某种联系,这种联系物质称为控制介质。操作者将加工指令写在控制介质上,然后输入数控装置中。数控装置是数控机床的核心,它先将控制介质上的信息进行译码、运算、寄存及控制,再将结果以脉冲的形式输送到机床各个坐标的伺服系统。伺服系统是数控机床的重要组成部分,用来接受数控装置发出的指令信息,并经功率放大后驱动机床移动部件做精确的定位或按规定的轨迹和速度运动。而机床则是数控加工的基础部件,直接加工工件。

二、数控机床的坐标系与编程

1. 数控机床的坐标系

为使编程和操作一致,在数控机床上对机床的坐标系进行了统一的规定。坐标系采用右手笛卡儿直角坐标系,如图 11-13 所示。机床某一部件运动的正方向是增大工件和刀具之间距离的方向,Z 坐标是指机床上提供切削力的主轴的轴线方向。数控车床与铣床的坐标设定如图 11-14 所示。

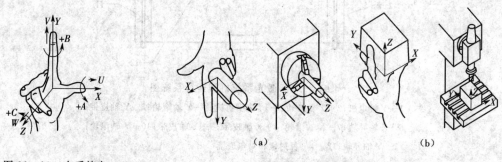

图 11-13　右手笛卡
儿坐标系

图 11-14　数控机床的坐标系
(a)卧式车床；(b)立式铣床

2. 编程

数控机床加工,先要根据零件的形状和尺寸进行分段,然后按工艺过程要求确定加工顺序、坐标移动增量,并确定相应的主运动速度、进给速度等参数,最后将上述顺序和相关数据以规定的字符和数字代码形式打在穿孔纸带上或通过键盘输入数控装置中,这一过程称为编程。编程又按其自动化程度分为手工编程和自动编程。

3. 数控程序代码及功能(ISO 标准)

现代数控机床是按照事先编制好的加工程序自动地对工件进行加工的高效自动化设备。

因此一个工件在按图样要求完成工艺处理之后,需将各个工序的几何尺寸、加工路线、切削用量等参数换算为刀具中心运动轨迹,以获得刀位数据,再按照数控系统的程序指令和程序格式逐段编写工件的加工程序。在编程中使用准备功能指令、辅助功能指令和相关参数指令,对数控机床的运动方式、主轴的启停和转向、进给速度、刀具选择等进行控制。

程序的开头应写有程序编号,程序结束时应写有程序结束指令。

每个程序段中的代码顺序如下:程序段序号字,G 代码,尺寸字,F 代码,S 代码,T 代码,M 代码,程序段结束字。

1)程序段序号字　由 N 和三位数字组成。

2)G 代码　又称准备功能代码,由 G00～G99 构成。常用的代码及对应的功能和说明如表 11 - 2 所列。

表 11 - 2　常用 G 代码功能和说明

代码	功　能	说　　明
G00	快速点定位	命令刀具从所在点快速移动到下一个位置
G01	直线插补	使机床沿坐标方向或平面产生直线或斜线运动
G02	圆弧插补	使机床在坐标平面内执行顺时针圆弧插补
G03	圆弧插补	使机床在坐标平面内执行逆时针圆弧插补
G17	平面选择	指定零件进行 XY 平面上的加工
G18	平面选择	指定零件进行 ZX 平面上的加工
G19	平面选择	指定零件进行 YZ 平面上的加工
G33	切削螺纹	加工螺纹
G40	取消刀具补偿	中止所有刀具补偿的指令
G41	刀具补偿	沿刀具运动的方向看,刀具在位于加工面的左侧
G42	刀具补偿	沿刀具运动的方向看,刀具在位于加工面的右侧
G90	绝对尺寸	坐标字按绝对坐标值编写
G91	相对尺寸	坐标字按增量坐标值编写
G92	预置寄存	设定程序原点从而建立坐标系,常用为工件坐标系

3)尺寸字　其排列顺序为 X、Y ∗ 、Z ∗ ,其中“ ∗ ”为具有正负值的数字,表示的是机床移动件移动的位置或距离,单位为 1/1 000 mm。

4)F 代码　又称进给功能代码,由 F 和进给量数字组成,也可直接写进给量,单位 mm。

5)S 代码　又称主轴转速功能代码,由 S 和主轴转速量数字组成,单位 r/min。

6)T 代码　由 T 和若干数字组成,表示刀具功能或刀具编号。

7)M 代码　又称辅助功能代码,由 M00—M99 构成。常用代码及对应功能和说明如表 11 - 3 所列。

8)程序段结束字　常采用“;”表示,标志本程序段结束。

表 11-3 常用辅助功能代码及说明

代 码	功 能	说 明
M02	程序结束	
M03	主轴旋向	主轴顺时针旋转
M04	主轴旋向	主轴逆时针旋转
M05	主轴停止	
M06	刀具交换	
M07	开切削液	雾状冷却液开(2号切削液)
M08	开切削液	液体冷却液开(1号切削液)
M09	关冷却液	
M10	卡紧	卡紧机床主轴、工件、夹具
M11	松开	松开机床主轴、工件、夹具
M19	主轴定向停止	
M30	纸带结束	完成程序段全部指令,机床主轴、进给冷却液停止,机床复位

按照代码的规定,将字符以不同的顺序和含义构成输入程序,字符顺序和含义的规定就是程序格式。ISO 规定:数控机床为完成某一特定动作所需的全部指令应由若干字符组成,这一组字符称为一个程序段,若干个程序段组成一个完整的数控加工程序。在程序的开头写有程序编号,程序结束时,写有程序结束指令。

三、数控机床及编程

1.数控车床编程举例

数控车床是目前使用比较广泛的机床。数控车床主要由数控系统和机床本体组成。如图 11-15 所示,数控系统包括控制电源、轴伺服控制器、主机、轴编码器(X、Z 和主轴)及显示器等,机床本体包括床身、主轴箱、电动回转架、进给传动系统、电动机、冷却系统、润滑系统和安全保护系统等。

现以图 11-16 所示轴类零件为例,在数控车床上进行最后工序精加工,手工编程如下。

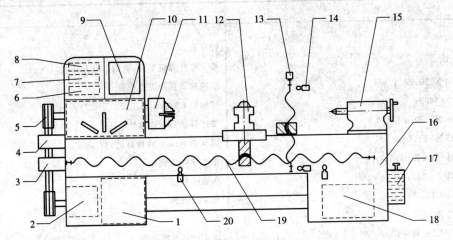

图 11-15　数控车床

1—控制电源；2—电动机；3—Z 轴伺服电机；4—轴编码器；5—皮带轮；6—主机；7—Z 轴伺服控制；8—X 轴伺服控制；9—显示器；10—主轴箱；11—三爪卡盘；12—回转刀架；13—X 轴伺服电机；14—限位保护开关；15—尾架；16—床身；17—润滑系统；18—冷却系统；19—滚珠丝杠；20—限位保护开关

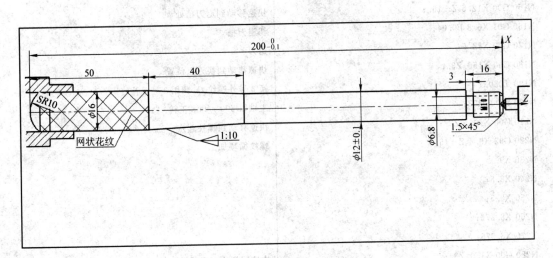

图 11-16　轴类零件

程 序	注 释
O0001;	程序名
N010 T0101;	换1号外圆精车刀,调用1号刀补值
N020 G00 X150. Z3.;	快速移动到换刀点位置
N030 S800 M03;	主轴以 800 r/min 正转
N040 G00 X7. Z2.;	快速移动到车倒角处
N050 G01 Z0 F0.06;	以 0.06 mm/r 速度移动到右端面
N060 G01 X10. Z−1.5;	车 1.5×45° 倒角
N070 G01 Z−16.;	车螺纹外径
N080 G01 X12.	车 ϕ12 外圆
N090 G01 Z−110.;	
N100 G01 X16. W−40.;	车 1∶10 外圆锥面
N110 G01 X17.;	刀具退出已加工面
N120 G00 X150. Z3.;	快速移动到换刀点位置
N130 T0202;	换2号切槽刀,调用2号刀补值
N140 S300 M03;	主轴以 300 r/min 正转
N150 G00 X12.5 Z−16.;	快速移动到退刀槽处
N160 G01 X6.8 F0.04;	切退刀槽
N170 G00 X12.5;	退刀
N180 G00 X150. Z3.;	快速移动到换刀点位置
N190 T0303;	换3号外螺纹刀,调用3号刀补值
N200 S800 M03;	主轴以 800 r/min 正转
N210 G00 X10.5 Z2.;	快速移动到螺纹起点
N220 G92 X9.4 Z−15.;	螺纹循环加工
N230 X9.;	
N240 X8.8;	
N250 X8.5;	
N260 X8.376;	
N270 X8.376;	
N280 G00 X150. Z3.;	快速回到换刀点位置
N290 M05;	主轴停止
N300 M30	程序结束

2. 数控铣床编程举例

数控铣床结构如图 11-17 所示,由机床底座、电器柜、电源、升降台伺服电动机、变速箱、立柱、数控柜、行程挡铁、参考点挡铁、操作面板、滑鞍、横向进给伺服电动机、纵向进给伺服电动机、升降台、工作台组成。主要用于形状较复杂的平面、曲面和壳体类零件的加工,如各类模具、箱体、样板、叶片、凸轮等。

在数控铣床上铣削如图 11-18 所示零件,其加工轨迹图如图 11-19 所示。

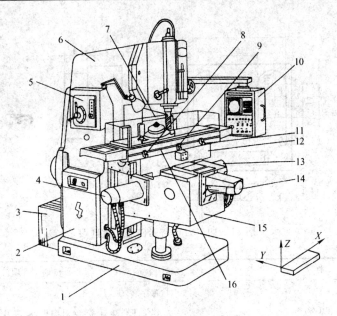

图 11-17　数控铣床

1—机床底座；2—电器柜；3—电源；4—升降台伺服电动机；

5—变速箱；6—立柱；7—数控柜；8—左行程挡铁；9—参考点挡铁；

10—操作面板；11—右行程挡铁；12—滑鞍；13—横向进给伺服电动机；

14—纵向进给伺服电动机；15—升降台；16—工作台

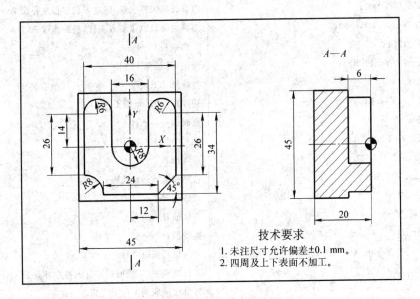

技术要求

1. 未注尺寸允许偏差±0.1 mm。

2. 四周及上下表面不加工。

图 11-18　零件图

数控加工程序如下：

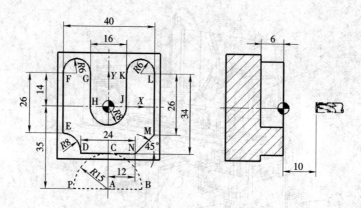

图 11-19 刀具与工件加工轨迹图

程 序	说 明
O0002;	程序名
N010 G54 G90 G49 G40 G80;	建立工件坐标系,绝对编程,取消刀具长度补偿,取消刀具半径补偿(ϕ6 三刃铣刀)
N020 S400 M03;	主轴以 400 r/min,正转
N030 G00 X0 Y0 Z10.;	刀具快速移动到 X0,Y0,距工件上表面 10mm 处
N040 G00 X0 Y-35.;	快移到准备下刀处
N050 G01 Z-6. F100;	刀具以 100 mm/min 速度下到铣削深度 A 点
N060 G01 X15. G41 D01;	刀具铣削工件轨迹,建立刀具半径左补偿 A→B
N070 G03 X0 Y-20. R15 F70;	刀具以圆弧轨迹切入工件,进给速度 70 mm/min B→C
N080 G01 X-12.;	直线插补 C→D
N090 G03 X-20. Y-12. R8.;	铣削 R8 圆弧 D→E
N100 G01 Y14.;	直线插补 E→F
N110 G02 X-8. Y14. R6.;	铣削左边 R6 半圆 F→G
N120 G01 Y0;	直线插补 G→H
N130 G03 X8. Y0 R8.;	铣削中间 R8 半圆 H→J
N140 G01 Y14.;	直线插补 J→K
N150 G02 X20. Y14. R6.;	铣削右边 R6 半圆 K→L
N160 G01 Y-12.;	直线插补 L→M
N170 G01 X12. Y-20.;	直线插补 M→N
N180 G01 X0;	直线插补 N→C
N190 G03 X-15. Y-35. R15.;	刀具以圆弧轨迹移出工件 C→P
N200 G40 G01 X0;	刀具退到下刀点,取消刀具半径左补偿 P→A
N210 G00 Z5.;	刀具快速退到工件上表面 5 mm 处
N220 M05;	主轴停止
N230 M30;	程序结束

　　数控铣床的加工特点是:对工件的适应性强;具有较高的生产率,可实现一机多用;具有较高的加工精度和稳定的加工质量;可以完成普通机床难以完成或根本不能加工的复杂曲面的

零件加工;可减轻劳动强度,缩短生产准备周期;便于实现生产过程自动化。

四、加工中心简介

加工中心是具有自动换刀功能和刀具库的可对工件进行多工序加工的数控机床。图 11-20 是立式数控镗铣加工中心。该机床由纵横向进给伺服电机、换刀机械手、数控柜、刀具库、主轴箱、数控操作面板、驱动电源柜、工作台、滑鞍、床身和立柱等组成。

在该机床上,因工件在一次装夹后数控系统可自动按程序对工件进行多工序加工,且自动换刀系统可通过机械手按数控程序的要求从刀具库中识别和更换相应的刀具,调整进给量和刀具运动轨迹及其他辅助功能,所以加工中心具有更高的切削利用率,适于加工形状复杂、精度要求高、品种更换频繁的零件。

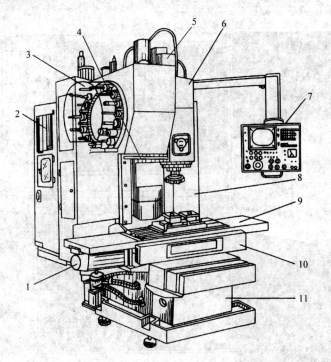

图 11-20　立式数控镗铣加工中心

1—纵横向进给伺服电动机;2—数控柜;3—刀具库;

4—换刀机械手;5—立柱;6—主轴箱;7—数控操作面板;8—驱动电源柜;

9—工作台;10—滑鞍;11—床身

第 5 节　数控仿真软件

数控加工仿真是根据计算机图形学的原理对加工走刀和零件切削过程进行模拟,具有快速、仿真度高、成本低等优点。它采用可视化技术,通过仿真和建模软件,模拟实际的加工过程,在计算机屏幕上将铣、车、钻、镗等加工方法的加工路线描绘出来,并能提供错误信息的反馈,使工程技术人员能预先看到制造过程,及时发现生产过程中的不足,有效预测数控加工过程和切削过程的可靠性及高效性,代替了试切检验方法,因此在制造业得到了越来越广泛的应用。

仿真加工软件操作步骤如下。

1. 选择机床

在进入如图 11-21 所示系统主界面中,点击"机床/选择机床…"菜单,弹出"选择机床"对话框,如图 11-22(a)所示。点击"选择机床",弹出如图 11-22(b)所示对话框。在"控制系统"中选择 FANUC—0I 系统,在"机床类型"选择立式铣床,单击"确定"按钮,得到对应系统显示界面如图 11-22(c)所示。再点击"视图"菜单选项,弹出如图 11-23(a)所示图对话框。点选机床去罩,单击"确定"按钮。此时显示界面如图 11-23(b)所示。

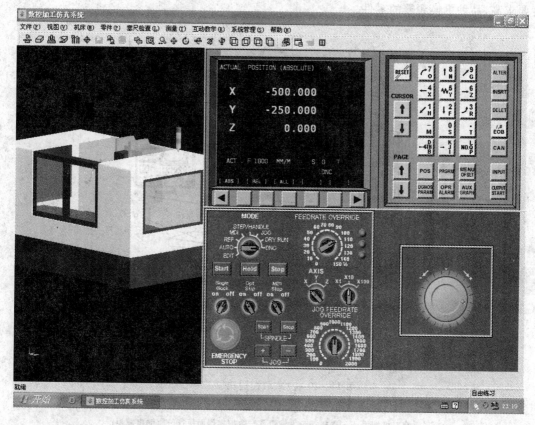

图 11-21 开机界面

2. 机床回零(参考点)

①单击系统,显示界面中启动按钮 ,此时机床电机和伺服控制的指示 灯变亮。

②检查急停按钮是否松开至按钮外凸状态。若未松开,单击急停按钮,将其松开呈外凸状。

③检查操作面板上回原点指示灯 是否亮。若指示灯亮,则已进入回原点模式;若指示灯不亮,则单击回零按钮 ,转入回原点模式,回原点指示灯点亮。

194

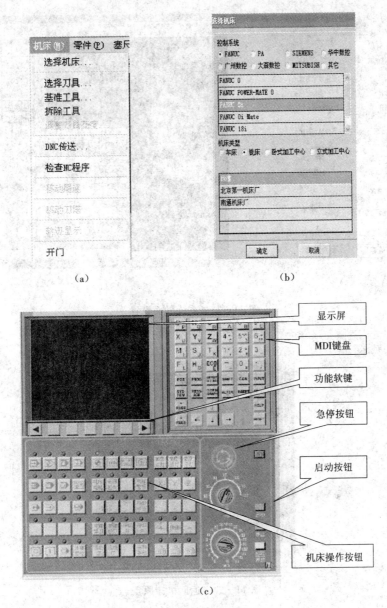

图 11－22　机床类型与系统选择
(a)机床下拉按钮；(b)机床选择界面；(c)系统显示界面

　　④在回原点模式下,先将 Z 轴回原点,点击操作面板上的 Z 方向 Z,使 Z 轴方向移动,Z 轴指示灯变亮,表示选中。再单击按钮 ＋,此时 Z 轴将回原点,同时 Z 轴回原点灯 Z 变亮,CRT上的 Z 坐标变为"0.000"。同样,操作 X、Y 轴回原点,使 X、Y 回原点指示灯变亮。此时 CRT界面显示如图 11－24 所示。

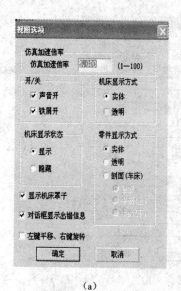

（a）

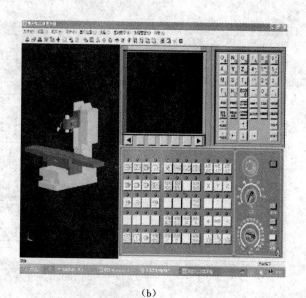

（b）

图 11-23 系统界面设置

（a）系统显示界面；（b）视图选项界面

图 11-24 返回机床原点

3. 安装零件

①点击"零件/定义毛坯…"菜单，弹出图 11-25（a）所示对话框，在"定义毛坯"对话框中，选中形状（毛坯形状）为方形，将零件尺寸改为高 110 mm、长和宽各 110 mm，名字为默认值"毛坯 1"，如图 11-25（b）所示，并单击"确定"按钮。

②点击"零件"，再选择点击"零件/安装夹具…"菜单，在"选择夹具"对话框中的"选择零件"一栏中选取"毛坯 1"，在"选择夹具"一栏中选取"平口虎钳"，夹具尺寸用默认值，单击"确定"按钮，如图 11-26 所示。

③点击"零件"，再选择点击"零件/放置零件…"菜单，弹出如图 11-27 所示对话框，在"选择零件"对话框中，选取类型为"选择毛坯"，选取名称为"毛坯 1"的零件，并单击"安装零件"按钮，界面上出现控制零件移动的面板，如图 11-28 所示，可以用其移动零件；当单击面板上的

196

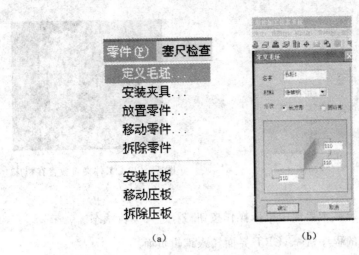

　　　　　　（a）　　　　　　　　　　　　（b）

图 11－25　工件安装仿真

(a)零件下拉菜单;(b)毛坯定义

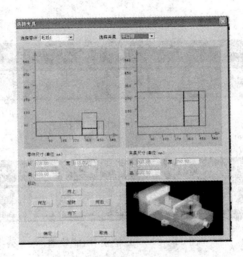

图 11－26　夹具类型选择

退出按钮时,关闭该面板,此时机床如图 11－29 所示,夹具(虎钳)、零件已放置在机床工作台面上。

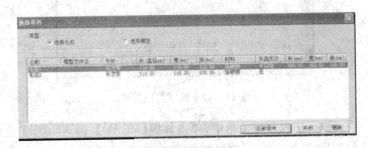

图 11－27　选择零件

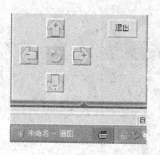

图 11-28 工件运动/转动

图 11-29 工件夹具放置在机床上

4.导入 NC 程序

①单击图 11-22 系统显示界面中机床操作按钮 [⟩⟩],进入编辑状态。

②点击 MDI 键盘上的程序键 PROG,CRT 界面转入编辑页面。

③点击功能软键【操作】键,出现图 11-30,点击 ▶,显示软键【F 检索】,如图 11-31 所示,点击此软键,弹出图 11-32 的对话框。在打开的对话框中,通过搜寻等操作选择所需的 NC 程序(选 2110.txt 文件)。

图 11-30 [操作]功能软键

图 11-31 [F 检索]功能软键

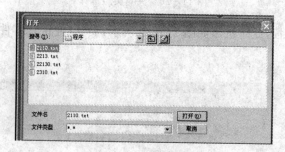

图 11-32 程序路径选择

④单击"打开"按钮。在同一级菜单中,单击软键【READ】(读入),CRT 上出现图 11-33 所示软键。通过 MDI 键盘上的数字/字母键,输入"O2110",单击软键【EXEC】(操作),则数控程序显示在 CRT 界面上,参见图 11-34。

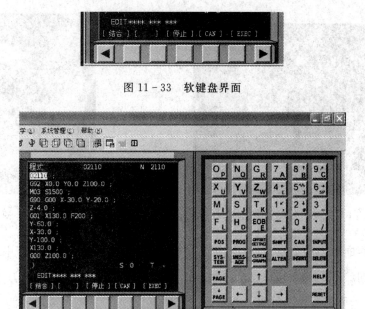

图 11 - 33 软键盘界面

图 11 - 34 程序导入完成

5.装刀具、对刀

1)安装刀具 点击菜单"机床/选择刀具",弹出图 11 - 35(a)对话框,点选"选择铣刀",在弹出如图 11 - 34(b)所示对话框中,根据加工要求选择直径为 $\phi45$ 镶齿硬质合金端铣刀。点"确认",在退出"选择铣刀"对话框,所选刀具即安装到机床主轴上。图 11 - 36 所示界面为刀具已装好。

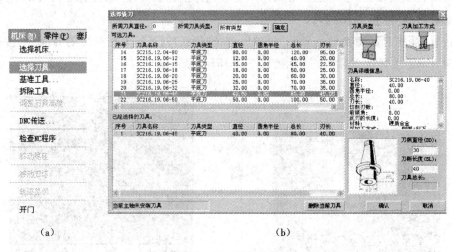

(a) (b)

图 11 - 35 刀具选择

(a)机床下拉菜单;(b)刀具类型

2)试切法 X、Y 轴对刀 根据工件坐标系原点设在工件左上角处和程序 G92 X0.0 Y0.0 Z100.0 设定的坐标值,进行对刀操作。

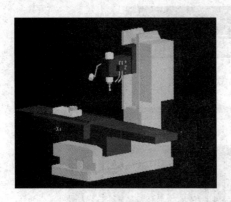

图 11-36 刀具安装完毕

图 11-37 对刀

①单击操作面板上的手动按钮 ▦，使其指示灯变亮，机床转入手动加工状态，利用操作面板上的方向按钮【X、Y、Z】和机床移动按钮【＋、－】，将机床移到工件左侧，刀具低于工件上表面的如图 11-37 所示的大致位置。

②单击操作面板上 MDI 编辑键 ▣，进入 MDI 编辑界面，输入{M03 S1000;}字符串，单击操作面板上输入键 ，{M03 S1000;}字符串进入内存。再单击操作面板上循环启动键 Ⅰ。主轴启动。

③单击操作面板上位置键 POS，返回位置界面。单击操作面板上的手动脉冲按钮 ▣，手轮指示灯变亮，采用手动脉冲方式精确移动机床。

④单击手轮按钮 ▣，弹出手轮控制面板(图 11-38 所示)，将手轮对应轴旋钮置于 X 挡，调节手轮进给速度旋钮，在手轮上点击鼠标左键(或右键)精确移动零件，直至刀具切削到材料有微量的切屑出现，停止 X 轴移动。

⑤按软键【相对】，切换坐标界面为相对。在键盘区按【X】，再在弹出的界面中，按软键【起源】，此时，CRT 上显示 X0.000。如图 11-39 所示。

图 11-38 手轮界面

图 11-39 清零界面

⑥将手轮对应轴旋钮置于 Y 挡，点击手轮移动工件，使刀具到达工件后侧。再将手轮对应轴旋钮置于 X 挡，点击手轮使工件向左移动，使刀具轴线进入工件轮廓以内。换手轮为 Y

向,在手轮上点击鼠标左键或右键精确移动零件,直至刀具切削到材料有微量的切屑出现,停止 Y 轴移动。

⑦按软键【相对】,切换坐标界面为相对。在键盘区按【Y】,再在弹出的界面中,按软键【起源】,此时,CRT 上显示 Y0.000。

3)试切法 Z 轴对刀 对刀步骤如下:

①将手轮对应轴旋钮置于 Z 挡,点击手轮使刀具到达工件上表面以上;再换手轮为 Y 向,将刀具移至工件上表面以内。再换手轮为 Z 向,在手轮上点击鼠标左键或右键精确移动刀具,直至刀具切削到材料上表面有微量的切屑出现,停止 Z 轴移动。

②按软键【相对】,切换坐标界面为相对。在键盘区按【Z】,再在弹出的界面中,按软键【起源】,此时,CRT 上显示 Z0.000。

③点动手轮使刀具抬起到达 CRT 显示 Z100.0 处,停止 Z 轴移动,即 G92 设定的 Z100.0。

④将手轮对应轴旋钮分别置于 X、Y 挡,点击手轮移动工件,使得 CRT 上分别显示:X22.5 和 Y−22.5。

⑤在键盘区按【X】,按软键【起源】,此时,CRT 上显示 X0.000;在键盘区按【Y】,按软键【起源】,此时,CRT 上显示 Y0.000。当前 CRT 上显示的 X0.0、Y0.0、Z100.0 即为 G92 X0.0 Y0.0 Z100.0。完成 G92 对刀,如图 11−40 所示。

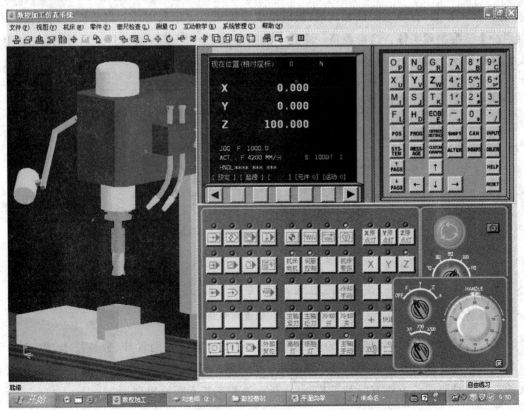

图 11−40 坐标界面

6.自动加工

完成对刀、导入数控程序后,就可以开始自动加工了。

①点击 MDI 键盘上的程序键 ⚏ ,进入程序界面,检查当前程序是否为选中的加工程序 O2110。

②点击操作面板上的机床复位键 ⚏ ,使机床外部复位,并查看光标是否在程序名下方。

③单击操作面板上的自动运行按钮 ⚏ ,使其指示灯变亮,单击循环启动按钮 ⚏ ,机床启动,执行程序自动加工。

第 6 节　快速原型制造

一、RPM 技术原理

快速原型(也称快速成型)制造(Rapid Prototyping Manufacturing,简称 RPM)技术,是由 CAD 模型直接驱动的快速制造任意复杂形状三维物理实体的技术总称。如图 11－41 所示,其基本过程是:首先设计出所需零件的计算机三维模型(数字模型、CAD 模型),然后根据工艺要求,按照一定的规律将该模型离散为一系列有序的单元,通常在 Z 向将其按一定厚度进行离散(习惯称为分层),把原来的三维 CAD 模型变成一系列的层片;再根据每个层片的轮廓信息,输入加工参数,自动生成数控代码;最后由成型机成形一系列层片并自动将它们联接起来,得到一个三维物理实体。这样就将一个复杂的三维加工转变成一系列二维层片的加工,因此大大降低了加工难度,这也是所谓的降维制造。

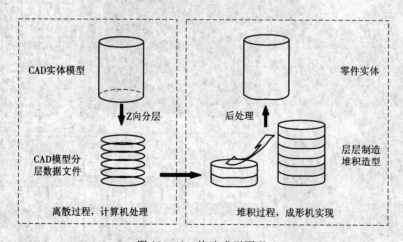

图 11－41　快速成型原理

RP 技术的产生和发展结合了众多当代高新技术(计算机辅助设计、数控技术、激光技术、材料技术),并将随着技术的更新而不断发展。自 1986 年出现至今,短短十几年,世界上已有大约二十多种不同的成形方法和工艺,而且新方法和工艺不断地出现。

二、典型的 RPM 工艺方法

1. 光敏液相固化法(Stereo Lithography,SL)

SL 又称为立体印刷和立体光刻,有时也被称为 SLA(Stereo Lithography Apparatus)。SL 工艺是基于液态光敏树脂的光聚合原理工作的。在树脂液槽中盛满液态光敏树脂,它在紫外激光束的照射下会快速固化。成型过程开始时,可升降的工作台处于液面下一个截面层厚的高度,聚焦后的激光束,在计算机的控制下,按照截面轮廓的要求,沿液面进行扫描,使被扫描区域的树脂固化,从而得到该截面轮廓的塑料薄片。然后,工作台下降一层薄片的高度,已固化的塑料薄片就被一层新的液态树脂所覆盖,以便进行第二层激光扫描固化,新固化的一层牢固的粘结在前一层上,如此重复,直到整个产品成型完毕。最后升降台升出液体树脂表面,即可取出工件,最后进行清洗和表面光洁处理,即可得到一个三维实体模型。

2. 分层实体制造法(Laminated Object Manufacturing,LOM)

LOM 也称叠成实体制造,是几种最成熟的 RPM 技术之一。它是采用背面带有粘胶的箔材或纸材等片材,通过相互粘结而成的。加工时根据三维 CAD 模型每个截面的轮廓线,在计算机控制下,发出控制激光切割系统的指令,使切割头作 X 和 Y 方向的移动。供料机构将地面涂有热熔胶的箔材一段段地送至工作台的上方。激光切割系统按照计算机提取的横截面轮廓用二氧化碳激光束对箔材沿轮廓线将工作台上的纸割出轮廓线,并将纸的无轮廓区切割成小碎片。然后,由热压机构将一层层纸压紧并粘合在一起。可升降工作台支撑正在成型的工件,并在每层成型之后,降低一个纸厚,以便送进、粘合和切割新的一层纸。最后形成由许多小废料块包围的三维原型零件。然后取出,将多余的废料小块剔除,最终获得三维产品。

3. 选区激光烧结法(Selective Laser Sintering,SLS)

在开始加工之前,先将充有氮气的工作室升温,并保持在粉末的熔点以下。成型时,送料筒上升,铺粉滚筒移动,先在工作平台上铺一层粉末材料,然后激光束在计算机控制下按照截面轮廓对实心部分所在的粉末进行烧结,使粉末熔化继而形成一层固体轮廓。第一层烧结完成后,工作台下降一截面层的高度,再铺上一层粉末,进行下一层烧结,如此循环,形成三维的原型零件。

4. 熔融沉积成型法(Fused Deposition Modeling,FDM)

熔融沉积成型法是一种不依赖激光作为成型能源、而将各种丝材加热熔化的成型方法,简称 FDM,其原理如图 11-42 所示。

熔融挤出成型工艺的材料一般是热塑性材料(蜡,ABS,PC,尼龙等),以丝状供料。材料在喷头内加热熔化。喷头沿零件截面轮廓和填充轨迹运动,同时将熔化的材料挤出,材料迅速固化,并与周围的材料粘接。每一个层片都是在上一层上堆积而成,上一层对当前层起到定位和支撑的作用。随着高度的增加,片层轮廓的面积和形状都会发生变化,当形状发生较大的变化时,上层轮廓就不能给当前层提供充分的定位和支撑作用,这就需要设计一些辅助结构——"支撑"对后续层提供定位和支撑,以保证成形过程的顺利实现。

这种工艺不用激光,使用、维护简单,成本较低。用蜡成型的零件原型,可以直接用于消失蜡铸造。用 ABS 制造的原型具有较高强度,因而在产品设计、测试与评估等方面得到广泛应

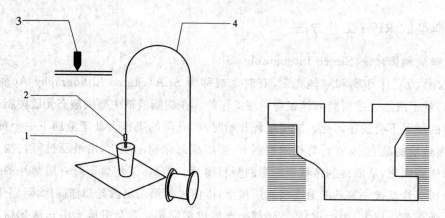

图 11 - 42　FDM 工艺原理图

1—成型工件；2—喷头；3—喷头；4—料丝

用。今年来又开发出 PC,PC/ABS,PPSF 等更高强度的成型材料,使得该工艺有可能直接制造功能性零件。由于这种工艺具有一些显著优点,所以近年来该工艺发展极为迅速。

三、三维打印的过程

1. 三维打印机的组成

三维打印机/快速成型系统分为主机、电控系统两部分,结构如图 11 - 43 所示。主要由以下几部分系统构成。

①系统外壳及主框架。

②电控系统。

③XY 扫描运动系统,由丝杠、导轨、伺服电机组成(三维打印机由步进电机、导轨、同步齿形带组成)。

④升降工作台系统,由步进电机、丝杠、光杠、台架组成。三维打印机工作台在出厂前已调平,无需用户调整。快速成型系统需要用户手工进行工作台调平(通过工作台下的三个调整螺钉调节高度)。

⑤喷头。

⑥送丝机构,成型材料由料盘送入送丝机构,然后由送丝机构的一对滚轮送入送丝管,最终送入喷头中。查看料盘中是否还有材料,即可判断喷头是否发生堵塞。

⑦成型室,成型室内有加热系统,由加热元件,测温器和风扇组成,加热元件和风扇故障都会导致成形室温度过低等。

2. 三维打印模型的流程

①打开三维打印机/快速成型系统,上电。

②启动 Aurora 软件。

③启动"初始化"命令,让三维打印机/快速成型系统执行初始化操作。

④载入三维模型(如果模型已经处理成二维模型,则可省略本步骤)。将模型用"变形"、"自动排放"等命令放置到合适的位置,如图 11 - 44 所示。

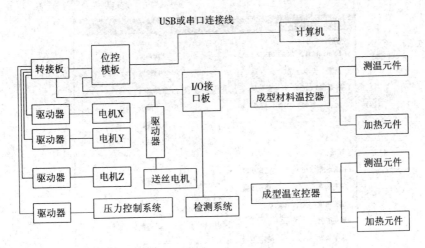

图 11-43　控制系统原理图

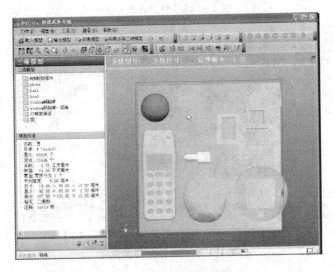

图 11-44　三维模型载入

⑤分层处理，根据三维打印机/快速成型系统安装的喷头大小和实际需要，选择合适的参数集，对三维模型进行分层处理，如图 11-45 所示。

⑥设定工作台的高度，在一个合适的高度开始成形，如图 11-46 所示。

⑦打印模型。如果打印过程中出现异常，可以选择取消打印或暂停打印。

⑧打印完成，工作台下降，取出模型。

⑨关机或重新开始制作另外一个模型。

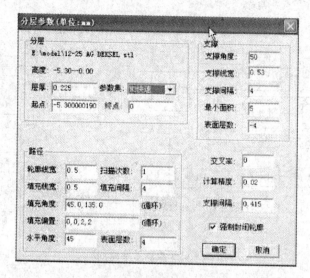

图 11 - 45　分层参数设置

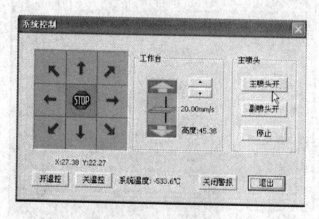

图 11 - 46　工作台高度设置

第12章　钳　　工

第1节　钳工实习的目的和要求

一、钳工实习的课程内容

主要讲述：钳工工作，钳工手持工具(手锯、锉、手锤、錾子)使用方法；划线；钻头钻、扩、铰孔、锪台及钻床的使用方法；攻丝、套扣；装配。

二、钳工实习的目的和作用

钳工是一个手工操作的工种；学生通过对钳工的实习可以掌握一些基本的手工加工方法，掌握钻床的使用方法及简单的装配工艺和装配方法，增加学生对手工加工金属技术的感性认识，并能独立完成钳工实习零件及自己设计简单的创新件；熟悉钳工常用的工具、量具的结构与使用，学会进行工艺分析。

三、钳工实习具体要求

了解钳工工艺的过程、特点和应用范围。了解机械装配的方法、步骤等基本技术和有关的工艺知识及安全操作注意事项。知道钳工常用工具的名称及其正确的使用方法。掌握平面划线和立体划线的方法，以及在划线过程中正确使用量具和工具进行划线的工艺操作。掌握锯切、锉削、钻孔、攻丝、套扣、刮削和錾削加工的方法及质量评价。

四、钳工实习安全事项

①进厂实习要穿工作服，袖口要扎紧，女同学要戴安全帽，不穿高跟鞋，不穿裙子。

②钳工操作不允许戴手套。操作钻床时要严格执行操作规程。

③离开机床要停车报告，出现事故要停机请示辅导教师，不得擅自处理。

④每日实习完毕清理钳工台面和工作场地。

⑤不要用嘴吹工件上的铁屑，也不准用油手去摸工件表面。

⑥在进行锯切、锉削和錾削操作时要注意周围人员情况，其他人员在通过上述工段区域时也要注意安全。

⑦爱护工具和量具，要维护其清洁，摆放要整齐，养成文明生产的好习惯。

第 2 节 概　　述

钳工是手持工具对金属进行加工的加工方法,主要用于对产品进行零件加工、装配和对设备进行维护与修理,其中大部分工作由手工操作完成,故钳工的技术要求高,劳动强度比较大。

钳工基本操作包括划线、錾削、锯切、锉削、钻孔、扩孔、锪孔、铰孔、攻丝、套丝、刮削、研磨、装配等。此外,还应该掌握矫正、弯曲、铆接、简单热处理,有关机械设备的结构、性能、修理等。钳工是重要的工种之一,常用的设备包括钳工工作台、台虎钳、砂轮机等,但其可完成的加工有些是机械加工所不能替代的,因此在机械制造与修理业中起着十分重要的作用。

一、钳工的加工特点

①工具简单,制造、刃磨方便。

②大部分是用手持工具进行操作,加工方便、灵活。

③能完成机械加工不方便或难以完成的工作。

④劳动强度大,生产率低,对工人技术水平要求高。

二、钳工的应用范围

钳工的应用范围很广,主要包括以下几个方面:

①加工前的准备工作,如毛坯表面的处理,单件小批生产中在工件上划线等;

②某些精密件的加工,如制造样板、工具、夹具、量具、模具的有关零件,刮削研磨有关表面;

③零件装配前进行的攻螺纹、套螺纹及装配时对零件的修整等;

④产品的组装、调整、试车及设备维修;

⑤单件小批生产中某些普通零件的加工。

随着生产的发展,钳工工具及工艺也不断改进,钳工操作正在逐步实现机械化和半机械化,如錾削、锯切、锉削、划线及装配等工作中已广泛使用了电动或气动工具。

第 3 节 划　　线

在毛坯或工件上,根据图样的要求,划出加工界线的操作称为划线。划线的正确与否关系到加工的质量和生产的效率。

划线不仅能明确表示零件的尺寸界线和几何形状,还能对毛坯进行检查,剔除有残缺的毛坯件,避免造成加工后的损失;当毛坯的误差或残缺不大时,利用划线的借料或加工余量的分配予以补救,杜绝废品的产生。

一、划线的作用及种类

1. 划线的作用

①确定毛坯上各孔、槽、凸缘、表面等加工部位的相对坐标位置和加工面的界线,作为安装、调整和切削加工的依据。

②在生产批量不大时,通过划线及时发现和处理不合格的毛坯,避免造成浪费。

③通过划线合理分配加工表面的余量(亦称借料)。

④在板料上划线下料,可达到合理使用材料的目的。

2. 划线的种类

划线分为平面划线和立体划线。

1)平面划线　所划的线均位于同一平面内(图 12-1)。平面划线较简单,是划线的基础。

2)立体划线　在工件或毛坯的几个相互垂直或倾斜的平面上划线,即在长、宽、高三个方向上划线(图 12-2)。立体划线是平面划线的综合应用。

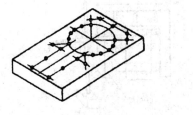

图 12-1　平面划线

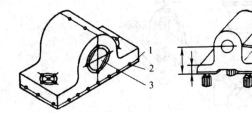

图 12-2　立体划线

1—划线;2—样冲点;3—木塞

二、划线工具及应用

划线工具按用途分为基准工具、支承工具、划线工具三类。

1. 基准工具

划线平台是划线的基准工具,其上放置划线平板(图 12-3),划线平板用铸铁制成,并经时效处理,因其表面是划线的基准平面,故要求非常平整光洁,通常经精刨或刮削。划线平板在使用时严禁撞击和用锤敲击,并保持清洁,以免精度降低,用后应擦防锈油加以保护。

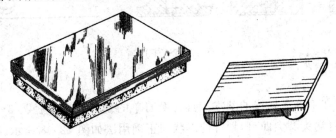

图 12-3　划线平台

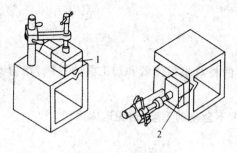

图 12-4 划线方箱

1—划水平线;2—翻转方箱划线

2. 支承工具

1)划线方箱 划线方箱是用灰铸铁制成的空心立方体,其尺寸精度及平面间的平行度、垂直度等均较高。方箱通常带有 V 形槽并附有夹持装置,用于夹持尺寸较小而加工面较多的工件。通过翻转方箱,能在工件表面划出相互垂直的线,如图12-4所示。

2)V 形铁 通常两块 V 形铁(V 形有 90°和 120°之分)一组,用以支承轴套类等圆形工件。图 12-5 为 V 形铁的应用。

3)直角铁 直角铁(弯板)用灰铸铁制成,它有两个经过精加工的互相垂直的平面。其上的孔或槽用于固定工件时穿压板螺钉。图 12-6 为直角铁及其应用。

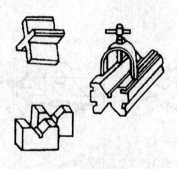

图 12-5 V 形铁

直角铁

图 12-6 直角铁

4)千斤顶 千斤顶用于支承较大的或形状不规则的工件,由底座,螺杆和锥头组成。通常三个千斤顶为一组,其高度可以调整,便于找正。图 12-7 为千斤顶的结构及应用。

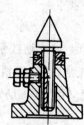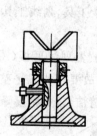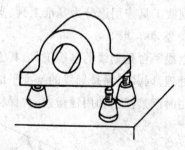

图 12-7 千斤顶

3. 划线工具

1)划针 它是在工件上划线的基本工具。最简单的划针是用直径为 3~4 mm 的弹簧钢丝或高速钢制作,将端头磨尖即可,划针的形状与正确用法如图12-8所示。

2)划线盘 划线盘是在工件上进行立体划线和找正工件位置的常用工具,由划针和底盘组成,分普通划线盘和可微调划线盘两种,如图 12-9 所示。调节划针到一定的高度,并在平板上移动划线盘,即可在工件上划出与平板平行的线,如图 12-10 所示。

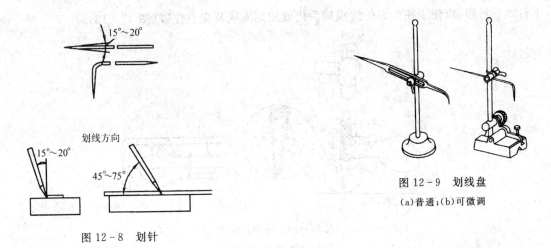

图 12-9 划线盘

(a)普通;(b)可微调

图 12-8 划针

3)划规及划卡 划规(图 12-11)用工具钢制成,尖端淬硬,是平面划线的常用工具,主要用于划圆、圆弧和等分线段、量取尺寸等;划卡(图 12-12)又称单脚规,用于确定轴及孔的中心位置。

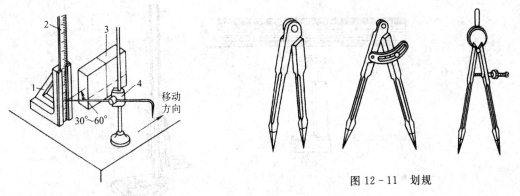

图 12-10 划线盘划线

1—高度尺架;2—直尺;3—工件;4—划线盘

图 12-11 划规

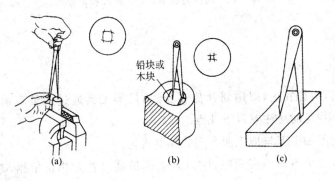

图 12-12 划卡

(a)定轴心;(b)定孔心;(c)划平行线

4)样冲 由工具钢制成,尖端淬硬,磨成 30°尖角。样冲用来在工件所划的线及线交叉点上打出样冲眼,以便于在所划的线模糊后仍能找到原线及交点位置(图 12-13)。

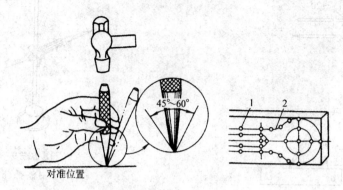

图 12-13　样冲及使用

1—样冲眼;2—划线

5)高度游标卡尺、90°角尺和钢板尺　高度游标卡尺(图 12-14)是高度尺和划线盘的组合,属精密量具,用于测量高度或半成品划线。不允许在毛坯上划线,以防损坏划脚。

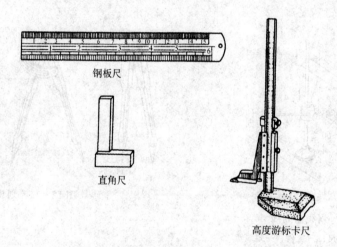

钢板尺

直角尺

高度游标卡尺

图 12-14　高度游标卡尺、90°角尺和钢板尺

三、划线操作

1. 毛坯找正

对毛坯划线时,应先找正,即用划针盘和 90°角尺等工具通过调整支承工具,使毛坯表面处于合适的位置。找正时应注意以下几点。

①要使毛坯的不加工面与加工面之间的厚度均匀。

②当毛坯上有几个不加工表面时,应以其中面积最大者为找正依据,兼顾其他不加工表面,并使各处厚度尽量均匀。

③若毛坯没有不加工表面,则要以待加工的孔和凸台外形作为找正依据。对于多孔的箱体,要照顾各孔毛坯和凸台均有加工余量,且尽量与凸台同心。

2. 确定划线基准

划线基准是指在划线时,以工件的某个点、线或面作为依据,用它来确定工件其他各部分尺寸、几何形状和相对位置。划线基准与设计基准应保持一致,划线基准的确定方法是:若工件上有已加工表面,则应以已加工表面为划线基准;若工件为毛坯,则应选重要孔的中心线为划线基准;若毛坯上无重要孔,则应选较平整的大平面为划线基准。

常用的划线基准有三种:

①以两个互相垂直的平面为基准(图 12-15(a));

②以一个平面与一条中心线为基准(图 12-15(b));

③以两条相互垂直的中心线为基准(图 12-15(c))。

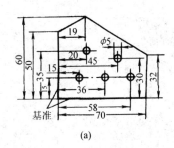 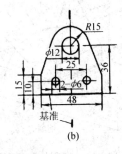 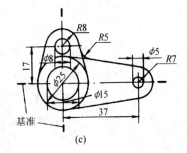

(a) (b) (c)

图 12-15 划线基准

(a)以两个互相垂直的平面为基准;(b)以一个平面与一条中心线为基准;(c)以两条相互垂直的中心线为基准

若划线基准为平面,则可直接在划线平板上用划线盘或高度游标卡尺划线;若基准是中心线,则应先将该中心线找出,然后从中心线开始用高度游标卡尺划线。

3. 划线的一般步骤

①读图。了解划线的部位、要求及相关加工工艺,分析图样和实物并确定划线基准。

②清理毛坯上的氧化皮、粘砂、飞边、油污、毛刺等,检查毛坯质量,发现并剔除有残工件。在需要划线的表面涂上适当涂料。一般铸锻件毛坯涂石灰水,钢和铸件半成品涂划线墨水、绿油或硫酸铜溶液,非铁金属工件涂划线墨水或墨汁。

③工件正确安放,支承牢靠。

④工件找正、借料,通过借料可以调整加工余量,排除工件原有的误差和缺陷。确定孔的圆心时预先在孔中安装塞块。

⑤先划基准线、水平线,再划垂直线和斜线,最后划圆弧线等。

⑥检验后在所需位置打样冲眼,便于加工时参考。

第 4 节 錾 削

用手锤锤击錾子对金属材料进行加工的方法称为錾削。錾削可以对金属进行平面、沟槽、切断、除刺、去飞边等较小表面的粗加工,每次錾切厚度 0.5~2 mm。

一、錾削工具

錾削所用的工具是錾子和锤子。

1. 錾子

錾子由錾刃、錾身、錾头组成，一般用碳素工具钢（T7、T8）锻成，刃部需经淬火及回火处理，使之具有一定硬度和韧性。常用的有平（扁）錾、尖（窄）錾、油槽錾。

錾子的切削部分呈楔形。錾削加工如图 12 - 16 所示。錾削时，决定錾子所处空间位置的三个角度对錾削起重要作用。

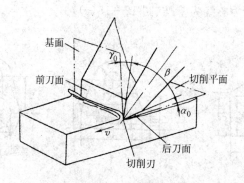

图 12 - 16　錾削加工示意图

1）楔角 β　楔角是錾子前刀面与后刀面之夹角，其大小将对錾子刃部的强度和錾切阻力产生影响，选择楔角 β 应在保证有足够强度的前提下尽量取小，一般在 $50°\sim70°$ 之间，材料越硬，取值越大。

2）錾子后角 α_0　后角是錾子后刀面与切削面之夹角，其作用是减小后刀面与切削面之间的摩擦，并使錾刃容易切入工件。后角 α_0 的大小由錾子在錾切中被掌握的位置决定。α_0 过大，錾子将啃入工件；α_0 过小，錾子容易向上滑出錾切表面，α_0 为 $3°\sim8°$。

3）前角 γ_0　前角的作用是减小切屑变形，降低切削阻力。

2. 锤子

手锤由锤头和锤柄组成，规格以锤头质量表示，有 0.25 kg、0.5 kg、1 kg 等，锤柄长为 300~350 mm，锤头用碳素工具钢制成并淬火处理。

二、錾削操作

錾削操作时应正确握持錾子和锤子，合理站位，錾削时的姿势应使全身不易疲劳又便于用力。应掌握正确的挥锤方法。錾削操作如图 12 - 17 所示。

三、錾削应用

1. 錾切板料

錾切小而薄的板料可夹在台虎钳上进行，如图 12 - 18 所示。面积较大且较厚（4 mm 以上）板料的錾切可在铁砧上从一面錾开，如图 12 - 19 所示。

图 12-17 錾削操作示意图

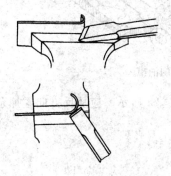

图 12-18 錾切薄板料

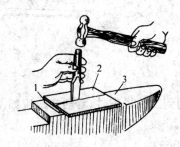

图 12-19 錾切厚板料

1—衬垫;2—工件;3—铁砧

錾切轮廓较复杂且较厚的工件时,为避免变形,应在轮廓周围钻出密集的孔,然后切断,如图 12-20 所示。

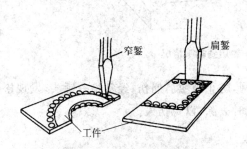

图 12-20 錾切复杂轮廓

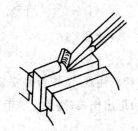

图 12-21 錾削较窄平面

2. 錾削平面

錾削较窄平面时,錾子切削刃与錾削方向保持一定的斜度,如图 12-21 所示。

錾削较大平面时,通常先开窄槽,然后再錾去槽间金属,如图 12-22 所示。

3. 錾削油槽

錾削油槽时,錾子切削刃形状应磨成与油槽截面形状一致,錾子的刃宽等于油槽宽,刃高约为宽度的 2/3。錾削方向要随曲面圆弧而变动,油槽应錾得光滑且深度一致。油槽錾好后,应用刮刀刮去毛刺。錾削油槽的方法如图 12-23 所示。

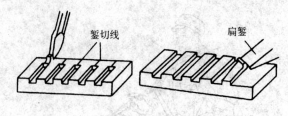

图 12-22 錾削较大平面

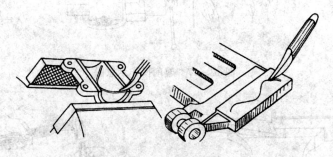

图 12-23 錾削油槽

此外,錾削到工件尽头时,錾削方法应如图 12-24 所示。应从反方向錾掉余料,防止塌角塌边发生。

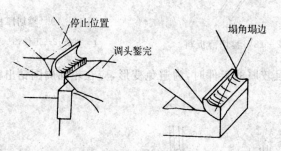

图 12-24 錾切到端头情况

錾削中要特别注意:工作台要安装防护网,防止被錾屑崩伤;经常检查锤头,发现松动及时修复,以防锤头甩出伤人;錾头出现毛刺要及时去除,以免伤人。

第 5 节 锯 切

用手锯对材料进行切割的加工方法称为锯切。锯切能使材料切断或切出沟槽,其应用范围如图 12-25 所示。

一、锯切工具

锯切包括机械锯切和钳工锯切两种。机械锯切指利用锯床或砂轮片锯切,适于大批量生产;钳工锯切指用手工锯切,工具为手锯,适于批量不大的场合。

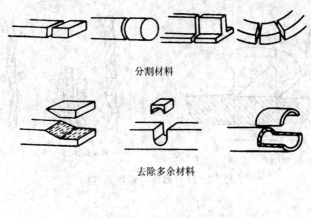

分割材料

去除多余材料

切槽

图 12 - 25　锯切应用范围

手锯由锯弓和锯条组成,如图 12 - 26 所示。

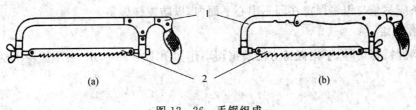

(a)　　　　　　　　(b)

图 12 - 26　手锯组成

(a)固定式;(b)可调式

1—锯弓;2—锯条

锯弓有固定式和可调式两种,锯弓用于夹持和张紧锯条。

锯条的材料是碳素工具钢并淬火。锯条的规格以两端安装孔的中心距表示。中心距长度一般为 300 mm,厚度 0.8 mm,宽 12 mm。锯条与锯齿的结构见图 12 - 27。锯条按照每 25 mm 长齿数量分粗齿锯条(14~18 个齿)、中齿锯条(24 个齿)、细齿锯条(32 个齿)。锯齿粗细的选择依据被加工材料的硬度和加工厚度而定,一般材料硬或薄的选择细齿锯条。锯齿左右错开形成交叉式或波浪式排列称为锯路。锯路的作用是使锯缝宽度大于锯条厚度,以防止锯条卡在锯缝里,同时减小锯条在锯缝中的摩擦阻力,便于排屑,提高锯条的使用寿命和工作效率。

二、锯切操作

1. 锯条的安装

安装锯条时,应注意以下几点。

①锯齿必须向前,使之前推时承受切削力,顺利切下切屑,如图 12 - 28 所示。

②松紧应适当。锯条过紧失去弹性,容易折断;锯条过松容易扭曲,也易折断,且锯缝易歪

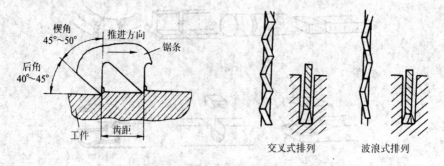

图 12-27 锯条与锯齿的结构

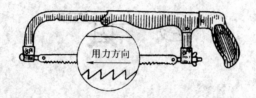

图 12-28 锯条的安装

斜。一般松紧程度以用两手指旋紧螺母为宜。

③锯条应尽量与锯弓保持在同一中心平面内,以防锯缝偏斜。

2. 操作方法

①手锯握持锯切时,手锯握持方法及锯切动作如图 12-29 所示,右手握稳手柄,左手轻扶锯弓前端。

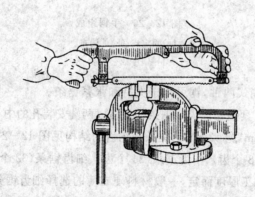

图 12-29 手锯握持方法及锯切动作示意图

②起锯。起锯方法有远起锯和近起锯两种,如图 12-30 所示。起锯时应用左手大拇指引导。起锯角应小些(约 15°),起锯角过大,锯齿易勾住工件的棱边,崩断锯齿。

③锯切方法。锯切时握手柄的右手施力,左手扶正锯弓。锯切往复运动可采用直线往复或摆动式往复。前者适于锯切薄壁工件和直槽,其余多采用后者。推进时,左手上翘,右手下压;回程时,双手不加力,右手上抬,左手跟回。摆动式锯切可使操作自然,减轻疲劳,提高效率。锯切时应用锯条全长工作,以防中间部分迅速磨钝。锯切硬材料时,速度应慢些,压力应

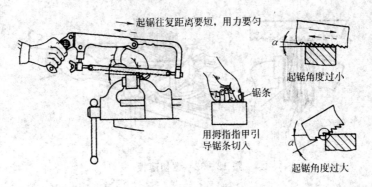

图 12-30 起锯方法

大些。反之,速度稍快,压力稍小。一般锯切速度以 20～40 次每分钟为宜。

三、锯切应用

1. 锯切棒料

若要求锯切截面平整,则起锯开始至结束始终保持同一方向锯切。若截面质量要求不高,锯切时可改变几次方向,以提高锯切效率。若锯切毛坯棒料截面质量要求不高时,可分几个方向锯切,锯到一定程度后,用手锤将棒料击断。

2. 锯切管材

管材锯切时可直接夹持在台虎钳内,夹紧力应适当。对于薄壁管材和精加工过的管材,锯切时应夹在有 V 形槽的木垫之间。锯切管材时,应不断转动管材,每个方向均锯到内壁处,直到锯断。这样可避免锯齿崩落,如图 12-31 所示。

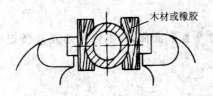

图 12-31 薄壁管材锯切的夹持

3. 锯切薄板

为避免锯齿崩落,增加刚性,薄板锯切可夹在两木板之间进行,或手锯横向推进,如图 12-32 所示。

4. 锯切深缝

深缝锯切方法如图 12-33 所示,可将锯条转 90°或 180°使用。

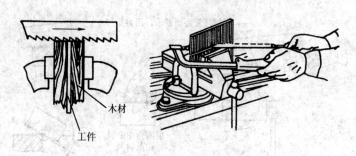

图 12-32 锯切薄板

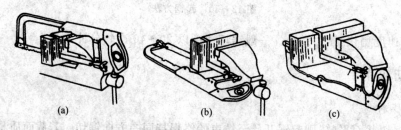

图 12-33 锯切深缝

(a)正常安装;(b)锯弓转 90°;(c)锯弓转 180°

第 6 节 锉 削

锉削是用锉刀对工件表面进行切削加工的钳工工作,常用于锯切或錾削后对工件进行精加工以及在部件、机器装配中修整工件。经锉削后的工件尺寸精度可达0.01 mm左右,表面结构参数可达 $R_a1.6\sim0.8\ \mu m$。

锉削的应用范围有锉削外平面和曲面,锉削内外角及复杂表面,锉削沟槽、孔眼和各种形状的配合表面。

一、锉削工具

锉削所用的工具主要是锉刀。

1. 锉刀的材料及构造

锉刀通常用碳素工具钢 T13A、T12A 或 T12 制成,并经淬硬处理,其切削部分硬度为 62～67HRC。锉刀材料是 T12 或 T13 时,需要淬火处理,此外还有金刚石涂层锉刀。锉刀的结构如图11-34所示,使用时锉柄要安装木把。锉刀规格以其工作部分长度表示,常用的有 100 mm、150 mm、200 mm、250 mm、300 mm、350 mm、400 mm 7 种。

根据锉刀在每 10 mm 内所含齿数的多少可分为:粗齿锉刀(4～12 齿,适于粗加工或加工较软的材料)、中齿锉刀(13～23 齿,适于粗锉后加工)、细齿锉刀(30～40 齿,锉光表面及加工铸件或钢件等硬度较高的材料)、油光锉刀(50～62 齿,用于精加工或修光)。锉刀粗细的选择依据加工余量、尺寸精度、表面结构要求和工件材质而定。锉刀构成及锉削原理如图12-34所示。

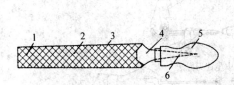
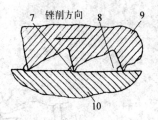

图 12-34　锉刀构成及原理

1—底齿;2—锉面;3—锉边;4—锉尾;5—锉柄;

6—锉刀舌;7—锉屑;8—容屑空间;9—锉刀;10—工件

2. 锉刀的种类及选择

锉刀的种类有普通型锉刀(横截面形状又分板形、方形、三角形、圆形和半圆形)、异型锉刀(用于特殊表面的加工)、整形锉刀(用于细小部位的精细加工,由断面形状不同的多支组成一套使用),如图 12-35 所示。锉刀的齿纹有单纹和双纹之分。双纹锉刀容易碎屑,用时省力。

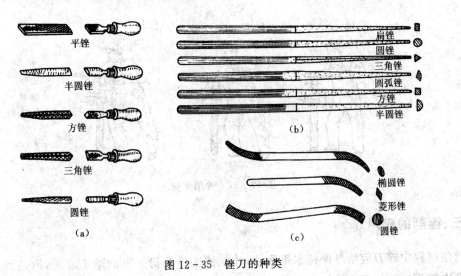

图 12-35　锉刀的种类

(a)普通锉刀;(b)整形锉刀;(c)异型锉刀

二、锉削操作

1. 锉刀的握持

锉刀的握法随锉刀的大小和加工部位的不同而有所不同,一般右手握锉把,锉端顶住手掌,拇指在上,四指拢住锉把。用大锉时左手压在锉端上;用较小的锉刀,左手拇指和食指握住锉端。钳工锉刀的基本握法如图 12-36 所示。

2. 锉削的姿势

锉削时,身体的重心放在左脚上,右腿伸直,左腿稍弯,身体前倾,双脚站稳,靠左腿屈伸使手持锉刀往复运动。随锉刀位置变化,身体前倾程度不断变化,如图 12-37 所示。

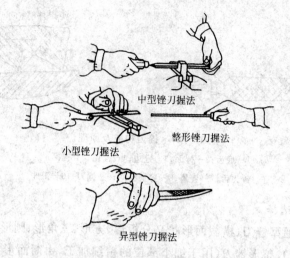

图 12-36　锉刀的基本握法

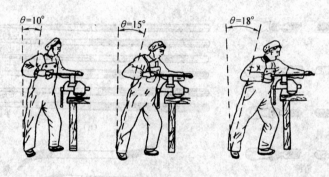

图 12-37　锉削姿势

三、锉削的应用

锉削过程中锉刀应始终保持水平运动,才能使工件获得平直的加工表面,欲达到此目的,在锉削中要不断调整双手施加在锉刀上的压力。起锉时左手的压力大于右手,锉刀趋于中间位置,双手压力基本相等,随着锉刀超过中间位置,左手的压力逐渐小于右手,回程时,双手均不施压。

1. 锉削平面

锉削平面的方法有顺锉法、交锉法和推锉法,如图 12-38 所示。

①顺锉即锉刀沿着同一方面锉削,比较美观,适用于锉削不大的平面和最后锉光锉平。

②交叉锉即锉刀从两个方向交叉锉削,由于锉刀与工件接触面大,容易保持锉刀平稳,同时看锉纹可判定锉削面的质量,适于粗加工,锉好后要用顺向锉修光。

③推锉法即双手拇指和食指横握锉刀,沿工件长度方向锉削,适于锉削窄而长的平面和最后修整。

锉平面时,常用钢板尺或刀口直尺以透光法检查其平面度(图 12-39),从平尺与锉削平面接触处透光的强弱程度来判断平面的平整程度。

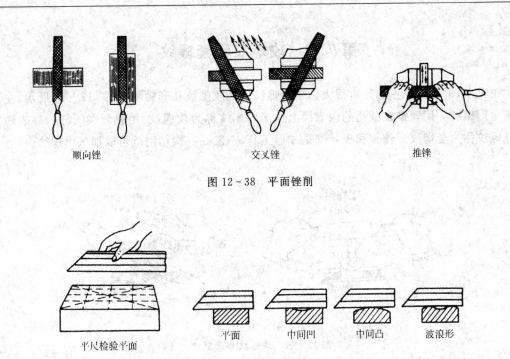

顺向锉　　　　　　　　交叉锉　　　　　　　　推锉

图 12 - 38　平面锉削

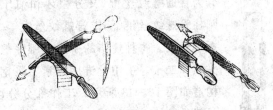

平尺检验平面　　　　　平面　　中间凹　　中间凸　　波浪形

图 12 - 39　透光法检查平面度

2. 锉削弧面

1) 锉削外圆弧面　外圆弧面锉削有顺锉和横锉两种,如图 12 - 40 所示。余量较小时宜用顺锉法锉削;余量较大时,应先用横锉法锉出棱角,然后再用顺锉法精锉成圆弧。

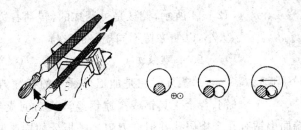

图 12 - 40　锉削外圆弧面

2) 锉削内圆弧面　锉削内圆弧面时宜用圆锉、半圆锉或椭圆锉。锉内圆弧面时锉刀同时完成三个运动,即向前的推动、向右或向左的移动并绕锉刀中心的转动,如图 12 - 41 所示。

图 12 - 41　锉削内圆弧面

第 7 节 攻螺纹和套螺纹

钳工中,手攻螺纹占的比重很大。手攻螺纹包括攻螺纹和套螺纹,如图 12-42 所示,主要是三角形螺纹。用丝锥在圆孔的内表面上加工内螺纹称为攻螺纹;用板牙在圆杆的外表面加工外螺纹称为套螺纹。丝锥和板牙都是成形工具,一般是一次切削就可以加工出螺纹。

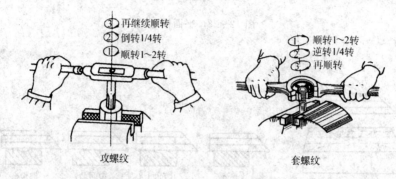

图 12-42 攻螺纹和套螺纹

一、攻螺纹、套螺纹用工具

1. 攻螺纹工具

1)丝锥 它是加工内螺纹的标准刀具,按使用分为手用丝锥和机用丝锥两种。按用途又分为普通螺纹丝锥(又分粗牙和细牙两种)、英制螺纹丝锥、圆柱管螺纹丝锥、圆锥管螺纹丝锥等。钳工最常用的是普通螺纹丝锥。每种规格的手用丝锥一般由两支组成一套,分为头锥和二锥。手用丝锥用碳素工具钢或合金工具钢制成,其构造如图 12-43 所示。工作部分分切削和校准两部分。切削部分承担主要切削工作,校准部分起修光和引导作用。整个工作部分沿纵向开出3~4条容屑槽,形成切削刃并容纳切屑。丝锥的柄部有方头,攻螺纹时可以安装铰杠,传递转矩。

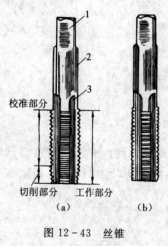

图 12-43 丝锥

(a)头锥;(b)二锥;

1—方头;2—柄;3—容屑槽

2)铰杠 它是用来夹持并扳转丝锥的专用工具。如图 12-44 所示,铰杠是可调式的,转动右边手柄,可调节方孔的大小,以便夹持不同规格的丝锥。

2. 套螺纹工具

1)板牙 它是加工外螺纹的标准刀具,一般用碳素工具钢、合金工具钢或高速钢经淬火后回火制成。圆板牙的外形像圆螺母,只是在其端面上钻有几个排屑孔并形成刀刃。圆板牙的构造如图 12-45 所示。板牙两端带有一定的锥角,承担主要的切削工作。中间是校准部分,也是螺纹的导向部分。M3.5 以上的板牙其外圆有四个紧定螺钉坑和一条 V 形槽,螺钉坑用于定位、紧固并传递转矩。

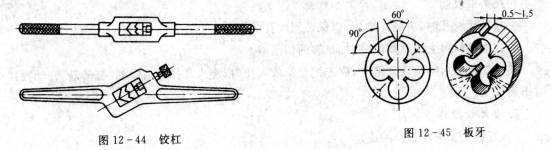

图 12-44 铰杠

图 12-45 板牙

2)板牙架 它是用于夹持板牙并带动其转动的专用工具,构造如图 12-46 所示。

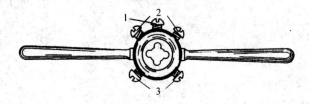

图 12-46 板牙架
1—调整螺钉;2—撑开螺钉;3—紧固螺钉

二、攻螺纹和套螺纹操作

1. 攻螺纹操作

(1)攻螺纹前底孔直径的确定

攻螺纹前底孔直径 D 可按下列经验公式算出,亦可从相关表中选取。

加工脆性材料(铸铁、青铜等),底孔直径

$$D_0 = D - (1.05 \sim 1.1)P$$

加工韧性材料(钢、黄铜等),底孔直径

$$D_0 = D - P$$

式中　D ——内螺纹大径,mm;

D_0 ——底孔直径,mm;

P ——螺距,mm。

攻盲孔螺纹时,因丝锥不能攻到孔底,所以钻孔深度 h_0 要大于所需的螺孔深度 h。

(2)攻螺纹注意事项

①工件尽量置于水平或垂直位置,然后夹紧。

②头锥攻螺纹时,应尽量放正丝锥,一只手压住丝锥轴心方向,另一只手轻转动铰杠。当丝锥旋转 1~2 圈后,应从正面和侧面观察丝锥和工件平面是否垂直,必要时用 90°角尺校验。

③头锥攻螺纹过程中,每次扳转铰杠使丝锥旋进量不宜过大,特别是 M5 以下的螺纹其旋进量应小于 1/2 转,且每次旋进后应再倒转退回 1/4 行程。攻深孔螺纹时,倒转退回行程还要大一些,并往复拧转几次,以便断屑及排屑,减少粘屑现象,保持锋利的刃口。

④攻螺纹时,如感到费力,不可强行转动,应倒转排屑,或用二锥攻几圈,以减轻头锥负荷,然后再用头锥攻削。

⑤攻盲螺纹孔时,应经常排屑,以保证螺纹孔的有效长度。

⑥在塑性材料上攻螺纹时,应加足够的切削液。

⑦头锥攻完后继续攻二锥时,应先把丝锥放入孔内,旋入几扣后,再用铰杠转动,转动铰杠时不需加压。

2. 套螺纹操作

(1)套螺纹前圆杆直径的确定

套扣时,若圆杆直径太大,则板牙难以套入;直径太小则套出的牙型不完整。因此套扣前应确定合适的圆杆直径,以保证顺利套出合格的螺纹。圆杆直径 d_0 按下列经验公式算出,亦可从相关表中选取:

$$d_0 = d - 0.13P$$

式中　d ——外螺纹大径,mm;

　　　d_0 ——圆杆直径,mm;

　　　P ——螺距,mm。

(2)套螺纹注意事项

①套螺纹前圆杆端都应倒角,以便板牙对准工件中心,同时也容易切入。

②板牙在板牙架内应放正,顶丝要顶紧。要将工件夹正,必要时应使用 V 形钳口或软金属钳口,以防工件偏斜或夹出痕迹。

③套螺纹时,先用手掌按住板牙中心,缓慢转动,或用两手按住板牙架手柄靠板牙处施加一定压力,待套入几个螺距检查未发现问题时,应解除轴向压力,依靠螺纹自然旋进,以免损坏螺纹和板牙。

④扳转手柄时,两手用力应均匀,每旋进半圈,应适当退回,以便断屑、排屑。

⑤钢材套扣时,应及时注入机油润滑。

第 8 节　刮　　削

用刮刀在工件表面刮去很薄一层金属以提高表面形状精度、改善配合表面间接触状况的加工方法称为刮削。刮削属于精加工,刮削后的表面平直,表面结构参数 R_a 为 0.4～0.1 μm。刮削特点是工具简单,只使用刮刀、平板等;切削条件良好,刮削的切削量小,切削力小,产生的切削热也小,故工件变形小,表面质量优良,刮削表面的形位精度、尺寸精度、接触精度、传动精度都很高,加工表面的组织紧密,浅坑均匀,形成存油空隙,加工表面光亮美观。刮削劳动强度大,生产率低,只用于磨削难以加工处和某些特殊要求的表面。

一、刮削工具

1. 刮刀

刮刀一般用碳素工具钢或轴承钢制成,也可用焊接硬质合金刀片法制成。

刮刀分平面刮刀和曲面刮刀两种,如图 12 - 47 所示。平面刮刀主要用于刮削平面,如平板、工作台、导轨面等。曲面刮刀包括三角刮刀和蛇头刮刀,常用来刮削内曲面。

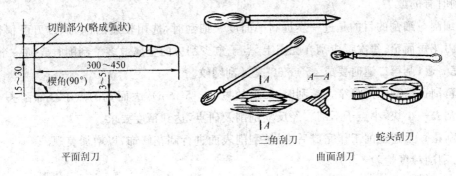

图 12 - 47　平面刮刀与曲面刮刀

2. 校准工具

如图 12 - 48 所示,校准工具是用以磨研和检验刮削面质量的工具(或称研具),常用的校准工具有标准平板、校准直尺和角度直尺。标准平板用来磨研和检验较大刮削平面;校准直尺有桥形和工字形之分,桥形校准直尺用于磨研和检验较长的导轨,工字形校准直尺用于较短导轨的磨研和检验;角度直尺用来磨研和检验两个互成角度的刮削面。

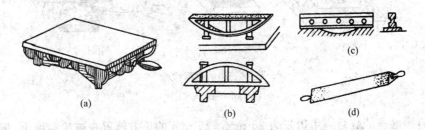

图 12 - 48　校准工具

(a)标准平板;(b)桥形直尺;(c)工字形直尺;(d)角度直尺

二、刮削操作

1. 刮削平面

(1)刮削方式

刮削平面的方式有手推式、挺刮式、拉刮式、肩挺式等。图 12 - 49 为常用的手推式刮削,刮削时右手握刀柄,推动刮刀前进,左手在接近端部的位置施压并引导刮刀沿刮削方向移动。刮刀与工件倾斜 25°～30°。收回时为空行程。

(2)刮削方法

刮削方法的选择取决于工件表面状况及对表面质量的要求。以平面刮削为例,可分粗刮、细刮、精刮、刮花等。

1)粗刮　对于表面粗糙、余量较大的工件,应先进行粗

图 12 - 49　刮削平面

227

刮。粗刮刮刀较长,刀口端部要平,施压较大,刮削方向应与机械加工刀痕成45°,且各次刮削方向应交叉。粗刮前工件表面必须清理干净,均匀地涂上一层显示剂,以使表面凸峰呈现亮点,刮削时有的放矢。

2)细刮 细刮的目的是进一步提高平面度。细刮时,选用较短的刮刀,刀刃可稍带圆弧,刮出的刀花短而窄,每次都应刮在亮点上,点子愈少刮去的金属愈多。刮削时要朝一个方向进行,刮完一遍,刮第二遍时要成45°或60°交叉刮网纹。

3)精刮 精刮刀短而窄。精刮时,刀痕较短(3～5 mm),大而宽的点子全部刮去,中等点子中部刮去一小块,小点子不刮。经反复刮削及研点,达到精度要求。

4)刮花 上述刮削工作完成后,对被刮削表面进行刮花修饰,以增加美观。

(3)刮削精度检验

对刮削面的质量要求包括形位公差、尺寸精度、接触密度、贴合程度及表面结构要求等。常采用研点检验法,即刮削前在待刮面上先涂上一薄层涂料,然后和研具对研,以显示检验加工面误差的大小和位置,如图12-50所示。

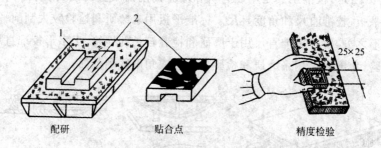

图 12-50 刮削检验
1—标准平板;2—工件

1)检验接触点的数目 用边长为25 mm×25 mm的正方框罩在被检验面上,根据方框内接触点数目进行制定,一般平面为5～16点,精密平面为16～25点,超精平面为25点以上。

2)检验平面度和直线度 较大平面用框式水平仪检验,贴合面的贴合程度用厚薄规测间隙。

2. 刮削曲面

刮削曲面原理与刮削平面相同,区别是内曲面刮削用三角刮刀,刀具做螺旋运动,以标准心轴或相配的轴作为内曲面研点的校准工具。刮削曲面操作如图12-51所示。

图 12-51 刮削曲面

3. 刮削注意事项

①刮削时要握稳刮刀,用力要均匀,以免刮刀刃口两端的棱角将工件划伤。

②刮削前,工件的锐边必须去尽,以防把手碰伤。

③刮削工件边缘时,不能用力过大、过猛,以免刮刀脱出工件而发生事故。

④刮削大型工件时,搬动过程中要注意安全。

第 9 节　装　　配

按规定的技术要求将已加工合格的零件进行配合与连接,形成组件、部件或整机的工艺过程称为装配,它是机械加工的最后工序,装配过程是保证产品质量与使用性能的关键,直接影响产品质量。即使零件加工精度很高,如装配工艺不合理,也会使产品性能达不到要求。

一、装配工艺过程

装配是细致的工作,应该认真、严格地按照工艺规程进行。

(1)装前准备

装配之前应进行如下工作:熟悉图样,通过认真研究图样,了解产品结构、零件的作用以及零件间相互连接关系;确定装配方法及装配顺序;准备装配所用工具;修整和清洗所有装配零件。

(2)装配工作

装配分组件装配、部件装配和总装配。

1)组件装配　将若干个零件安装在一个基础零件上构成组件的装配。例如车床主轴箱中某一传动轴装上轴承、齿轮等构成一组件。

2)部件装配　将若干个零件和组件安装在另一基础零件上构成部件的装配过程。例如由几个传动轴组件装在主轴箱体内构成主轴箱部件。

3)总装配　将若干个零件、组件和部件安装在最后一个基础零件(通常为产品的基准零件)上构成完整产品的装配过程。例如将一些零件、箱体部件安装在床身上构成一台机床。

(3)调试、检验

产品总装之后先要调整零件或机构的配合间隙及相对位置,然后通过试运转以考查产品的灵活性、密封性、温升、功率、振动、噪声、转速等,这一过程称为产品的调试。

调试后的产品要经专门的部门进行精度的检查、验证。

(4)油漆、涂油、装箱

产品不加工表面一律涂油漆,不露表面要涂防锈漆,已加工表面、配合面都要涂油,最后放入专门的包装箱里。

二、装配方法

为使产品符合技术要求,对不同精度的零件,应采用不同的方法装配。常用装配方法有以下几种。

1）互换法　不经修配、选择或调整，任取一零件装配后就符合技术要求的装配方法称为互换法。这种方法具有装配简单，效率高，便于组织流水作业，维修更换便捷等特点，但对零件的加工精度要求较高，制造费用高，适用于配合精度低或批量大的场合。

2）分组法　将各配合副的零件按照实际测得的尺寸分成组，再按组进行装配的方法称为分组法。这种装配方法的特点是可提高零件的装配精度而不增加加工费用，但增加了测量和管理的工作量，适用于大批量的场合。

3）调整法　用改变调整零件的相对位置或尺寸，或选用合适的调整零件来达到技术要求的装配方法称为调整法。用这种方法装配能降低相关零件的加工精度和配合要求。另外，通过定期更换或修配调整件即能迅速恢复精度，这对易损易变形结构很有利，由于加入调整件，容易使某些配合副的连接刚性、位置精度受影响，因此装配当中应予注意。

4）修配法　装配过程中修去指定零件上预留的修配量来达到装配要求的装配方法称为修配法。修配法可使其他组成零件的加工精度降低，从而降低成本，经过修配后能获得较高的装配精度，但装配复杂化了，故适用于单件或小批量生产中。

三、减速器拆装工艺

1. 前期准备工作

①切断驱动减速器的电动机电源，并挂上警示牌。

②将电动机与减速器输入轴、传动副拆下，并将减速器输出轴与相连接设备的传动副拆下。

③拆除减速器与地面或设备连接的地脚螺钉。

④将减速器运到拆装车间。

⑤准备必须的拆装工具（扳手、榔头、改锥等）和辅具（油盘、零件盘、橡胶垫、棉纱、毛刷等）。

2. 拆卸工艺

①读装配图，分组拆卸。

②对减速器外表进行简单清洁；用扳手松开放油堵，将减速器箱体内机油放入油盘中，再用手将放油堵拧入（防止残油流出），取出油尺放入零件盘内。

③用木榔头或拉马将箱体定位销钉卸下，放入零件盘中。

④用扳手拆除箱体，拆卸上、下箱体之间的连接螺栓，放入零件盘中。

⑤用扳手拧动启盖螺钉（如无启盖螺钉，可用木榔头或橡胶榔头从侧面敲击箱盖，使其松动），放入零件盘中，卸下箱盖。

⑥用木榔头或橡胶榔头由下向上敲击减速器输入轴头根部，取出输入轴组件，放在橡胶垫上。

⑦用木榔头或橡胶榔头由下向上敲击减速器输出轴头根部，取出输出轴组件，放在橡胶垫上。

⑧卸下轴承盖、调整垫片等。

⑨使用拉马或压力机将轴上的轴承及齿轮拆下，用铁丝按顺序穿放在橡胶垫上，取出平键，放入零件盘内。

⑩用扳手和改锥拆下箱盖,观察盖板上的通气螺栓和四周的紧固螺钉,放入零件盘内。

⑪用手卸下放油堵,放入零件盘内。

⑫用棉纱擦净工具,整理归位,清扫工作场地。

3. 减速器组装工艺

①读装配图,分组组装。

②使用毛刷和清洗剂清洁齿轮、轴承、输入轴、输出轴、平键。

③用木锤或手锤将平键装入传动轴的键槽内。

④用手锤及铜套筒(铜棒)或压力机将齿轮键槽对正平键后安装在轴上。

⑤用手锤及铜套筒(铜棒)或热装方式将轴承安装在轴上,放在干净的橡胶垫上。

⑥用清洁剂、毛刷清洗箱体、箱盖、观察盖板、通气螺钉、放油堵、轴承盖、调整垫片等,并用压缩空气吹净,放在橡胶垫上。

⑦将放油堵和垫片拧入箱体放油口并用扳手拧紧。

⑧输入轴和输出轴放入箱体中,装上轴承盖,通过调整垫片的厚度,调节两个齿轮啮合的轴向位置。

⑨为加强密封效果,装配时可在箱体剖分面上涂以水玻璃或密封胶后扣上箱盖,并用木锤或橡胶锤敲击,使箱盖与箱体贴近。

⑩用手锤将定位销从箱盖定位销孔处打入,确保上下箱体之间定位正确。

⑪用扳手将螺钉、弹簧垫圈、平垫圈和螺母将上下箱体紧固,螺钉要分两次以上采用对角方式拧紧。

⑫加注机油,用油尺检验是否达标。

⑬用扳手将通气螺钉拧入观察盖板通气孔中并拧紧,再用改锥将观察盖板紧固在箱盖上。

⑭用棉纱擦净减速器外壳,再擦净工具和辅具,整理归位,清扫工作场地。

4. 装复工作

①将减速器运到安装场地。

②紧固减速器与地面或设备的连接螺钉,注意减速器轴线与连接轴的同轴性。

③安装减速器输入轴与电动机的传动副以及减速器输出轴与相连接设备的传动副。

④接通驱动减速器的电动机电源,并摘除警示牌。

⑤用棉纱擦净设备外壳,再擦净工具和辅具,整理归位,清扫工作场地。

第 10 节　钻　削

一、钻削

钻削是孔加工最常用的方法之一,一般用于粗加工,其加工的尺寸精度为 IT10 以下,表面结构参数 R_a 为 $50 \sim 12.5\ \mu m$。

1. 钻削的特点与应用

钻孔与车外圆相比有很多不利条件,其特点如下。

1)钻头刚性差　首先,钻头的长径比较大,工作时又受压力作用,有"失稳"倾向。其次,钻头工作部分的排屑螺旋槽使钻心直径变得更小,刚度降低。加工时容易"引偏",降低加工质量和生产率。

2)切削条件差　钻孔时一般是半封闭式的切削,排屑和散热困难,冷却条件极差,钻头容易磨损。另外加工过程中观察和测量皆不方便。

在钻床上可完成的工作很多,如钻孔、扩孔、铰孔和攻螺纹等,其应用范围如图 12 - 52 所示。

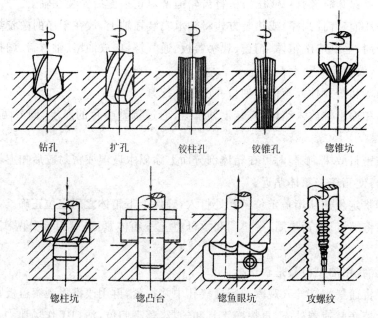

| 钻孔 | 扩孔 | 铰柱孔 | 铰锥孔 | 锪锥坑 |

| 锪柱坑 | 锪凸台 | 锪鱼眼坑 | 攻螺纹 |

图 12 - 52　钻床上可完成的工作

2. 钻削运动和钻削用量

在钻床上钻孔,钻头旋转为主运动,同时沿其轴向做进给运动。钻削时其钻削用量三要素是钻削速度、进给量和切削深度。

1)钻削速度 v　它是麻花钻头切削刃外缘处的最大线速度,其值为:

$$v = \pi d n / 60\,000$$

式中　v——钻削速度,m/s;

　　　n——钻头转速,r/min;

　　　d——钻头直径,mm。

2)进给量 f　钻头转一转,刀具沿轴向移动的距离(mm/r)。麻花钻有两个切削刃,每个切削刃的进给量称为每齿进给量,用 a_f 表示为:

$$a_f = f/2$$

式中　a_f——每齿进给量,mm/齿;

　　　f——进给量,mm。

3)背吃刀具 a_p　在实心材料上钻孔时,其值为:

$$a_p = d/2$$

式中 a_p——背吃刀量，mm；

  d——钻头直径，mm。

二、钻床

钻床是进行孔加工的机床，种类很多，常用的有台式钻床、立式钻床和摇臂钻床。

1. 台式钻床

台式钻床简称台钻，它是放在台桌上使用的小型钻床，一般用于加工小型零件上的直径小于 12 mm 的孔，主要用于仪表制造、钳工和装配等工作。台式钻床如图 12-53 所示。

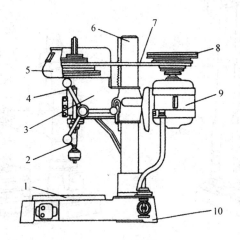

图 12-53 台式钻床

1—工作台；2—主轴；3—主轴架；4—钻头进给手柄；5—皮带罩；6—立柱；
7—V 形皮带；8—皮带轮；9—电动机；10—底座

底座用以支撑台钻的立柱、主轴等部分，同时也是装夹工件的工作台；立柱用以支撑主轴架及变速装置，同时也是主轴架上下移动和旋转的导轨；主轴箱前端装有主轴和进给操纵手柄，后端装有电动机；主轴下端带有锥孔，用以安装钻头；主轴与电动机之间用 V 形带传动，主轴的转速可通过改变 V 形带在带轮上的位置来调节；主轴的轴向进给运动是靠扳动进给手柄实现的。台式钻床的结构简单，使用方便。

2. 立式钻床

图 12-54 所示为立式钻床，主要由机座、立柱、变速箱、进给箱和工作台组成。变速箱固定在立柱顶部，内装电动机、变速机构及操纵机构。进给箱内有主轴、进给变速机构和操纵机构。电动机的运动通过变速箱使主轴带动钻头旋转，获得各种所需的转速，同时也把动力传给进给箱，通过进给箱的传动机构，使主轴随着主轴套筒按需要的进给量做直线进给运动。进给箱右侧的手柄用于主轴的上下移动，钻头装在主轴孔内，工件安装在工作台上。工作台和进给箱都可以沿立柱调整其上下位置，以适应不同高度的工件需要。立式钻床的主轴位置是固定的，为使钻头与工件上孔的中心对准，必须移动工件，因而操作不方便，生产率不高，常用于单件、小批量生产中加工中小型的工件。立式钻床的规格用最大钻孔直径表示，其最大钻孔直径

有25 mm、35 mm、40 mm 和50 mm等。

在大型的工件上钻孔,希望工件不动,钻床主轴能任意调整其位置,这就需用摇臂钻床。图12-55所示为摇臂钻床,由机座、立柱、摇臂、主轴箱、工作台等组成。摇臂可绕立柱回转,主轴箱可沿摇臂的导轨做水平移动,这样可以方便地调整主轴的位置,对准工件被加工孔的中心。工件可以安装在工作台上,如工件较大,可移走工作台,直接装在机座上。摇臂钻床适用于单件或成批生产的大中型工件和多孔工件的孔加工。

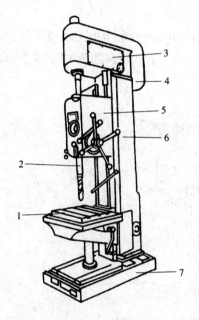

图12-54 立式钻床

1—工作台;2—主轴;3—主轴变速箱;4—电动机;

5—进给箱;6—立柱;7—机座

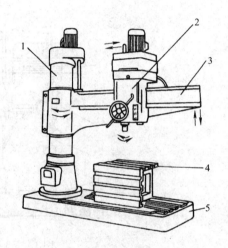

图12-55 摇臂钻床

1—立柱;2—主轴箱;

3—摇臂;4—工作台;5—机座

三、钻头及附件

1. 钻头

在钻床上用来钻孔的刀具称为钻头,按齿槽的形式可分为直刃钻头和麻花钻头,麻花钻头最常用,其结构如图12-56所示。

麻花钻由柄部、颈部和工作部分组成。

①柄部是钻头的夹持部分,有直柄和锥柄两种。直柄传递转矩较小,一般用于直径不超过12 mm的钻头;锥柄可传递较大的转矩,用于直径大于12 mm的钻头。扁尾既可传递转矩,又可避免钻头在主轴孔和钻套中转动,并用来把钻头从主轴孔中打出。

②颈部是为了磨削柄部设置的,多在此处刻印钻头的规格和商标。

③工作部分包括导向部分和切削部分。导向部分有两条对称的螺旋槽,起排屑和输送切削液的作用。为了减小摩擦面积并保持钻孔方向,在麻花钻的外缘有凸起的窄带作为校边,起导向和修光孔壁的作用。导向部分的外径从切削部分向柄部方向逐渐减小(每100 mm长度

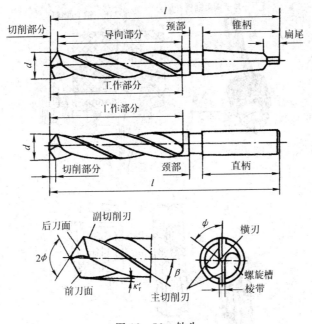

图 12-56 钻头

上减小 0.03~0.12 mm),称为倒锥,以减小棱带与孔壁的摩擦。切削部分担负主要的切削工作,它有两个刃瓣,每个刃瓣相当一把反装的车刀,其中心部分为横刃,这是其他刀具所没有的,横刃不起切削作用,钻头前端有两个倾斜的曲面,构成刀具的主后面;在圆柱面上有两条螺旋槽为钻头的前刀面,两条螺旋槽和两个曲面的交线构成两个主切削刃,在切削刃上各点的前角和后角的值随该点至轴线的距离而变化。前角在钻头边缘部分最大,后角则相反。

在图 12-56 中,d 为钻头直径,2ϕ 为顶角,β 为副切削刃倾角(螺旋角),ψ 为横切削刃斜角,κ_r' 为副切削刃偏角。

麻花钻刃磨后,两主切削刃应等长,顶角 2ϕ 被钻头中心平分,否则钻削时会产生颤动或将孔扩大。

2. 附件

1)装夹钻头的附件 麻花钻因柄部形状不同,装夹方法也不同(图 12-57)。直柄钻头通常用钻夹头装夹。装夹时,将直柄钻头的柄部装入钻夹头的三个爪里,用专用钥匙旋紧,开车检查其是否摆动,若有摆动则需停车校正。若不摆动,停车后用力夹紧。取下钻头时,先用专用钥匙旋松钻夹头的三个爪,再取出钻头。锥柄钻头可以直接装入机床主轴的锥孔内。当钻头的柄部尺寸小于机床主轴的锥孔时,可用一个或多个过渡套筒安装。套筒上接近扁尾处的长方形通孔是为卸钻头时打入楔铁用的。卸钻头时,要用手握住钻头,以免打击楔铁时钻头落下,损伤机床和其他刀具。

2)装夹工件的附件 在台式钻床和立式钻床上加工孔时,小型工件通常用虎钳装夹;大型工件用压板、螺钉直接安装在工作台上;在圆形工件上加工孔时,一般把工件安装在 V 形铁上。

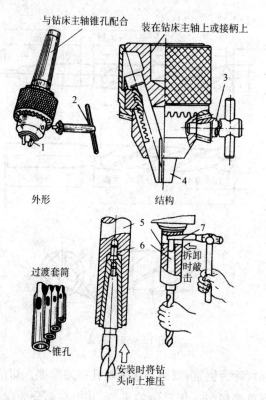

图 12-57　钻头装夹示意图

1、4—自动定中心夹爪；2、3—紧固扳手；5—钻床主轴；6—过渡套筒；7—楔铁

四、钻削基本工艺

1. 钻孔

钻孔是在实体材料上加工孔的一种基本方法，其步骤如下。

（1）准备工作

1）工件划线　钻孔前，一般要在工件上进行划线，并在孔中心用冲头冲一样眼，以便钻头对准中心。

2）选择和安装钻头　根据钻孔直径选择钻头的大小，并检查钻头两主切削刃是否对称，如不对称，应认真修磨，以免引起颤动或将孔扩大。按前面所述装夹钻头。

3）调整机床　根据切削速度选择主轴转速和进给速度。

4）装夹工件　按前面所述采用适当附件装夹工件。

（2）钻孔操作

开始钻孔时，先对准样眼试钻一浅坑，以检查孔的中心是否准确，如有误，可用冲头重新冲孔纠正，也可用錾子錾出几条槽来加以纠正。

2. 扩孔

扩孔是用扩孔钻对工件上已有的孔（铸出、锻出或钻出的孔）进行扩大加工。如图 12-52 所示，扩孔可作为孔加工的最后工序，也可作为铰孔前的准备工序。扩孔可校正孔的轴线偏差。扩孔的加工质量比钻孔高,一般加工精度为 IT10~IT9,表面结构参数 R_a 为 6.3~3.2 μm;扩孔钻的形状与麻花钻相似;不同的是:扩孔钻有 3~4 个切削刃,切削刃不必自外线延长到钻芯,且没有横刃,螺旋槽较浅,钻芯粗实,刚性较好,因此扩孔时导向性好,加工时不易变形或颤动。

扩孔钻多用于加工余量较小时(0.5~4 mm)的扩孔。当加工余量较大时,需用麻花钻头扩孔。例如钻孔直径较大时,可先用小钻头(直径为孔径的 1/2~7/10 倍)预钻孔,再用大麻花钻头(直径与所要求孔径相适应)扩孔。

3. 铰孔

铰孔是用铰刀对已钻出的孔进行精加工,使之得到光洁的加工表面。尺寸精度可达 IT9~IT7,表面结构参数 R_a 为 3.2~0.8 μm。

(1)铰刀

铰刀由柄部、颈部和工作部分组成,按其形状有手铰刀和机铰刀两种。手铰刀用于手工铰孔,尾部为直柄,工作部分较长,刀齿数较多;机铰刀多为锥柄,装夹在钻床或车床上进行铰孔。铰刀为直刃钻头,与扩孔钻相比,它有更多的切削刃,通常为 6~12 个,刚性及导向作用好;铰削余量小,加工过程中变形程度小;铰刀有修光部分,起校准孔径和修光孔壁的作用。

(2)铰孔时的注意事项

1)合理选择铰削余量　铰削余量一般根据铰孔直径和铰孔精度确定,如孔径小于10 mm,粗铰时余量为 0.1~0.15 mm;孔径在 30~50 mm,粗铰时余量为 0.2~0.3 mm。余量要合适,余量太大,增加铰削次数,铰刀易磨损,生产率低;余量太小,不能纠正上道工序的加工误差,达不到铰孔的目的和要求。

2)合理选择铰削用量　由于铰削余量较小,因此铰削速度和进给量对铰削质量很为重要。如用高速钢铰刀铰钢件时,粗铰时速度为 4~10 m/min,精铰时速度为 1.5~5 m/min。进给量可取 0.2~1.2 mm/r。铰削用量的选择是否合理,对铰刀的耐用度、生产率和铰削质量都有直接影响。铰削用量具体数值可查有关手册。

3)铰削时应加切削液　铰削时应加切削液进行润滑和冷却。铰削钢件一般用乳化液,铰削铸铁件用煤油。应注意及时清除切削刃上的切屑。

4)操作时注意的问题　铰刀在孔中不可倒转,否则铰刀和孔壁之间易挤住切屑,造成孔壁划伤;机铰时要在铰刀退出孔后再停车,否则孔壁有拉毛痕迹;铰通孔时铰刀校准部分不可全部露出孔外,否则出口处被划伤,影响铰孔质量。

第 13 章　机电液控制

第 1 节　机电液控制实习的目的和要求

一、机电液控制实训内容

主要讲解机电一体化技术、流体传动及控制技术以及 PLC 技术的概要；介绍气动控制实验台和模块化生产培训系统；讲解气动控制系统和 PLC 系统的设计和操作方法。

二、机电液控制实训目的和作用

通过理论联系实际的教学和学生实际操作，向学生传授关于机电一体化技术、流体传动技术、PLC 技术的基本知识和进行工程实践的基本训练。培养学生良好的工程素养、职业道德、创新意识以及分析问题、解决问题的能力。

三、机电液控制实训具体要求

了解机电一体化技术、流体传动及控制技术和 PLC 技术；掌握气动控制实验台和模块化生产培训系统的原理、组成和使用方法；掌握气动控制系统的操作、调试方法；掌握 PLC 编程、调试方法；初步掌握机电液控制系统常见故障的分析和解决方法。

四、机电液控制实训安全事项

学生必须在指导老师的指导下方可进行操作，务必按照技术文件和各独立元件的使用要求使用该系统以保证人员和设备安全。实训前检查导线有无破损，如有破损立即停止上电，并报告指导人员；实训时需穿统一工作服，佩戴工作帽；不得将水杯等个人物品放于实验台上；线路检查无短路等错误后再给系统上电；实训完毕必须关闭电源总开关和阀门。

电气系统操作原则：只有在掉电状态下才能连接和断开各种电气连线，使用直流 24 V 以下的电压。

气动系统操作原则：气动系统的使用压力不得超过 6 bar(600 kPa)；在气动系统管路接好之前不得接通气源；接通气源和长时间停机后开始工作，个别气缸可能会运动过快，所以要特别当心。

机械系统操作原则：所有部件的紧定螺钉应拧紧，不要在系统运行时人为地干涉正常工作。

第 2 节　流体传动及控制

以流体为工作介质进行能量转换、传递和控制的传动称为流体传动。流体传动包括液体传动和气体传动,液体传动又包括液压传动和液力传动,气体传动又包括气压传动和气力传动。本节主要介绍气压传动和液压传动。

一、气压传动

1. 气压传动系统的工作原理及组成

气压传动简称气动,是指以压缩空气为工作介质来传递动力和控制信号,控制和驱动各种机械和设备,以实现生产过程机械化、自动化的一门技术。因为以压缩空气为工作介质具有防火、防爆、防电磁干扰、抗振动、冲击、辐射,无污染,结构简单,工作可靠等特点,所以气动技术与液压、机械、电气和电子技术一起,互相补充,已发展成为实现生产过程自动化的一个重要手段,在机械工业、冶金工业、轻纺、食品工业、化工、交通运输、航空航天、国防建设等各领域已得到广泛的应用。

气压传动系统的工作原理是利用空气压缩机将电动机或其他原动机输出的机械能转变为空气的压力能,然后在控制元件的控制和辅助元件的配合下,通过执行元件把空气的压力能转变为机械能,从而完成直线或回转运动并对外做功。

典型的气压传动系统,一般由以下部分组成。

1)气压发生装置　将原动机输出的机械能转变为空气的压力能。其主要设备是空气压缩机。

2)控制元件　用来控制压缩空气的压力、流量和流动方向,以保证执行元件具有一定的输出力和速度,并按设计的程序正常工作。如压力阀、流量阀、方向阀和逻辑阀等。

3)执行元件　将空气的压力能转变为机械能的能量转换装置。如气缸和气马达。

4)辅助元件　用于辅助保证气动系统正常工作的一些装置。如过滤器、干燥器、空气过滤器、消声器和油雾器等。

2. 气压传动的特点

气压传动系统的主要优点:空气随处可取,取之不尽,用后的空气直接排入大气,对环境无污染,处理方便。因空气黏度小(约为液压油的万分之一),在管内流动阻力小,压力损失小,便于集中供气和远距离输送;即使有泄漏,也不会像液压油一样污染环境。空气具有可压缩性,使气动系统能够实现过载自动保护,也便于贮气罐贮存能量,以备急需。排气时气体因膨胀而温度降低,因而气动设备可以自动降温,长期运行也不会发生过热现象。

气压传动系统的主要缺点:空气具有可压缩性,当载荷变化时,气动系统的动作稳定性差;工作压力较低(一般为 0.3～0.8 MPa);又因结构尺寸不宜过大,因而输出功率较小;气信号传递的速度比光、电子速度慢,故不宜用于要求高传递速度的复杂回路中;排气噪声大,需加消声器。

二、液压传动

液压传动是用液体作为工作介质来传递能量和进行控制的传动方式。液压系统利用液压泵将原动机的机械能转换为液体的压力能,通过液体压力能的变化来传递能量,经过各种控制阀和管路的传递,借助于液压执行元件(液压油缸或马达)把液体压力能转换为机械能,从而驱动工作机构,实现直线往复运动和回转运动。

1. 液压传动系统的工作原理

平面磨床工作台液压系统工作原理图如图 13-1(a)所示。液压泵 4 在电动机的驱动下旋转,油液由油箱 1 经过滤器 2 被吸入液压泵,由液压泵输入的压力油通过手动换向阀 10、节流阀 13、换向阀 15 进入液压缸 18 的左腔,推动活塞 17 和工作台 19 向右移动,液压缸 18 右腔的油液经换向阀 15 排回油箱。如果将换向阀 15 转换成如图 13-1(b)所示的状态,则压力油进入液压缸 18 的右腔,推动活塞 17 和工作台 19 向左移动,液压缸 18 左腔的油液经换向阀 15 排回油箱。工作台 19 的移动速度由节流阀 13 来调节。当节流阀开大时,进入液压缸 18 的油流量增多,工作台的移动速度增大;当节流阀关小时,工作台的移动速度减小。液压泵 4 输出的压力油除了进入节流阀 13 以外,其余的通过溢流阀 7 流回油箱。如果将手动换向阀 10 转换成如图 13-1(c)所示的状态,液压泵输出的油液经手动换向阀 10 流回油箱,这时工作台停止运动,液压系统处于卸荷状态。

2. 液压传动系统的组成

从上述例子可以看出,液压传动是以液体作为工作介质来进行工作的,一个完整的液压传动系统由以下几部分组成。

1)液压泵(动力元件) 将原动机所输出的机械能转换成液体压力能的元件,其作用是向液压系统提供压力油,液压泵是液压系统的心脏。

2)执行元件 把液体压力能转换成机械能以驱动工作机构的元件,执行元件包括液压缸和液压马达。

3)控制元件 包括压力、方向、流量控制阀,是对系统中油液压力、流量、方向进行控制和调节的元件。

4)辅助元件 上述三个组成部分以外的其他元件,如管道、管接头、油箱、滤油器等。

3. 液压系统的图形符号

图 13-1(a) 所示的液压系统图是一种半结构式的工作原理图。它直观性强,容易理解,但难于绘制。在实际工作中,一般都采用国标 GB/T786.1-93 所规定的液压与气动图形符号来绘制,如图 13-1(d)所示。图形符号表示元件的功能,而不表示元件的具体结构和参数;反映各元件在油路连接上的相互关系,不反映其空间安装位置;只反映静止位置或初始位置的工作状态,不反映其过渡过程。

4. 液压传动的特点

液压传动与机械传动、电气传动相比有以下主要优点:在同等功率情况下,液压执行元件体积小、质量轻、结构紧凑;液压传动的各种元件,可根据需要方便、灵活地来布置;液压装置工作比较平稳,由于质量轻、惯性小、反应快,液压装置易于实现快速启动、制动和频繁的换向;操

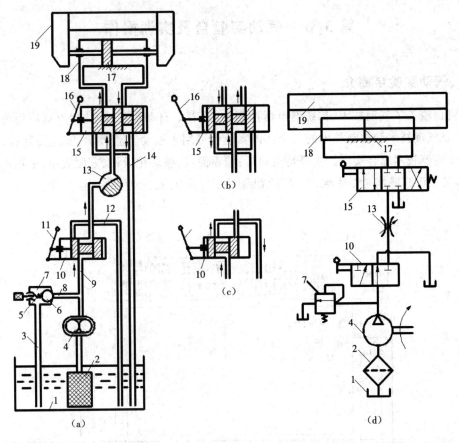

图 13-1　磨床工作台液压传动系统

(a)工作原理图;(b)换向阀 15 转换状态;(c)手动换向阀 9 转换状态;(d)用图形符号表示

1—油箱;2—过滤器;3,12,14—回油管;4—液压泵;5—弹簧;6—钢球;7—溢流阀;8,9—压力油管;
10—手动换向阀;11,16—换向手柄;13—节流阀;15—换向阀;17—活塞;18—液压缸;19—工作台

纵控制方便,可实现大范围的无级调速(调速范围达 2000:1),它还可以在运行的过程中进行调速;一般采用矿物油为工作介质,相对运动面可自行润滑,使用寿命长;容易实现直线和回转运动;既易实现机器的自动化,又易于实现过载保护,当采用电液联合控制甚至计算机控制后,可实现大负载、高精度、远程自动控制;液压元件实现了标准化、系列化、通用化,便于设计、制造和使用。

液压传动系统的主要缺点是液压传动不能保证严格的传动比;液压元件精度高,因此它的造价高;工作性能易受温度变化的影响;由于流体流动的阻力损失和泄漏较大,所以效率较低;如果处理不当,泄漏不仅污染场地,还可能引起事故。

第3节　气动实验台及实训操作

一、气动实验台简介

实验台覆盖了气动技术、传统继电器控制技术、PLC自动控制技术、传感器应用技术等多项技术,是气动技术和控制技术的结合。该实验台可用于气动实验教学、气动控制技能实训、气动与传感器技术综合实训。主要特点包括:覆盖面广、模块化设计、方便实用、采用工业化元件、低噪音、可扩展实验、易维护、多种控制方式、系统安全性高。气动实验台示意图见图13-2。

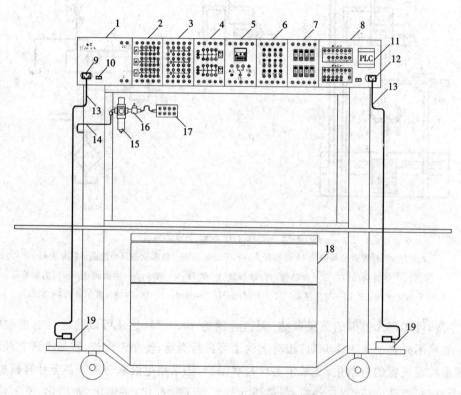

图13-2　气动实验台示意图

1—电源模块;2—电信号开关模块;3—继电器模块;4—时间继电器模块;5—计数继电器模块;6—PLC输入模块;7—PLC输出模块;8—PLC主机模块;9—实验台主电源插孔;10—实验台主电源开关;11—PLC主机;12—PLC模块电源插孔;13—导线;14—气管;15—过滤调压组合;16—二位三通手阀;17—分气块;18—元件存放抽屉;19—AC220V供电插座

二、实验台组成及技术参数

实验台由实验台架、工作泵站、气动元件、电气控制单元等几部分组成。

1)实验台架　为实验台的基础件,装有相应电气模块、元件柜、电控箱、工具柜等,台面板上的"T"形槽,可以方便随意地安装气动元件、传感器等。

2)工作泵站技术参数　电源:220V AC50 Hz;功率:1 120W;流量:204 L/min;储气罐容积:24 L;额定排气压力:0.7 MPa。

3)气动元件　覆盖了气动执行元件、电磁换向阀、气控换向阀、逻辑阀、储能器、延迟控制阀等多种气动元器件。每个气动元器件全部安装气动快换接头,回路拆接方便快捷。

4)电气控制单元　包括以下模块:

①可编程控制器(PLC)模块:I/O 口 20 点,12 点输入、8 点输出,继电器输出形式;

②电源电压:AC220V/50Hz,控制电压 DC24V;

③继电器控制模块:4 组继电器控制,控制电压:DC24V;

④时间继电器控制模块:2 组时间继电器,每组为 2 组常开、2 组常闭继电器输出形式;

⑤计数继电器控制模块:1 组计数继电器,为 1 组常开、1 组常闭继电器出去形式;

⑥按钮开关模块:各种按钮开关接头均接到面板上,方便拔插连接;

⑦电磁阀电控接口模块;

⑧电气控制保护模块:电气线路设有短路保护、过载保护等功能。

三、实训项目

以双作用气缸的电磁阀换向回路设计为例,基本操作方法如下。

1. 原理图及所用气动元件表

双作用气缸的电磁阀换向回路设计原理图见图 13-3。所用气动元件表见表 13-1.

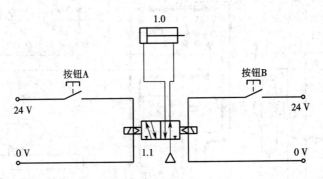

图 13-3　双作用气缸的电磁阀换向回路原理图

表 13-1　所用气动元件表

标号	名称类型
1.0	双作用气缸
1.1	双电控二位五通电磁阀

2. 气动元件与符号对照

①双作用气缸的元件示意图和职能符号见图 13-4。

②双电控二位五通电磁阀示意图和职能符号见图 13-5。

3. 连接

①将"双电控二位五通电磁阀"和"双作用气缸"固定至实验台安装面板上。

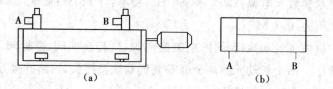

图 13-4 双作用气缸的元件示意图和职能符号

(a)示意图;(b)职能符号

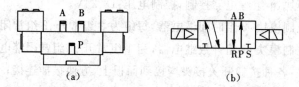

图 13-5 双电控二位五通电磁阀示意图和职能符号

(a)示意图;(b)职能符号

②按照原理图所示,将电路和气路连接完毕,如图 13-6 所示。

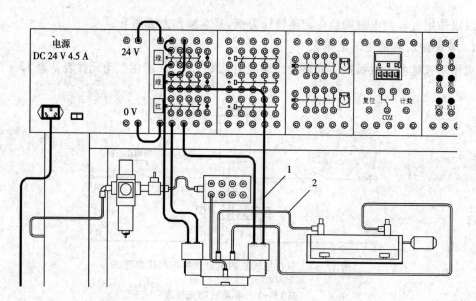

图 13-6 双作用气缸的电磁阀换向回路实物连接图

1—导线;2—气管

4.调试

①打开实验台总电源开关,参见图 13-7。

②打开"二位三通手动阀门",如图 13-8。

③按下并松开按钮 A,观察气缸动作,如图 13-9 所示。

④按下并松开按钮 B,观察气缸动作,见图 13-10。

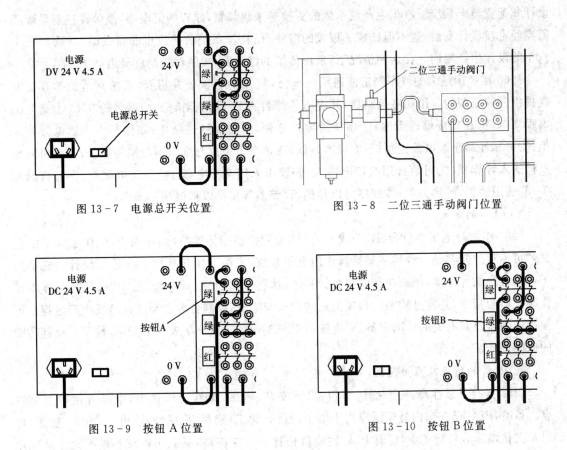

图 13-7　电源总开关位置　　　　　　　　图 13-8　二位三通手动阀门位置

图 13-9　按钮 A 位置　　　　　　　　　　图 13-10　按钮 B 位置

第 4 节　PLC 及其应用

一、PLC 的产生及定义

PLC 是在继电器控制技术、计算机技术和现代通信技术的基础上逐步发展起来的一项先进的控制技术。在现代工业发展中,PLC 技术、CAD/CAM 技术和机器人技术并称为现代工业自动化的三大支柱。它主要以微处理器为核心,用编写的程序进行逻辑控制、定时、计数和算术运算等,并通过数字量和模拟量的输入/输出(I/O)来控制各种生产过程。

1. PLC 的产生

在 PLC 诞生之前,继电器控制系统已广泛应用于工业生产的各个领域。继电器控制系统通常是针对某一固定的动作顺序或生产工艺而设计,但这种系统同时也存在一些缺陷。首先,它的功能仅局限于逻辑控制、定时、计数等一些简单的控制,一旦动作顺序或生产工艺发生变化,就必须重新进行设计、布线、装配和调试,造成时间和资金的严重浪费。再者,此类系统要通过各种硬件接线的逻辑控制来实现运行,导致机械触点较多,系统运行的可靠性较差,而且继电器控制系统还存在体积大、耗电多、寿命短、运行速度慢、适应性差等问题。20 世纪 50 年代汽车生产流水线基本上都采用传统的继电器-接触器控制,当汽车设计改变时,就必须重新设计和配置整个系统。汽车生产流水线的更换越来越频繁,原有的继电器-接触器控制系统就需要经常新设计安装,这不但造成了极大的浪费,而且新系统的接线也非常费时,从而延长了汽车的设计生产周期。在这种情况下,采用传统的继电器-接触器控制就显出许多不足。

1968年美国最大的汽车制造商通用汽车公司(GM)首次公开招标,要求制造商为其装配线提供一种新型的应用程序控制器,并提出了著名的10项招标指标,即著名的"GM十条":①编程简单,可在现场修改程序;②系统的维护方便,采用插件式结构;③体积小于继电器控制柜;④可靠性高于继电器控制柜;⑤成本较低,在市场上可以与继电器控制柜竞争;⑥可将数据直接送入计算机;⑦可直接用交流电输入;⑧输出采用交流电,直接驱动电磁阀、交流接触器等;⑨通用性强,扩展方便;⑩程序可以存储,存储器容量可以扩展到4kB。

2. PLC 的定义

1987年国际电工委员会(IEC)颁布的《可编程控制器标准草案》中对 PLC 作了如下的定义:"可编程控制器是一种数字运算操作的电子系统,专为在工业环境下应用而设计。它采用了可编程序的存储器,用来在其内部存储程序、执行逻辑运算、顺序控制、定时、计数与算术操作等操作的指令,并通过数字式和模拟式的输入和输出,控制各种类型的机械或生产过程。可编程控制器及其有关的外围设备,都应按易于与工业控制系统联成一个整体、易于扩充其功能的原则设计。"

3. PLC 的特点及应用范围

PLC 具有可靠性高,抗干扰能力强;易于安装、调试;维修工作量小,维修方便等显著特点。目前,PLC 已在国内外广泛应用于冶金、石油、化工、建材、机械制造、电力、汽车、轻工、环保及文化娱乐等各行各业,随着 PLC 性能价格比的不断提高,其应用领域不断扩大。从应用类型看,PLC 的应用大致可归纳为:①开关量逻辑控制;②运动控制;③过程控制;④数据处理等方面。

二、模块化生产仿真系统

1. 系统简介

模块化生产仿真系统是使用 PLC 并通过编程模拟仿真真实生产流程的控制系统。该模块可以根据生产实际或管理控制编写相应程序,模拟仿真单机的简单功能及加工顺序,还可通过网络逐步扩展到复杂的集成控制系统。它具有综合性、模块化及易扩充等特点。

现有系统实现的功能为:供料、上料检测、水平与垂直搬运、机加工、加工检测、装配和立体仓库存储。该系统的各站是安装在带槽的铝平板上,各站可轻易地连接在一起,组成一条模拟自动加工生产线。

2. 系统组成

模块化生产仿真系统为7站点型,是由独立的各站相互连接而成,分为上料检测单元、操作手单元、加工单元、搬运单元、安装单元、安装搬运单元和立体存储及分类工作单元,如图13-11所示。

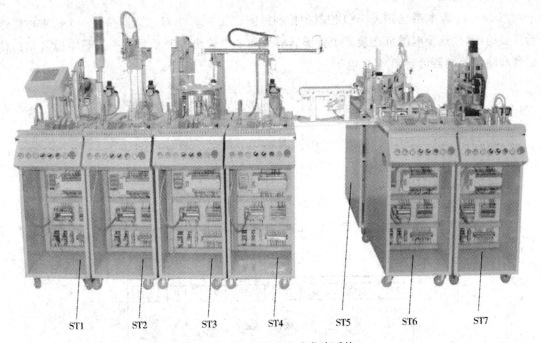

图 13 - 11　模块化生产仿真系统

ST1 -上料检测单元;ST2 -操作手单元;ST3 -加工单元;ST4 -搬运单元;

ST5 -安装单元;ST6 -安装搬运单元;ST7 -立体存储单元

3.流程图

(1)工艺流程

图 13 - 12 给出了系统中工件从一站到另一站的物流传递过程。上料检测单元首先将工件逐一输出料仓,然后对工件的颜色或材质进行检测,并将工件信息通过网络上传到控制计算机。操作手单元将工件从上料检测单元搬至加工单元,多工位工作台转动,模拟完成工件装夹、数控加工、尺寸检测和加工完成四个工位。搬运单元将加工好的工件搬运至传送带上,由传送带传送至装配工位。安装搬运单元机械手将工件放置到安装工位。安装单元根据总控制计算机发来的信息,将对应的配件装入工件中。而后,安装搬运单元再将安装好的工件送至立体存储单元,立体存储单元根据总控制计算机发来的信息将工件送入相应的货位中,并把结果上传回总控制计算机。

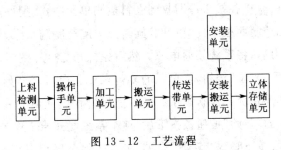

图 13 - 12　工艺流程

（2）信息流程

图 13-13 为本系统 PLC I/O 控制的控制框图。在各站与 PLC 之间是由一个标准电缆进行连接的,通过这个电缆可连接 8 个传感器信号和 8 个输出控制信号。通过该电缆各站的传感器和输出控制器可得到 24V 电压。

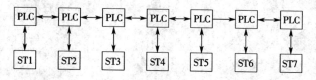

图 13-13　PLC I/O 控制的控制框图

4.控制面板

各站都可通过控制面板来控制 PLC 的控制程序,使各站按要求进行工作,一个控制面板上有 8 个按钮开关,如图 13-14 所示。

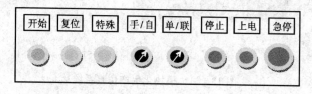

图 13-14　控制面板

各开关的名称和控制功能定义:

"开始"按钮为带灯按钮,绿灯亮时表示开始。

"复位"按钮为带灯按钮,黄灯亮时表示复位。

"特殊"按钮为带灯按钮,黄灯亮时表示特殊。

"手/自"旋钮为两位旋钮,分别对应手动/自动功能。

"单/联"旋钮为两位旋钮,分别对应单站/联网状态。

"停止"按钮为带灯按钮,红灯亮时表示停止。

"上电"按钮为带灯按钮,红灯亮时表示系统上电。

"急停"按钮为转动复位急停按钮。

5.硬件操作过程

如果是第一次开机,应将各站工件回收到上料检测单元中,将配件按颜色分别装入不同料筒。将系统中所有单元控制面板上的"单/联"旋转开关旋至联网状态。打开气泵开关,向气压系统供气,达到规定压力后,将系统接通电源。然后先打开"急停"按钮,再按下"上电"按钮,看到"复位"灯闪动时,按下"复位"按钮,待单元的复位操作完成后,"开始"灯此时闪动,按下"开始"按钮,则该单元就进入系统工作状态了。整个操作过程应从最后一站开始依次向前操作,当系统中的起始单元上的"开始"按钮被按下后,整个系统便开始工作了。

当任一站出现异常,按下该站"急停"按钮,该站立刻会停止运行。排除故障后,按下"上电"按钮,该站可从刚才的断点继续运行。

三、软件简介及操作

STEP7 Microwin V4.0 编程软件是专为西门子公司 S7 - 200 系列小型机设计的编程工具软件,使用该软件可根据控制系统的要求编制控制程序并完成与 PLC 的实时通信,进行程序的下载与上传及在线监控。

1. STEP 7—Micro/WIN 编程环境简介

STEP 7—Micro/WIN 的窗口组件如图 13 - 15 所示。

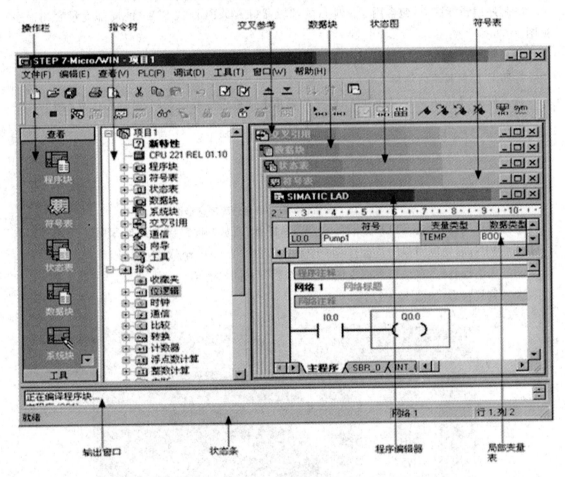

图 13 - 15 STEP 7—Micro/WIN 的窗口组件界面

①操作栏中显示的按钮群组如下。

a."查看":该类别包含程序块、符号表、状态图、数据块、系统块、交叉引用及通信等功能,每种功能均显示为一个按钮。

b."工具":该类别包含显示指令向导、文本显示向导、位置控制向导、EM 253 控制面板和调制解调器扩展向导等功能,每种功能均显示为一个按钮。

②指令树:提供所有项目对象和为当前程序编辑器(LAD、FBD 或 STL)提供的所有指令的树形视图。

③交叉参考:允许用户检视程序的交叉参考和组件使用信息。

④数据块:允许用户显示和编辑数据块内容。

⑤状态图窗口:允许用户将程序输入、输出或变量置入图表中,以便追踪其状态。

⑥符号表/全局变量表窗口:允许用户分配和编辑全局符号,也可以建立多个符号表。

⑦输出窗口:在用户编译程序时提供信息。当输出窗口列出程序错误时,可双击错误信息,会在程序编辑器窗口中显示适当的网络。

⑧状态条:提供用户在 STEP 7-Micro/WIN 中操作时的操作状态信息。

⑨程序编辑器窗口:包含用于该项目的编辑器(LAD、FBD 或 STL)的局部变量表和程序视图。

⑩局部变量表:包含用户对局部变量所作的赋值。

2. PLC 控制程序的编辑

在 STEP7 Micro WIN V4.0 下,以三相异步电动机启停程序为例,其梯形图见图 13-16。

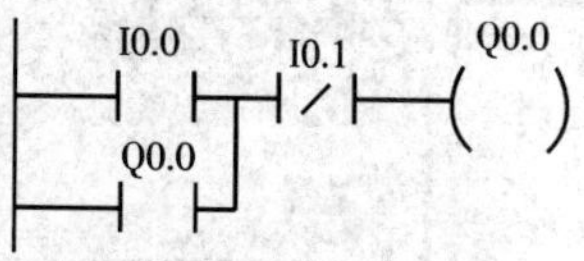

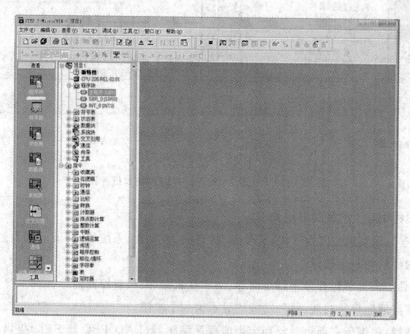

图 13-16 三相异步电动机启停程序梯形图

①打开新项目:双击 STEP 7-Micro/WIN 图标,或从"开始"菜单选择 SIMATIC>STEP 7 Micro/WIN,启动应用程序。会打开一个新的 STEP 7-Micro/WIN 项目。

②进入编程状态:在编辑界面左侧的"操作栏"中选择"查看"类别,然后单击其中的"程序块",进入编程状态,如图 13-17。

图 13-17 编程状态界面

250

③选择编程语言:打开菜单栏中的"查看",选择"梯形图"语言,参见图 13-18。

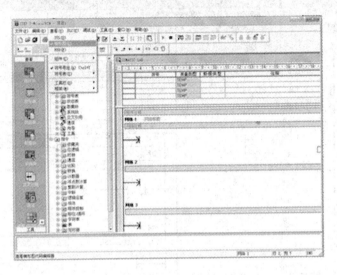

图 13-18　编程语言选择界面

④选择"主程序",单击网络 1 中的├──→,使其处于选中状态,如图 13-19 所示。

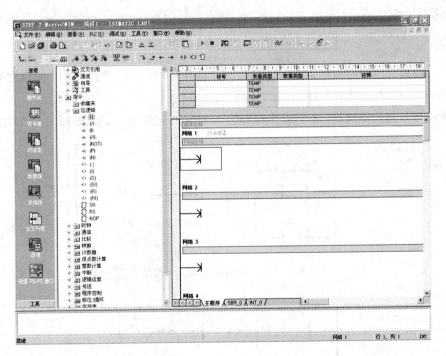

图 13-19　选中框

⑤从菜单栏或指令树中选择相关符号,如在"指令树"中选择,可在"指令"中展开"位逻辑"子类,然后双击其中的"常开"指令,如图 13-20 所示。

⑥按照⑤中的方法继续添加"常闭"指令。

⑦再按照⑤中的方法继续添加"输出"指令。

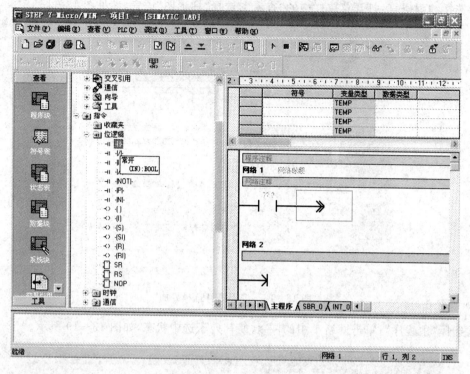

图 13-20 常开指令

⑧将光标移到"常开"指令下方,再添加一个"常开"指令,然后将选中框中刚添加的"常开"指令,并单击↑按钮,完成梯形图。

⑨给各符号加元件地址:逐个选择???,输入相应的元件地址,如图 13-21 和图 13-22 所示。

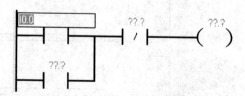

图 13-21 给各符号加元件地址

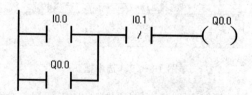

图 13-22 完成元件地址的添加

3.下载程序

如已经成功地在运行 STEP 7-Micro/WIN 的个人计算机和 PLC 之间建立通信,则可以将程序下载至该 PLC,步骤如下。

①下载至 PLC 之前,必须核实 PLC 位于"停止"模式。检查 PLC 上的模式指示灯。如果 PLC 未设为"停止"模式,点击工具条中的"停止"按钮。

②点击工具条中的"⊻下载"按钮,或选择文件＞下载,出现"下载"对话框,如图 13 - 23 所示。

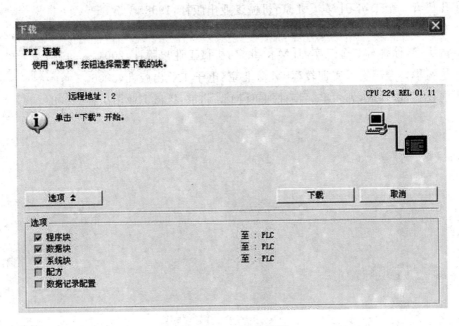

图 13 - 23　下载界面

③根据默认值,在初次发出下载命令时,"程序代码块"、"数据块"和"CPU 配置"(系统块)复选框被选择。如果不需要下载某一特定的块,可清除该复选框。

④点击"下载",开始下载程序。

⑤如果下载成功,一个确认框会显示"下载成功"。

⑥一旦下载成功,在 PLC 中运行程序之前,必须将 PLC 从 STOP(停止)模式转换回 RUN(运行)模式,即点击工具条中的"▸运行"按钮,或选择 PLC ＞运行,便转换回 RUN(运行)模式。

参 考 文 献

[1] 林再学,樊铁船. 现代铸造方法[M]. 北京:航空工业出版社,1991.

[2] 柳秉毅. 金工实习[M]. 北京:机械工业出版社,2002.

[3] 张振纯. 锻压生产概论[M]. 北京:机械工业出版社,1992.

[4] 孔德音. 金工实习[M]. 北京:机械工业出版社,1998.

[5] 车建明. 机械工程训练基础——金工实习教材[M]. 天津:天津大学出版社,2008.

[6] 黄明宇,徐钟林. 金工实习[M]. 北京:机械工业出版社,2004.

[7] 董丽华. 金工实习实训教程[M]. 北京:电子工业出版社,2006.

[8] 刘晋春,白基成,郭永丰. 特种加工[M]. 北京:机械工业出版社,2008.